无人机应用开发指南
基于大疆 Mobile SDK 和上云 API

董 昱 著

电子工业出版社
Publishing House of Electronics Industry
北京·BEIJING

内 容 简 介

本书梳理了大疆无人机 Mobile SDK V5 和上云 API 的主要功能,结合作者的无人机行业开发经验,详细介绍了无人机移动开发的基本要点,用于开发各类无人机地面端应用程序。

本书共 8 章。第 1 章介绍行业无人机的开发方案以及大疆 SDK 的基本体系;第 2～4 章介绍 Mobile SDK 和 UX SDK 开发的基础知识,包括开发环境的搭建、样例程序的基本结构等;第 5～7 章介绍如何通过 Mobile SDK 实现无人机的基本控制功能,包括无人机飞行控制、云台相机的基本操作、飞行任务的创建和执行,以及负载控制等;第 8 章介绍上云 API 的基本概念、环境搭建及无人机状态获取、图传直播等基本功能的实现。

本书既可供无人机行业从业人员使用,也可供无人机爱好者阅读。

未经许可,不得以任何方式复制或抄袭本书之部分或全部内容。
版权所有,侵权必究。

图书在版编目(CIP)数据

无人机应用开发指南:基于大疆 Mobile SDK 和上云 API / 董昱著. -- 北京:电子工业出版社, 2025.3(2025.9重印).
ISBN 978-7-121-49469-7

Ⅰ. V279

中国国家版本馆 CIP 数据核字第 202530134E 号

责任编辑:张 迪(zhangdi@phei.com.cn)
印　　刷:北京建宏印刷有限公司
装　　订:北京建宏印刷有限公司
出版发行:电子工业出版社
　　　　　北京市海淀区万寿路 173 信箱　邮编 100036
开　　本:787×1 092　1/16　印张:18.5　字数:473.6 千字
版　　次:2025 年 3 月第 1 版
印　　次:2025 年 9 月第 4 次印刷
定　　价:79.00 元

凡所购买电子工业出版社图书有缺损问题,请向购买书店调换。若书店售缺,请与本社发行部联系,联系及邮购电话:(010) 88254888, 88258888。

质量投诉请发邮件至 zlts@phei.com.cn,盗版侵权举报请发邮件至 dbqq@phei.com.cn。

本书咨询联系方式:(010) 88254469, zhangdi@phei.com.cn。

前　　言

　　飞行是人类的梦想。许多人和我一样幻想像鸟儿一样飞翔，但现实中绝大多数人的工作与航空领域无关，也鲜有机会驾驶飞机。然而，安全可靠且易于操作的无人机实现了许多人的梦想，让我们能够轻松体验飞行的乐趣，俯瞰大地的美妙。这正是无人机诞生的初衷，也是最早实现的目标。当大疆精灵系列无人机发布时，其"会飞的相机"宣传语为普通百姓提供了前所未有的视角。精灵系列无人机通过简单配置即可起飞拍照，在当时无疑是神奇的。因此，这款无人机的大卖是必然的，也为大疆近年来的快速发展奠定了坚实的基础。如今，无人机已经从"玩具"进化为"工具"，从"会飞的相机"转变为"会飞的机器人"，不断扩展到各行各业。广大玩家曾经天马行空的想法逐步实现，无人机现在具备了送快递、喷洒农药、搜索救援、电力巡检等多种功能。同时，无人机的负载也不再局限于单一的相机，还可以搭载热成像仪、测距仪、喊话器、探照灯等各种设备。

　　面对行业中的痛点，如何利用无人机轻松解决？如何打造适合特定行业的专属无人机？大疆给出了答案：大疆 SDK 建立在成熟稳定的无人机体系之上，针对电力、测绘、公共安全、石油和天然气等领域构建了完整的行业生态。大疆 SDK 提供了一套完善的体系，包括上云 API、Mobile SDK、Payload SDK、Windows SDK 等。大疆将"创新"的权利交给用户，鼓励用户积极尝试。

本书主要内容

　　作者曾使用大疆 Mobile SDK 和 UX SDK 做过一些研究工作，出版图书《大疆无人机二次开发教程：基于 Mobile SDK 与 UX SDK》《无人机应用开发指南：基于大疆 Payload SDK》，得到读者的广泛好评。不过，随着 Mobile SDK V5 的发布，各类 API 和应用流程发生了明显的变化。本书重新梳理了 Mobile SDK V5 的功能，结合作者的无人机行业开发经验，详细介绍了无人机移动开发的基本要点，Mobile SDK 与 Payload SDK 配合几乎可以满足绝大多数的行业需求。相对于《大疆无人机二次开发教程：基于 Mobile SDK 与 UX SDK》，本书主要有以下几个方面的更新：

- 详细介绍 Android 平台的无人机应用开发，不再支持 iOS 平台开发；使用 Kotlin 编程语言，不再使用 Java 编程语言。
- 将 UX SDK 的用法提前至第 4 章介绍。一方面，UX SDK 的用法发生了显著的变化，需要参考应用 MSDK 样例程序，而不是通过传统的方式导入 UX SDK；另一方面，尽快学习掌握 UX SDK 能够帮助开发者进行增量式开发，快速研发和迭代软件产品。
- 支持最新的 M3D/M3TD、M350 RTK、M30T/M30E、M3E/M3T、Mini 3 和 Mini 3 Pro 等无人机，支持最新的 WPML 等技术。

　　本书共 8 章：第 1 章介绍行业无人机的开发方案以及大疆 SDK 的基本体系；第 2～4 章介绍 Mobile SDK 和 UX SDK 开发的基础知识，包括开发环境的搭建、样例程序的基本结构等；第 5～7 章介绍如何通过 Mobile SDK 实现无人机的基本控制功能，包括无人机飞行控制、云台相机的基本操作、飞行任务的创建和执行，以及负载控制等；第 8 章介绍上云 API 的基本概念、环境搭建，以及无人机状态获取、图传直播等基本功能的实现。

本书读者对象

本书尽可能使用通俗易用的语言介绍 Mobile SDK 的用法，以案例推动的方式深入浅出地介绍一个完整的行业无人机方案的研发过程。无论你是无人机行业应用领域的专家，还是抱有热情的初学者和学生，都可以尝试一番。

致谢

本书的写作得到了大疆 SDK 团队的大力支持，感谢大疆创新生态业务负责人郭子文老师的指导和鼓励。同时，感谢电子工业出版社策划编辑张迪老师在本书写作过程中提出的宝贵意见，感谢我的爱人王娜和我的两个儿子董沐晨松、董沐晨阳的支持和鼓励。

随时交流

限于作者的水平，本书难免出现一些介绍不清晰的地方以及不当之处，恳请广大读者批评指正。如有任何意见和建议，可以发送至邮箱 dongyu1009@163.com 交流。为了能够建立读者之间的联系，创建本书交流群 QQ：993408599，再次感谢各位读者的积极参与。

董　昱

2025 年 3 月

目　　录

第1章　无人机开发基础 ·· 1
1.1　初识无人机 ·· 1
1.1.1　无人机的历史和类型 ···································· 1
1.1.2　无人机飞行原理 ·· 5
1.1.3　无人机应用 ·· 8
1.2　大疆无人机 ·· 11
1.2.1　大疆无人机系列 ·· 11
1.2.2　旋翼无人机系统 ·· 14
1.2.3　安全飞行 ·· 23
1.3　大疆 SDK ··· 27
1.3.1　大疆 SDK 体系 ·· 27
1.3.2　Mobile SDK ·· 29
1.3.3　Payload SDK ··· 30
1.4　本章小结 ··· 32
1.5　习题 ··· 32

第2章　开发前的准备工作 ·· 33
2.1　MSDK 的基本框架 ·· 33
2.1.1　MSDK 管理器"大家庭" ·································· 34
2.1.2　MSDK 数据链路 ··· 35
2.2　准备工作 ··· 36
2.2.1　申请应用程序密钥 ······································ 36
2.2.2　硬件准备 ·· 41
2.2.3　软件准备 ·· 42
2.2.4　设备连接和调试 ·· 47
2.3　MSDK 学习资源 ·· 54
2.4　本章小结 ··· 56
2.5　习题 ··· 57

第3章　运行 MSDK 应用程序 ······································· 58
3.1　MSDK 样例程序 ·· 58
3.1.1　运行 MSDK 样例程序 ···································· 58
3.1.2　进一步理解 MSDK 样例程序 ······························ 61
3.2　MSDK 应用程序 ·· 65
3.2.1　新建 MSDK 应用程序 ···································· 65
3.2.2　新版工程配置 MSDK ····································· 76

3.3 注册应用程序 77
   3.3.1 注册应用程序和连接无人机 79
   3.3.2 合规验证和无人机识别广播 84
   3.3.3 DJI 账号管理 88
3.4 本章小结 90
3.5 习题 90

第4章 UX SDK 应用程序 91
4.1 初探 UX SDK 91
   4.1.1 UX SDK 92
   4.1.2 UX SDK 部件 94
4.2 运行 UX SDK 应用程序 98
   4.2.1 设计高效、安全的用户界面 98
   4.2.2 运行 UX SDK 应用界面 102
   4.2.3 组装 UX SDK 部件 107
4.3 本章小结 116
4.4 习题 116

第5章 无人机基本飞行控制 117
5.1 键值管理器 117
   5.1.1 键值管理器的相关概念 118
   5.1.2 监听飞行状态 123
   5.1.3 设置飞行参数 130
   5.1.4 起飞、降落和返航 132
5.2 模拟飞行 135
5.3 虚拟摇杆 139
   5.3.1 虚拟摇杆的控制方法 139
   5.3.2 虚拟摇杆的设计实现 144
   5.3.3 航路任务的实现 151
5.4 本章小结 158
5.5 习题 159

第6章 相机和云台控制 160
6.1 接收图传视频流 160
   6.1.1 H.264 编解码 161
   6.1.2 获取相机码流 165
   6.1.3 FPVWidget 属性设置 176
6.2 相机控制 178
   6.2.1 相机基础知识 178
   6.2.2 相机控制的基本操作 182
6.3 云台控制 190
6.4 媒体文件管理 194

6.5	本章小结	206
6.6	习题	206

第 7 章 航点任务飞行与负载控制 · 207

- 7.1 设计航点任务 · 207
  - 7.1.1 设计航点任务的基本概念 · 207
  - 7.1.2 通过 Pilot 2 和司空 2 创建航点任务 · 218
  - 7.1.3 通过 MSDK 创建和编辑航点任务 · 223
- 7.2 执行航点任务 · 232
  - 7.2.1 监听航点任务执行状态 · 232
  - 7.2.2 执行航点任务 · 235
- 7.3 负载控制 · 237
  - 7.3.1 负载管理器 · 238
  - 7.3.2 数据传输 · 248
- 7.4 本章小结 · 251
- 7.5 习题 · 251

第 8 章 初探上云 API · 252

- 8.1 认识上云 API · 252
  - 8.1.1 上云 API 的基本概念 · 252
  - 8.1.2 开发环境的搭建（常规） · 253
  - 8.1.3 开发环境的搭建（基于 Docker） · 267
- 8.2 上云 API 的基本操作 · 276
  - 8.2.1 设备绑定 · 276
  - 8.2.2 视频直播 · 280
- 8.3 本章小结 · 287
- 8.4 习题 · 287

第 1 章　无人机开发基础

工欲善其事，必先利其器。学习大疆无人机的应用开发，首先要学习无人机的基础知识，了解无人机的类型、飞行原理，以及大疆无人机的产品体系。虽然无人机是由飞行控制、导航、传感器、通信等组成的复杂系统，但是大疆针对不同的应用场景和需求设计了 Mobile SDK、Payload SDK 等开发工具包，形成了一整套完整的 SDK 体系，方便开发者直接上手使用。学习大疆 SDK 的第一步就是了解这些 SDK 的基本特性和功能。本章将介绍无人机的概念、分类、结构、基本原理和主要应用方向，以及大疆无人机及其 SDK 体系，其核心知识点如下：

- 无人机的类型和应用
- 大疆无人机和行业飞行平台
- 旋翼无人机系统的组成
- 大疆 SDK 的类型和特点

1.1　初识无人机

无人机（Unmanned Aerial Vehicle，UAV）是指无飞行员进行操作的飞行器，包括遥控驾驶航空器和自主航空器等多种类型。这些飞行器通常通过无线电遥控或预设的自主飞行程序实现控制，被广泛应用于航拍、农业、货运、救援等多个领域的飞行任务。由于无人机的应用场景非常广泛且任务复杂多变，因此设计和开发无人机时需要特别关注其安全性、智能性和实时性。无人机的研发涵盖了飞行器设计、自动化、信号处理、信息安全等多个核心技术领域，同时也是机器人技术、人工智能和物联网发展的重要领域之一。相较于地面运行的无人车和机器人，无人机具备在三维空间穿行的能力，能够在复杂的地理环境中执行任务。与载人飞机相比，无人机具有更高的机动性能、较低的成本和更高的安全性，因此更适合执行需要灵活应对急难险重情况的特殊任务。

1.1.1　无人机的历史和类型

了解无人机技术的起源、发展和演变，理解不同类型无人机的特点和适用场景，可以帮助我们更好地应用无人机技术，应对各类无人机应用场景下的挑战和机遇。

1. 无人机的历史

在公元 1 世纪以前，我国就已经开始将风筝和孔明灯应用到通信、宣传和军事之中，被称为当时的"无人机"。春秋时期，宋国的墨翟发明了可以飞向天空的木鸢，虽然它由木材制成且较为笨重，但已初步构想出风筝的雏形。南北朝时期，梁武帝在侯景围困时曾利用风筝发送求援信号。到了明朝，军队在风筝上装载火药，通过引爆攻击敌方营地。而三国时期，诸葛亮发明了世界上首个热动力飞行器——孔明灯（纸灯笼），用于传递紧急消息。

现代无人机的发展和整个飞机的发展历史几乎是同步的。1903 年，莱特兄弟发明了第一架飞机。之后，美国工程师斯佩里在 1907 年创造了全球首个自动陀螺稳定器。电子陀螺仪随后成为无人机飞行控制的核心技术。1917 年，美国通用公司推出了第一款无人航空器——凯特灵空中鱼雷机，这是一种无降落功能的自杀式攻击机。1918 年，柯蒂斯公司改装 N-9 型双翼水上教练机，首次实现了无线电遥控飞行。当时的无人机由木头、铝和帆布构成，装备简单的电子设备和摄像机，通过无线电远程操作。

在接下来的几十年中，无人机得到了不断的发展和完善。二战期间，德国和日本开始使用无人机执行侦察和攻击任务。20 世纪 50 年代至 20 世纪 60 年代，美军广泛使用无人机执行高空侦察和情报收集任务，尤其在越南战争中。20 世纪 80 年代，美国开始使用无人机执行反恐行动，并在 20 世纪 90 年代初开始研发武装无人机。这一时期的无人机主要用于军事目的。

最近十年，民用无人机出现高速发展的局面，大疆无人机则是其中非常典型的代表，不仅走入了百姓家中，也走向了各行各业。随着技术的不断进步，现代无人机已经具备了高精度导航、自主飞行、高清摄像等功能，已成为现代军事和商业领域不可或缺的工具。可以发现，无人机的发展路线和风筝的发展路线非常类似，都经历了从军用到民用的转变：风筝在春秋战国时期主要是用于军事，在隋朝时期逐渐成为了大众的娱乐工具；无人机也是一样，纵观无人机的发展历史，实际上是军用无人机的发展历史，而民用无人机的故事才刚刚开始。

根据商业无人机市场调研机构 Drone Industry Insights 的分析，预计全球无人机市场规模将从 2020 年的 226 亿元发展到 2025 年的 428 亿元，复合年均增长率（CAGR）约为 13.8%。亚洲已经成为世界上最大的无人机市场。同时，无人机的行业应用也在不断扩展，跨越农业、测绘、安全监控、科学研究等领域，不仅提高了工作效率，同时也降低了风险和成本。未来，随着技术的不断进步，无人机的飞行时间、载重能力、传感器精度等将进一步提升。种种迹象表明，市场潜力仍然巨大。

2．无人机类型

在实际应用中，无人机的多样化设计使其适用于各种不同的应用场景和需求。按照飞行平台、使用用途以及运行风险大小等，可以将无人机分为多种类型。

1）按照飞行平台分类

按照飞行平台的构型，无人机可以分为多旋翼无人机、固定翼无人机、垂直起降无人机、无人直升机、无人飞艇、伞翼无人机、扑翼无人机等不同类型。这种分类方式最直观，直接反映了无人机在形态上的差异，因此可以轻松地通过外观区分不同的无人机飞行平台。接下来的内容将重点介绍多旋翼无人机、固定翼无人机、垂直起降无人机、无人直升机等常见飞行平台的类型及其优缺点，具体如图 1-1 所示。

图 1-1

| 多旋翼无人机 | 固定翼无人机 | 垂直起降无人机 | 无人直升机 |

（1）多旋翼无人机（Multirotor）通过至少 3 个水平排布的旋翼在垂直方向提供升力，通过分别调整各个旋翼的转速来保持或改变姿态。其优势在于能够随时保持固定悬停，这不仅方便于固定位置的拍照和录像，而且操作简单直观，对飞行员的操作技能要求较低。因此，多旋翼无人机具有较高的可靠性和安全性。大疆的无人机大多数属于多旋翼无人机类型。

注意：无人机飞行的时候会发出嗡嗡声，而且民用无人机又以多旋翼无人机为主，因此英文 Drone 常用于指代多旋翼无人机。

（2）固定翼无人机（Fixed-Wing Plane）通过推进器向前提供动力，在达到一定飞行速度后，利用气流和固定翼之间的相互作用产生升力。固定翼无人机充分利用了伯努利效应、康达效应等空气动力学原理，因此相比其他类型的无人机具有更出色的气动性能。尽管固定翼无人机的操作较为复杂，特别是起飞和降落较为困难，但也因此带来了较高的娱乐性和飞行效率。

（3）垂直起降无人机（Vertical Take-Off and Landing Unmanned Aerial Vehicle，VTOL UAV）结合了固定翼无人机和多旋翼无人机的特点。起飞时，垂直起降无人机可以像多旋翼无人机一样垂直起飞，但在飞行过程中通过调整姿态使得气流作用在固定翼上，转而以固定翼无人机的方式飞行。这种设计结合了两种构型的优势，不仅能够提供卓越的机动性能，也可以提供较长的滞空时间。

注意：以上垂直起降无人机的定义是狭义的。广义上看，多旋翼无人机和无人直升机都属于垂直起降无人机。

（4）无人直升机（Unmanned Helicopter）具有与直升机相同的构型，一般具有 1~2 个旋翼以提供升力。根据设计不同，可进一步细分为单旋翼带尾桨、共轴双旋翼、纵列式双旋翼和交叉双旋翼等多种构型。尽管无人直升机具备较强的续航能力和负载能力，但由于对飞行控制系统和操作员的要求较高，逐渐退出了民用轻型无人机市场。

几种常用无人机的比较如表 1-1 所示。在设计无人机时，可以针对无人机的特定性能对其进行优化，以提供用户超越预期的体验。因此，在讨论无人机的各项性能指标时，必须考虑其具体型号和产品。例如，多旋翼无人机通常飞行速度较慢，但如 DJI FPV 和 DJI Avata 针对穿越需求设计，可达到 14m/s 甚至更快的飞行速度。

表 1-1 几种常用无人机的比较

类 型	多旋翼无人机	固定翼无人机	垂直起降无人机	无人直升机
可靠性	强	较弱	强	弱
操控性	容易	较难	容易	难

续表

类　型	多旋翼无人机	固定翼无人机	垂直起降无人机	无人直升机
飞行速度	较慢	快	快	较慢
续航能力	弱	强	强	较弱
机动能力	强	较弱	强	强
负载能力	弱	强	弱	较弱

无人机的飞行平台还在不断发展，近年来还出现了双旋翼无人机（V-Coptr Falcon）、三共轴六旋翼无人机（Y-3）等特殊构型。

2）按照使用用途分类

按照不同的应用方向，无人机可以分为军用无人机和民用无人机两类。在军事领域，利用无人机成本低、重量轻、机动性强等特点，可以执行侦察、定位、投掷、干扰等任务，从而避免战场上不必要的人员伤亡。大型军用无人机通常具有高速、强负载、长续航能力，主要采用固定翼构型，如我国的无侦10和攻击11等无人机。普通士兵还可以使用便携式单兵无人机，该类无人机多采用多旋翼无人机构型，体积小巧且不易被敌方发现。

本书讨论的重点是民用无人机。根据不同的使用场景，民用无人机可以细分为航拍无人机、行业无人机、农用无人机、竞技无人机等多种类型。大疆的无人机是民用无人机的代表，随着技术的进步，其旗下的多旋翼无人机在负载能力和续航能力上都有显著提升。在非必要情况下，多旋翼无人机依然是民用领域的首选。

注意：航模（航空模型）与无人机通常具有同样的构型和原理，并且许多设计理念和设备是可以通用的。但是航模更加突出娱乐性，无人机则更加突出应用能力。

3）按照运行风险大小分类

在我国，民用无人机按照运行风险大小分为微型、轻型、小型、中型和大型无人机，如表1-2所示。

表1-2　民用无人机按照运行风险大小分类

类　型	空机重量	最大起飞重量	其他条件
微型无人机	<0.25kg	—	飞行真高≤50m，最大飞行速度不超过40km/h，无线电发射设备符合微功率短距离技术要求，全程可以随时人工介入操控的无人驾驶航空器
轻型无人机	0.25～4kg	≤7kg	最大飞行速度不超过100km/h，无线电发射设备符合微功率短距离技术要求，全程可以随时人工介入操控的无人驾驶航空器
小型无人机	4～15kg	7～25kg	具备符合空域管理要求的空域保持能力和可靠被监视能力，全程可以随时人工介入操控的无人驾驶航空器
中型无人机	—	25～150kg	—
大型无人机	—	>150kg	—

不同运行风险的无人机在实名注册登记、国籍登记、公安机关备案、责任保险等方面具有不同的管理要求，可参见1.2.3节的相关内容。中型和大型无人机需要适航管理。

1.1.2 无人机飞行原理

无人机和载人飞机的飞行原理是一致的，都需要机翼（或螺旋桨）提供升力。本节首先介绍无人机升力的来源，然后介绍四旋翼无人机的飞行控制原理。

1．升力的来源

关于升力的来源，学术界存在多种解释，下面介绍一种普遍接受的解释。以固定翼无人机为例，无人机的机翼被设计成薄厚不均的翼型，如图 1-2 所示，这种设计有助于引导气流的流动。当气流通过机翼时，被分为上下两部分气流。根据伯努利原理，上表面气流的流过路径较长，速度较快，压强较小；而下表面气流的速度较慢，压强较大。这种上下气流速度和压强的差异导致了机翼产生竖直向上的力，即升力。

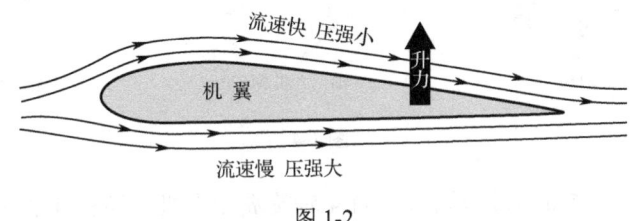

图 1-2

伯努利原理能够部分解释升力的来源，但是并不能解释为什么有些飞机能倒着飞。实际情况更加复杂，飞机在飞行过程中需要保持一定的迎角（也称为攻角），通过气流冲击效应使得机翼获得向上的分力。另一方面，气流冲击效应使得机翼下表面的压强增加；康达效应（Coanda Effect）诱导气流附着到机翼的上表面，使得机翼上表面压强减少；在机翼上方形成低压区，在机翼下方形成高压区，使得机翼伯努利效应进一步增强，如图 1-3 所示。

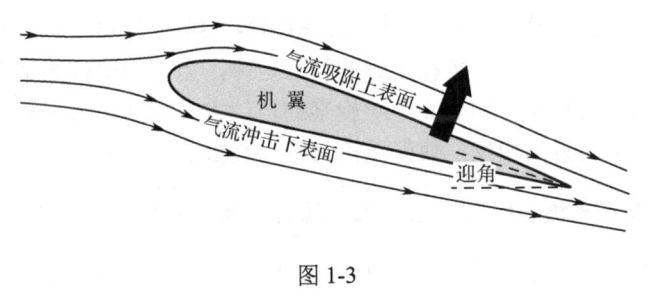

图 1-3

注意：康达效应也称为附壁原理，是指流体具有一定的黏性，具有沿着物体表面附着流动的倾向。

升力产生的过程是相对复杂的，可以理解为气流冲击、康达效应和伯努利效应的共同作用，形成斜向上的力。这个力可以分解为竖直向上的升力和水平向后的阻力。控制好升力和阻力的大小至关重要，因此机翼的迎角需要保持在一定的范围内，迎角不能太大，速度也不能太低。当气流无法吸附在机翼上表面时，升力会迅速下降，伯努利效应瞬间削弱，导致飞机"失速"。

四旋翼无人机没有固定的机翼，但是可以将螺旋桨理解为不断旋转的机翼，产生升力的基本原理是类似的。

2. 旋翼无人机的飞行原理

旋翼无人机通过多个均匀分布在机身四周的旋翼提供升力。多个旋翼将无人机的升力分散开来，有利于飞行控制。实际上，旋翼无人机的飞行控制就是通过改变各个旋翼的升力大小来实现的。旋翼的数量通常为偶数个（4轴、6轴、8轴等），如图1-4所示。一般来说，多旋翼无人机的旋翼数量越多，稳定性越强。这也是多旋翼无人机比无人直升机更加容易操控的原因。

4轴无人机 M30　　　6轴无人机 M600　　　8轴无人机筋斗云 s1000

图1-4

为了方便描述，本节将通过最为常见的4轴旋翼无人机（简称4轴无人机）介绍旋翼无人机的飞行原理。

1）理想状态下的悬停

4轴无人机的4个旋翼均匀分布在机身周围，和机身组成了1个十字交叉结构。为了更好地描述无人机的运动，需要定义无人机的正方向（前向）。前向可以定义在两个电机中间，也可以定义在某个电机的方向上，即机身的交叉模式和十字模式，如图1-5所示。一般来说，交叉模式下实现的飞行控制更加灵活，而十字模式下的飞行控制更加容易实现。

可以发现，无论是交叉模式还是十字模式，相邻两个螺旋桨（电机）的旋转方向是相反的，这是为了抵御螺旋桨的反扭问题。依据牛顿的第三定律，当螺旋桨按照某个方向高速转动时，会带动机身向相反的方向转动。如果4个螺旋桨的转动方向相同，那么会使得机身产生自旋。当相邻两个螺旋桨的旋转方向相反，使得反扭效应相互抵消，从而提高无人机的稳定性。

注意：包括无人直升机和固定翼无人机，螺旋桨的反扭现象是普遍存在的。

下面将统一使用交叉模式介绍飞行原理，这也是大疆等绝大多数无人机的机身模式。

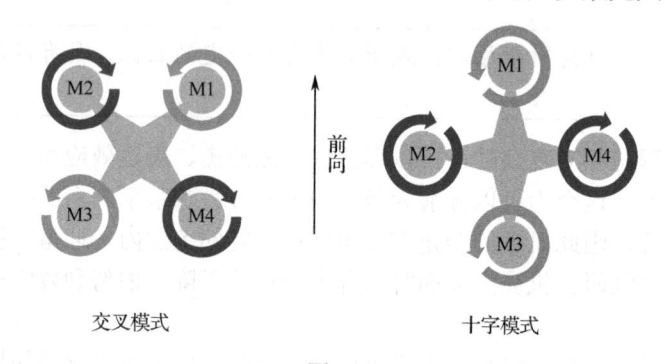

交叉模式　　　　　十字模式

图1-5

按逆时针方向，将4轴无人机的电机分别命名为M1～M4。其中，M1和M3逆时针（CCW）旋转，为正桨；M2和M4顺时针（CW）旋转，为反桨。以上机身模式和电机名称的定义是为了更好地描述飞行控制原理而约定俗成的。

在解决了反扭和自旋问题后，在理想状态下，如果大气环境非常稳定且没有任何气流影响，只要4个旋翼保持相同稳定的转速，使无人机的升力和重力平衡，就可以使无人机悬停在空中。然而，这种模型是一个不稳定的系统。即使在理想的无风条件下，轻微的不稳定气流也足以使得无人机发生倾斜。一旦无人机倾斜，倾斜本身会导致升力向一侧偏移，进而加剧无人机的倾斜，最终可能导致坠落。事实上，即使大气环境稳定，由4个旋翼产生的气流扰动也会使周围流体环境变得复杂。实验表明，特别是在靠近地面时（如起飞或降落阶段），旋翼无人机产生的扰流更加显著，这会增加飞行稳定性的挑战。

2）保持悬停稳定

当无人机发生倾斜时，需要及时准确地改变4个旋翼的转速，使无人机回到平衡状态。例如，当无人机向A方向倾斜时，就要加快A方向电机的转速，提高A方向的升力，使无人机回正。这个调整过程需要及时且准确，可以借助飞行控制器编程来实现，这也是飞行控制器需要完成的主要工作之一。事实上，无飞行控制器的旋翼无人机几乎无法被操控。

无人机的悬停稳定主要可以分解为2项基本任务：姿态解算和PID控制。

（1）姿态解算用于判断无人机目前的姿态，是指通过惯性测量单元（加速度计、陀螺仪等）测量的数据，计算出无人机在3个轴向上的姿态。姿态解算的实现非常复杂，这里略去不表，关于惯性测量单元，具体可参见1.2.2节的相关内容。

无人机的姿态可通过姿态角（欧拉角）、四元数和方向余弦矩阵等方式描述。其中，姿态角是最简单也是最直观的描述方法，包括俯仰角、横滚角和偏航角。

- 俯仰角（Pitch）：无人机前向方向和地平面（水平面）之间的夹角，值域为$[-\pi/2, \pi/2]$。无人机抬头为正，俯仰角为$\pi/2$时，无人机竖直向上；俯仰角为$-\pi/2$时，无人机竖直向下。
- 横滚角（Roll）：无人机对称平面与通过机体纵轴的铅垂平面间的夹角，值域为$[-\pi, \pi]$。无人机右滚为正，四旋翼无人机的横滚角一般不超出$[-\pi/4, \pi/4]$范围。
- 偏航角（Yaw）：无人机在地平面（水平面）上的角度，以正北方向为0，顺时针旋转为正，值域为$[-\pi, \pi]$

（2）PID控制用于控制各个旋翼的转速，使无人机回正。PID算法是比例（Proportional）、积分（Integral）和微分（Differential）三个单词的缩写，即通过这三个参数对螺旋桨的转速进行连续控制，在无人机被干扰后保持平衡（或者改变运动状态）。需要注意的是，PID参数与无人机惯性密切相关，对飞机的惯性和负载非常敏感，需要根据具体的无人机型号和应用场景进行调整与优化，以达到更好的飞行性能。当无人机的负载重量大或者偏离安装位置较大时需要及时调整PID参数。对于大疆行业无人机，可以在Pilot 2软件中调教重心参数。

3）飞行控制

通过调整不同旋翼的速度可以实现无人机的空间运动。例如，当无人机需要向上飞行时，可以同时提高M1～M4电机的旋转速度，从而提高升力，使飞机上升；反之，可以用于控制无人机下降。无人机的水平移动可以通过加快相反方向的2个电机转速实现。当无人机需向前飞行时，加快M3和M4电机的转速，降低M1和M2电机的转速，飞机即向前倾斜，向前飞行，如图 1-6 所示。

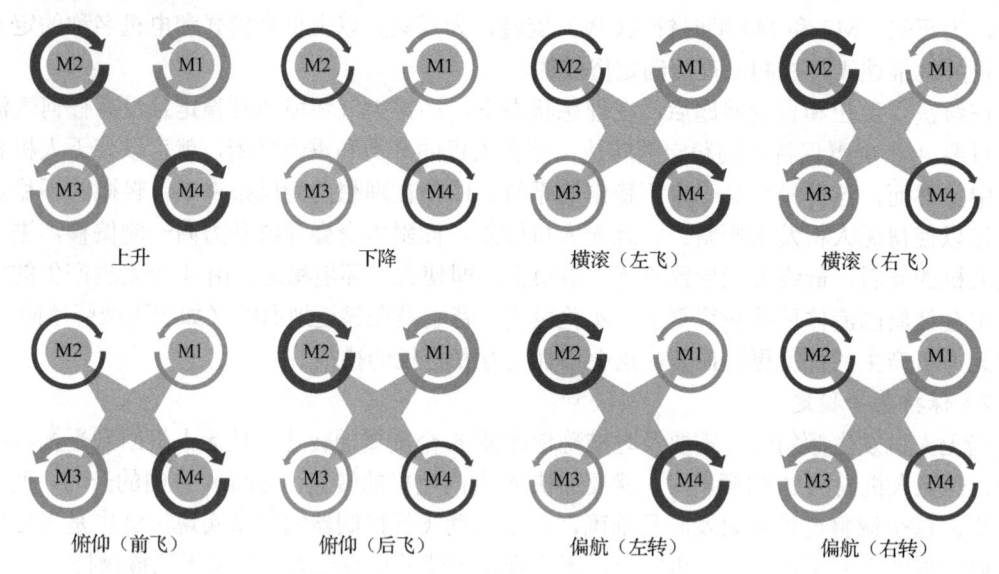

图 1-6

旋翼无人机的偏航主要是通过螺旋桨的反扭实现的。例如，加快反桨（M2 和 M4）的旋转速度，降低正桨（M1 和 M3）的旋转速度，从而使无人机获得逆时针的旋转力矩，使无人机向左转向。

无人机的飞行控制，并不需要操作员手动调整这些电机的转速，而是当操作员需要执行某项任务时，由飞行控制器转换并解算飞行指令，自动调整各个电机的转速。

1.1.3 无人机应用

无人机不仅可以执行危险和复杂的飞行任务，还能处理枯燥和重复性的工作，从而降低人员风险并解放人力。无人机在多个领域广泛应用，包括但不限于航拍、农业、测绘、环境监测、物流配送和救援等。本节将详细介绍无人机在航空测绘领域的应用。

1. 航空测绘

航空测绘是无人机的传统应用之一，主要用于地形测量、土地利用监测、建筑物测量和建筑工程勘察等任务。无人机在航空测绘中通常采用以下两种主要数据采集方式。

（1）光学遥感：使用高精度、无畸变的光学相机，配合 GPS 等传感器，对目标区域采集不同位置、不同角度的航空相片。随后，利用以查找同名点、前方交会等摄影测量技术，得到地形高程、坡度、坡向等信息，形成数字高程模型（Digital Elevation Model，DEM）、数值正射影像（Digital Orthophoto Map，DOM）等高精度的三维建模和数字化成果。这种航测方案的成本很低，也很容易实现。缺点是后期处理成本高，一般需要较长的数据处理时间。另外，使用具有 RTK 模块的无人机可以在不采集像控点的情况下获得更加准确的地理位置信息。例如，大疆禅思 P1 专门设计用于光学遥感测绘。

（2）激光雷达：通过机载激光雷达（Light Detection And Ranging，LiDAR）发射激光束

探测目标区域的地形信息,实时生成点云、DEM 等产品,具有速度快、精度高等特点,但缺点是 LiDAR 设备较重,需要较大的飞行平台,成本较高。例如,大疆禅思 L2 和禅思 L1 结合了激光雷达和可见光遥感,形成了综合的测绘方案。

除了以上两种方式,近年来还出现了使用光学相控阵雷达和有源相控阵雷达等设备进行航测的新应用。例如,大疆 T50 农业无人机可以通过有源相控阵雷达实时测量周围地形,实现全向避障和仿地飞行。

在航测过程中,为了覆盖完整的目标区域,无人机通常采用固定蛇形航线进行数据采集。结合地理信息系统(GIS)技术,飞行航线可以自动生成,飞行任务可以自动执行,从而大大提高了操作效率。与卫星遥感和载人航空遥感相比,无人机在超低空运行,受天气影响较小,随时可以采集高质量和高精度的航测数据,产出高时相数据成果。航测技术的应用使得对农田、森林、城市等区域进行高分辨率的图像获取和分析成为可能,获取土地利用类型、植被覆盖率等重要信息,为土地资源管理、环境保护等工作提供了坚实的数据基础。

近年来,航测技术正在经历一场从传统的野外地形测量向现代城市建筑测量的转型。这一转变不仅仅扩展了技术的应用范围,也深刻改变了我们对城市环境和建筑物的理解与管理方式。特别是随着我国实景三维中国项目的推进,无人机航测技术在城市建设与管理中发挥了越来越重要的作用。通过无人机进行高精度的三维建模和数字化,我们能够准确获取建筑物的高度、体积、面积等重要信息,从而生成城市级和部件级的实景三维数据。这些数据不仅对城市规划和建筑设计提供了关键支持,还为基础设施建设和城市运营管理提供了宝贵的参考依据。此外,无人机技术的应用还扩展到了建筑工程的全方位勘察领域。通过对建筑物外观结构和内部设备的详细扫描,如墙体裂缝、屋顶漏水和管道渗漏等问题,无人机能够帮助建筑公司及时发现潜在的结构问题,并支持制定修缮方案,从而提高建筑物的整体质量和耐久性。

2. 电力巡检

传统的电力巡检通常涉及高成本的人力资源和安全风险,效率也较低。与此相比,无人机技术在电力巡检中展示出了显著的优势,具备高效、安全和精准等特点。以下是几种常见的电力巡检工作。

(1)输电线路巡检:无人机可以搭载高清相机和热成像相机等设备,对输电线路进行高空巡检;可以实时获取线路的外观状态和温度信息,发现并定位线路的缺陷和故障,如松动、断裂、腐蚀等;通过及时的维修和更换,保障电网的安全运行。

(2)变电站巡检:无人机能够全方位地检测变电站内部设备的外观状态和温度;发现设备的故障和缺陷,如接触不良、渗漏等问题,以便及时修复,确保设备运行的稳定性和安全性。

(3)风电场巡检:无人机可以对风电场的叶片、塔筒、机舱等部位进行高空巡检;检测设备的外观状态和温度信息,发现设备的故障和缺陷,如叶片损伤、塔筒腐蚀等问题,以便及时维护和保养,确保风力发电设施的可靠运行。

(4)光伏电站巡检:无人机可以高效地检查光伏电站的光伏板、支架、逆变器等设备;发现光伏板破损、支架变形等缺陷,及时进行维修和更换,确保光伏电站的高效能输出。

3．应急管理

在公共安全和应急方面，无人机可以快速响应，执行灾情监测、物资运输、通信联络等任务，提高救援效率、保障受灾群众的基本生活需求。

（1）灾情监测：灾后，无人机可以通过航测方式获取高分辨率的图像，帮助救援部门评估灾情的范围和程度；提供实时的环境监测数据，如空气质量和水质情况，帮助采取针对性的救援和环境保护措施。

（2）物资运输：大型无人机可以在交通中断或者无法到达的地区，通过搭载货舱，运输救援物资、医疗用品等必要物资，从而保障受灾群众的基本生活需求。

（3）通信支援：无人机可以搭载通信设备，建立临时通信网络，支持救援人员之间的实时通信和指挥。

以上无人机应用需要符合国家标准的防水、防火等防护要求（如 IP55、IP45 等），并具备快速组装、快速充电的能力，以便迅速响应各类灾情和应急事件。

4．农业应用

农业应用是目前无人机领域最大且最成熟的市场之一，主要包括植被监测和植保作业两个方面的应用。

（1）植被监测：无人机可以通过搭载多光谱相机、红外相机等设备，通过航测技术对农田进行高分辨率的图像获取和分析，得到作物覆盖度、生长情况、病虫害情况、营养状况等信息，制定施肥、灌溉、除虫等农业生产计划和管理方案，以便于开展进一步的农业生产管理，实现精准施肥、除草、灌溉等工作，从而提高生产效率和质量。

（2）植保作业：无人机配备植保喷雾器等设备，可以有效地施放农药、化肥等药品。这种方法能够提高植保作业的效率，因为药品雾化后具有良好的穿透性，可以减少农药的使用量和环境污染。类似的技术还可以用于播种作业，能够快速、均匀地对作物进行播种，降低人工成本并提升生产效率。

大疆创新专门为农业应用设计了植保无人机和大疆智慧农业平台，为粮食作物和经济作物分别设计了解决方案，针对不同的植被长势生成处方图，生成精准药物喷洒方案，实现农业地块的精细管理和全面把控。

5．资源勘查

无人机可以对石油、天然气等矿产资源进行勘查：一方面，无人机可以搭载高精度的磁力计、电磁仪、激光雷达等设备，对矿区进行高精度的地质勘查，获取地下矿体的位置、形态和性质等信息，从而辅助制定开采方案和提高矿产资源开采效率；另一方面，无人机可以通过搭载热成像相机、光学相机等设备，对矿区进行高分辨率的图像获取和分析，得到矿体形态和矿物分布情况等信息。

6．教育实验

无人机作为教学实验平台，能够帮助学生学习编程、机械设计等技术，培养其科学实验能力和创新思维。无人机竞赛活动也能够激发学生的创造力和竞争意识，提升其综合素质和技能。综上所述，无人机在农业、资源勘查和教育等领域的应用展示了其在提高效率、降低成本和创新教育方法方面的巨大潜力。

1.2 大疆无人机

大疆自 2006 年成立以来，在无人机、手持影像、机器人教育及更多前沿创新领域不断革新技术产品与解决方案，成为行业内的独角兽企业，不断推动无人机产业的高速发展。如今，大疆无人机已经针对不同应用形成了几个主要的系列产品，各类无人机和设备高度集成，非常方便携带、部署和应用。本节将介绍大疆无人机的类型和无人机系统的构成，以及飞行注意事项。

1.2.1 大疆无人机系列

依据不同的应用方向和客户群体，大疆无人机可以分为消费级无人机、专业级无人机和行业无人机等。

1. 消费级无人机

消费级无人机主要针对普通消费者，以航拍为主要功能，主要包括 Mavic 系列、Air 系列、Mini 系列等产品。

- Mavic 系列：旗舰航拍无人机，包括 Mavic Pro、Mavic 2、Mavic 3、Mavic 3 Pro 等。
- Air 系列：进阶航拍无人机，包括 Mavic Air、Mavic Air 2、Air 2S 等。
- Mini 系列：轻便航拍无人机，包括 Mavic Mini、Mini SE、Mini 2、Mini 2 SE、Mini 3、Mini 3 Pro 和 Mini 4 Pro 等。
- DJI Avata 和 DJI FPV：沉浸式穿越无人机。
- 精灵 Phantom 系列：早期的旗舰级航拍无人机，包括 Phantom 3 和 Phantom 4 等。
- 晓 Spark：早期的便携航拍无人机。

Mavic 系列、Air 系列和 Mini 系列无人机最为知名。其中，Mavic 系列侧重于旗舰级别，提供全面的航拍功能和更加优质的相机；Mini 系列侧重于轻便性，更加适合于随身携带和入门学习；Air 系列则介于 Mavic 和 Mini 之间，属于较为进阶的无人机设备。

注意：精灵无人机是大疆最早的无人机系列之一，但随着 Mavic Pro 无人机的成功，可折叠设计受到市场的广泛好评，精灵系列产品逐渐被抛弃。

2. 专业级无人机

悟（Inspire）系列无人机是专注影视创作的无人机，较大的体型可以承载更加专业的镜头和传感器，包括 Inspire 1、Inspire 2 和 Inspire 3 等。悟系列无人机可以根据场景更换镜头，以便于适配各类拍摄场景。

除悟系列无人机以外，DJI Mavic Cine 也是具有专业镜头的专业级无人机，其体型较小，方便携带。

3. 行业无人机

行业无人机包括经纬系列、御行业版系列和精灵系列等。

- 经纬（Matrice）系列：从 2014 年发布了 M100 无人机以来，经纬系列就是行业无人机的主力，包括 M3D/M3TD、M350 RTK、M300 RTK、M30、M200 等。
- 御（Mavic）行业版系列：御行业版系列的无人机主打轻便，可以随身携带，包括 Mavic Pro 行业版、Mavic 2 行业版、Mavic 3 行业版和 DJI Mavic 3 多光谱版（Mavic 3M）等。
- 精灵（Phantom）系列：包括用于测绘的精灵 4 RTK 无人机和用于农作物（或其他植被）检测的精灵 4 多光谱无人机等。

注意：大疆早期还推出过风火轮系列和筋斗云系列行业无人机，目前已经停产。

本书重点介绍也推荐使用如图 1-7 所示的大疆行业无人机，它们可以支持最新版本的 Mobile SDK 和 Payload SDK，详见 1.3 节相关内容。这些常用行业无人机的特点如下所示。

2020 年 5 月，大疆发布了 M300 RTK，这款无人机产品标志着一个重要的技术里程碑。它首次实现了六向避障功能，飞行时间长达 55 分钟，图传距离达到 15km，并且支持最多 4 个负载，当时被认为是大疆无人机的顶尖配置。

M350 RTK   M300 RTK

M30 系列（M30/M30T）   Mavic 3 行业版（M3E/M3T）

Matrice 3D/3TD（M3D/M3TD）

图 1-7

2022 年 8 月，大疆推出了 M30 系列无人机，包括 M30 和 M30T 两款。这一系列以其强大的便携性和不可拆卸的云台相机设计而著称，外观类似于放大版的 Mavic 系列。

2022 年 9 月，大疆发布了 Mavic 3 行业版，分为 Mavic 3E 和 Mavic 3T 两个子类型。Mavic

3E配备了机械快门相机、56倍变焦相机以及RTK模块,而Mavic 3T在此基础上增加了热成像相机。这一系列还支持APAS 5.0功能,尽管便携性更强,但无法实现一机双控,并且不支持高原桨。

2022年11月,Mavic 3系列又迎来了新成员Mavic 3多光谱版(Mavic 3M),专为多光谱航测应用而设计。

2023年5月,大疆发布了M350 RTK,这是在M300 RTK基础上的升级版本,新增了O3接收天线、RTK天线、夜视FPV相机和4G融合图传技术。防护性能从IP45提升到IP55,电池循环次数也从原来的200次增加到了400次。

2023年11月,大疆推出了大疆机场2及其专用配套的Matrice 3D/3TD无人机。这款产品具备更强的无人值守作业能力,仅34kg,便于携带,并且可以在30分钟内快速部署,为公共安全、电网、能源、城市管理、交通、林业、水利、海事等多个领域带来了更多应用可能性。

常用大疆行业无人机的性能对比如表1-3所示。

表1-3 常用大疆行业无人机的性能对比

飞行平台	M350 RTK	M300 RTK	M30/M30T	M3E/M3T	M3D/M3TD	FlyCart30
遥控器/机场	DJI RC Plus	DJI 带屏遥控器行业版或DJI RC Plus	DJI RC Plus/大疆机场	DJI RC Pro 行业版	DJI RC Pro 行业版/大疆机场2	DJI RC Plus
图传版本	O3 图传行业版	OcuSync 行业版	O3 图传行业版	O3 图传行业版	O3 图传行业版	O3 图 Pigeon(with DDR)-2T4R
图传距离	20km	15km	15km	15km	15km	20km
空机起飞重量	6.47kg	5.3kg	3.76~3.78kg	915~952g	1410g	65kg
最大载重	2.73kg	2.7kg	289~309g	130~135g	200g	30kg
最大飞行时间	55分钟	55分钟	41分钟	45分钟	50分钟	29分钟
最多负载数量	4个	4个	1个	1个	1个	1个
负载接口	3个 DGC2.0 1个 E-Port	3个 DGC2.0 1个 E-Port	1个 E-Port	1个 E-Port	1个 E-Port Lite	1个 E-Port Lite
SDK 支持性	MSDK PSDK	MSDK PSDK OSDK	MSDK PSDK	MSDK PSDK	MSDK PSDK	MSDK PSDK
防护等级	IP55	IP45	IP55	无	IP55	IP55

在SDK支持性中,MSDK表示Mobile SDK,PSDK表示Payload SDK,OSDK表示Onboard SDK,可参见1.3节的相关内容。

当我们谈论行业无人机时,实际上是指飞行平台。经纬系列无人机和御行业版无人机均可以通过负载接口搭载各类不同的负载。其中,DGC2.0云台(负载)接口可以连接大疆官方的禅思H20、H20T、L2、L1、P1等负载,也可以通过SkyPort V2或X-Port连接第三方负载;E-Port接口通常用于连接不需要云台的负载。各个飞行平台的负载支持性可详见对应《用户手册》。

除上述行业无人机以外,大疆还推出了面向农业领域的T60、T50、T20等农业无人机,面向教育领域的 Robomaster TT 开源教育无人机和 Tello EDU 编程无人机。2023 年 8 月 16 日，大疆发布了最新面向运载领域的 FlyCart30 运载无人机，该无人机采用了 4 轴 8 桨多旋翼构型，最大载重 30kg、满载最大航程 16km，如图 1-8 所示。

图 1-8

1.2.2 旋翼无人机系统

无人机通常并非独立存在，而是依赖一系列配套的硬件和软件，包括遥控器、地面站以及各种保障设备等。无人机与这些配套的软硬件共同组成了无人机系统（Unmanned Aircraft System，UAS）。此外，无人机执行任务时还需要与操作员和专家密切配合。从广义角度来看，操作员、行业专家，甚至运输无人机的车辆都是无人机系统的组成部分。因此，在无人机系统中，无人机只是一个终端设备，地面设备通过无线电遥控设备或自编程程序等方式来控制无人机的飞行任务。

大疆行业无人机提供完整且易用的 UAS。除无人机和遥控器外，还包括大疆司空、大疆机场、电池管理箱（充电箱）、D-RTK 2 移动站等设备和软件。Pilot 2 的健康管理系统（HMS）将无人机系统划分为航电系统、视觉系统、动力系统、电池系统、遥控器、图传系统、云台负载、RTK 等多个部分。本节将介绍旋翼无人机系统的基本组成，以及大疆无人机的主要技术，如图传和 APAS 等。

1. 飞行器骨架

大疆无人机均为旋翼无人机，其飞行器骨架（机架）通常由机身、机臂和起落架组成。
- 机身内承载飞行控制器、电池等电子设备；
- 机臂将电机和螺旋桨延伸至四周；
- 起落架可以支撑机身，保护下方的负载。

自大疆 Mavic Pro 开始，大多数无人机采用了便于携带的可折叠机臂设计，并尽可能取消起落架。这种设计使得在存储和运输时，机臂可以轻松折叠到机身周围。但是，像 M350 RTK 和 M300 RTK 这样的行业级无人机由于需要携带较大的负载，因此保留了起落架设计。相比之下，像 M30 和 M30T 这类产品，不仅取消了起落架，还采用了类似消费级无人机的折叠方式，并且能够监测折叠限位，因而更加便捷易用。

在材料方面，大疆无人机更倾向于采用玻纤增强尼龙或碳纤增强尼龙。这些材料是通过将玻璃纤维或碳纤维按照一定比例混合到尼龙工程塑料中而成的，具有较低的密度，同时又具备优秀的韧性和强度特性。

2. 航电系统和 RTK

航电系统主要包括飞行控制器及其附属电子设备。飞行控制器（Flight Controller），简称飞控，是无人机的关键组件之一，类似于飞机的大脑，负责保持无人机的稳定性，并执行各种飞行指令。飞行控制器通常由微控制单元（MCU）和多种传感器组成，包括惯性测量单元（IMU）、全球导航卫星系统（GNSS）传感器等。这些传感器用于姿态解算、悬停稳定以及执行飞行控制指令等功能。

优秀的飞行控制技术是大疆的核心竞争力之一。它不仅使无人机具有更强的稳定性和安全性，还能通过精准的控制避免不必要的动力消耗，从而提高飞行时间和续航能力。在过去，大疆推出了独立的飞行控制器产品，如哪吒、A3 等，但现在这些技术已经整合到各类无人机产品中。除 M3E/M3T 外，现代的大疆飞行控制器采用冗余设计，即配备至少两套惯性测量单元和 GNSS 传感器，以增强系统的可靠性和安全性。当某个传感器出现故障时，冗余设计可以提供备用数据，帮助飞行控制器维持正常操作。

大疆的行业级无人机，如 M350 RTK、M300 RTK，以及消费级产品（如 M30/M30T），都具备"三桨迫降"能力。这意味着当某台电机或螺旋桨故障且无法提供足够升力时，无人机将启动自旋下降程序，以保持稳定性和可控性。在此期间，操作员可以使用遥控器操控无人机水平移动，选择合适的迫降位置，从而最大限度地减少损失。

飞行控制器的 MCU 作为控制核心，必须与惯性测量单元、GNSS、RTK 等传感器协同工作。接下来将介绍这些传感器的特点及飞行控制器的常见操作模式。

1）惯性测量单元

惯性测量单元（Inertial Measurement Unit，IMU）负责解算姿态信息，可以分为加速度计、陀螺仪、电子指南针、气压计等。

- 加速度计：用于获取无人机在立体空间中三个相互垂直方向的加速度。
- 陀螺仪：用于获取无人机在立体空间中三个相互垂直方向的角速度。
- 电子指南针（霍尔传感器）：用于感知周围磁场的方向，从而解算无人机的偏航角。
- 气压计：测量无人机周围的气压，从而估算无人机所处的高度，保持无人机在垂直方向上的稳定性。

其中，加速度计和陀螺仪是必选的。加速度计在长时间内的测量值更为准确，而在瞬时的测量值存在较大的噪声干扰。陀螺仪在运动过程中趋于稳定，在悬停状态下会出现线性漂移。两者相互配合，取长补短，通过姿态解算得到相对准确的无人机姿态，可以为无人机的稳定悬停提供必要的基础。常用的姿态解算方法有两种，具体如下所述。

- 互补滤波法：通过将加速度计和陀螺仪的数据进行加权平均，得到无人机的姿态。
- 卡尔曼滤波法：基于状态估计的姿态解算方法。具体来说，卡尔曼滤波法将无人机的状态表示为一个状态向量，包括位置、速度和姿态等信息。然后，它通过观测方程将传感器测量的数据与状态向量进行融合，得到最终的姿态解算结果。

相对于互补滤波法，卡尔曼滤波法虽然计算复杂，但是可以提高姿态解算的精度和稳健性，是目前最为常用的姿态解算方法。

2）GNSS 传感器

全球导航卫星系统（Global Navigation Satellite System，GNSS）是一种涵盖全球各类卫星

导航系统的术语，包括全球系统、区域系统和增强系统，如美国的 GPS、欧洲的 Galileo、中国的北斗（BeiDou）和俄罗斯的 GLONASS。这些系统提供定位、导航和时间同步等功能，对于民用无人机等设备尤为重要。

大疆（DJI）作为主流的行业无人机制造商，其产品广泛支持多种 GNSS 系统。包括 GPS、Galileo、北斗和 GLONASS。然而，在 M30/M30T 和 M3E/M3T 上，在关闭实时动态载波相位差分（Real-Time Kinematic，RTK）功能时无法使用 GLONASS。RTK 技术可以显著提高定位精度，将其从米级提高到厘米级，适用于需要高精度定位的应用，如航测和精准农业。

每种卫星导航系统都由多颗卫星组成星座，用来发射信号以支持定位服务。解算终端位置信息时，至少需要接收并解码 4 颗卫星的信息和轨道参数，通过计算终端和卫星之间的距离及其变化率，确定终端的位置、速度和时间（PVT）信息。

尽管每个 GNSS 相对独立运行，但它们的原理和传输协议相似，从而确保了广泛的设备兼容性和全球覆盖能力。在技术和政策限制下，民用级 GNSS 通常达到米级的定位精度水平，其中北斗系统为 2~3m，而 GPS 则为 1~2m。对于需要更高精度的专业应用，如动态载波相位差分技术可以实现厘米级的精度，满足更为精准的定位需求。

3）RTK

RTK 技术是建立在 GNSS 基础上的高精度定位技术，能够通过实时处理无人机和测量站的载波相位观测数据，计算它们之间的差值，进而实现厘米级的精准定位。大疆的主流行业无人机广泛支持 RTK 技术。具体而言，M3D、M3TD、M350 RTK、M300 RTK、M30 和 M30T 等内置了 RTK 模块，而 M3E 和 M3T 需要外置 RTK 设备，使用 E-Port 接口连接。

注意：RTK 并不是免费使用的，需要搭配网络 RTK 服务或者 D-RTK 2 移动站。使用网络 RTK 服务时需要使用 DJI Cellular 模块或 Wi-Fi 网络访问互联网。

4）飞行挡位和飞行模式

大疆无人机提供了定位、姿态、运动等不同的飞行模式，用户可以根据需求通过遥控器的飞行挡位按钮或 Pilot 2 软件进行切换。

M3D/M3TD、M350 RTK、M30/M30T 和 M3E/M3T 包括 3 个飞行挡位，分别是普通挡（Normal, N）、运动挡（Sport, S）和功能挡（Function, F）。M300 RTK 分为定位模式（Position, P）、运动模式（Sport, S）、三脚架模式（Tripod, T）和姿态模式（Attitude, A），其对应关系如图 1-9 所示，即 N 挡和 P 挡对应，S 挡和 S 挡对应，F 挡和 T 挡、A 挡对应。

M350 RTK / M30/M30T / M3E/M3T		M300 RTK
普通挡（Normal）	N — P	定位模式（Position）
运动挡（Sport）	S — S	运动模式（Sport）
功能挡（Function）	F ⎯ T	三脚架模式（Tripod）
	⎯ A	姿态模式（Attitude）

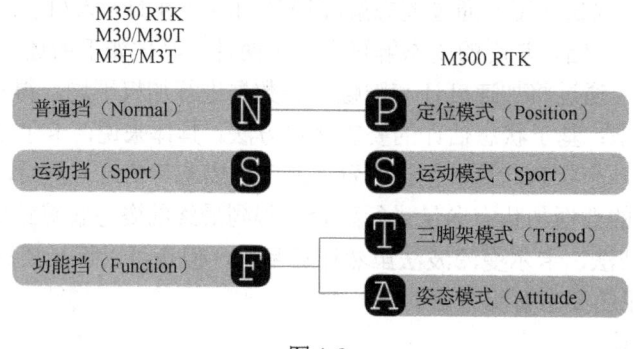

图 1-9

各种飞行模式的具体说明如下所述。

（1）定位模式：全面启用 GNSS 模块和避障系统，最大限度地提供精准悬停能力，保障安全飞行。该模式限制了无人机的最大姿态角（如 M30/M30T 不能超过 15°）和最大飞行速度（如 M3E/M3T 不能超过 15m/s）。

（2）运动模式：通过 GNSS 模块和下视视觉系统提供悬停能力，关闭视觉避障功能。在该模式下，最大姿态角和飞行速度不受限制，如 M30/M30T 可以最快 23m/s 的速度飞行，M3 可以最快 21m/s 的速度飞行。

（3）三脚架模式和姿态模式：这两种模式需要通过 Pilot 2 软件进行切换。在三脚架模式下，无人机的移动速度很慢，只能够缓慢改变姿态，用于拍摄稳定的影像。在姿态模式下，将全面关闭 GNSS 和避障系统，无人机可随风飘动。

注意：三脚架模式与 Mini 4 Pro 和 Mavic 3 Pro 等消费级机型的平稳模式（Cine）类似。

5）AirSence

AirSence 通过接收载人飞机发出的广播式自动相关监视发射机（ADS-B）信号来探测数十千米范围内的载人飞机信息。这项功能集成在 M3D/M3TD、M350 RTK、M300 RTK、M30/M30T 和 M3E/M3T 无人机中，并通过 Pilot 2 软件向用户提供相关的警示和信息。当检测到附近有载人飞机时，系统会显示这些飞机的高度和速度数据，帮助用户实时了解周围空中交通情况，从而有效保证飞行安全。

3．避障系统（视觉系统）

避障系统在现代无人机中扮演着关键角色，通过多种技术实现实时监测周围环境，从而辅助用户飞行并降低飞行事故的风险。大疆无人机近年来主要采用视觉和红外感知系统的结合，以提供强大的感知能力、高效的能耗管理以及成本效益优势。

- 视觉感知系统：通过双目视觉方式判断与前方障碍物的距离，具有通用性强的优点。然而，在暗光条件下其识别能力较差，且对于细小、弱纹理的障碍物（如稀疏的树枝、电线等）的识别能力有限。
- 红外感知系统：通过红外测距方式判断前方障碍物的距离，适用于漫反射、大尺寸、高反射率的物体的探测。然而，它在探测镜面水体、哑光纯黑等物体时的表现不如视觉感知系统。

视觉系统比较特殊，除了用于避障，还提供以下功能。

（1）定位能力：在城市或 GNSS 信号不良的环境中，视觉感知系统能够帮助无人机实现精准悬停。它依赖于光照充足、具有丰富纹理的环境，通常在垂直方向 30m、水平方向 20m 的范围内工作。

（2）高级辅助飞行系统（APAS）：APAS 利用视觉感知监测前方障碍物，并自动规划绕开障碍物的路径以实现安全飞行。在智能跟随模式下，APAS 会尽可能绕开障碍物跟踪目标，只有在无法避开障碍物时才会悬停避障。

M3D/M3TD、M350 RTK、M300 RTK 和 M30/M30T 无人机均有六方向（上、下、前、后、左、右）的视觉感知系统和红外感知系统。M3E/M3T 下方只有视觉感知系统，其余五方向配备了视觉感知系统和红外感知系统。不过，无论是视觉感知系统还是红外感知系统，都无法对全向障碍物进行全面感知：一方面，这些感知系统均存在部分死角，并且有一定的距离限制，进入死角（一般为侧向），障碍物或较远的障碍物都是无法被感知的；另一方面，细小的障碍物（如风筝线、电线等）也很难被视觉感知系统和红外感知系统探测到。

在 M300 RTK 和 M350 RTK 上安装全向环扫毫米波雷达可以显著增强避障能力，特别是在探测全向范围和上方障碍物方面。然而，这项技术也存在两个主要缺点：首先，它占据了上方的负载接口，可能限制了其他设备或传感器的安装选择；其次，对于一些弱反射物体（如干枯树枝）仍然存在感知能力不足的问题。

因此，尽管这些避障系统在提高无人机安全性方面有显著作用，但它们并不能完全消除碰撞的风险。在复杂的环境中，操作员的专注和飞行技能仍然是确保飞行安全的关键。综合考虑，有效的飞行管理和监控系统与良好的操作实践是确保无人机在各种条件下安全运行的关键要素。

4. 遥控器

早期的大疆遥控器设计是一对一的配置，每种无人机需要对应一种特定设计的遥控器。然而，现在的大疆遥控器已经发展成为独立的产品线，并且具备了更多的功能和灵活性，如支持一机多控和一控多机的能力。其中，M350 RTK、M300 RTK 和 M30/M30T 行业无人机均具有一机多控的能力；精灵 4 RTK 具有一控多机的能力。

目前，常见的大疆遥控器产品包括 DJI 带屏遥控器、DJI 带屏遥控器行业版和 DJI RC、DJI RC Pro 和 DJI RC Plus 等。

- ❑ DJI 带屏遥控器：支持 OcuSync 2.0 图传技术，主要应用于 DJI Mini 2、DJI Air 2S、Mavic Air 2、Mavic 2 Zoom、Mavic 2 Pro 和 Phantom 4 Pro V2.0 等无人机。
- ❑ DJI 带屏遥控器行业版：支持 OcuSync 行业版图传技术，专为 M300 RTK 无人机设计。
- ❑ DJI RC Pro/ RC：支持 O3+图传技术，DJI RC 主要用于 DJI Mavic 3 Classic、DJI Mavic 3、DJI Mavic 3 Cine、DJI Mini 3 Pro、DJI Air 2S 等无人机；DJI RC Pro 则主要适用于 DJI Mavic 3、DJI Mavic 3 Cine 和 DJI Air 2S 等无人机。
- ❑ DJI RC Pro 行业版：支持 O3 Pro 图传技术，专为 M3D/M3TD、M3E/M3T 无人机设计。
- ❑ DJI RC Plus：支持 O3 Pro 图传技术，主要用于 M350 RTK、M300 RTK、M30/M30T 等无人机。
- ❑ DJI RC 2：支持 O4 图传技术，适用于 DJI Air 3、DJI Mini 4 Pro 等无人机。

这些遥控器都是带有屏幕的设计，集成了完整的 Android 设备。除可以运行官方应用程序（如 DJI Fly 和 Pilot 2）外，这些设备还能够安装其他软件或使用基于 Mobile SDK 开发的应用程序。随着双向数据传输能力的图传技术 OcuSync 的普及，控制系统和图传系统逐渐融合，为用户提供了更高效和灵活的操作体验。

5. 图传系统

图传系统（图像传输系统）用于将无人机采集的视频信号实时传输到遥控器上，以监测无人机周围的环境。图传系统包括模拟图传和数字图传两种类型。

- ❑ 模拟图传：通过模拟信号传输视频信息，虽然画质较差，但具备极强的实时性，仍然是某些应用场景中延迟最小的选择，尤其在穿越机等领域被广泛应用。

❑ 数字图传：通过数字信号传输视频信息，画质较好，但需要编解码设备，成本高且可能存在信息延迟。

大疆的图传系统采用数字图传技术，主要包括以下几种类型。

Wi-Fi 图传：成本较低，适用于低端无人机，如精灵 3 标准版、Spark、Mavic Mini 和 Mini SE 等无人机。但图传效果相对较差。

LightBridge 图传：大疆早期采用的高清图传技术，如 Phantom 4 Pro 配备的双频 Lightbridge 系统，能够实现长达 7km 的信号传输距离。在较远飞行距离下，图传延时保持为 100~200ms，采用高效的单向广播数据传输方式。

OcuSync 图传：大疆最新的图传技术，具有低成本、低延迟、高清晰度和远距离传输等优点，同时支持双向数据传输。OcuSync 最初是 Lightbridge 系列的一部分，经过多年的发展和迭代，成为大疆目前所有无人机的主要图传方案。

1) OcuSync 1.x 和 2.x

OcuSync 首次应用在 Mavic Pro 无人机上，最远提供了 13km 的图传距离。在 Mavic 2 上，首次搭载了 OcuSync 2.0 系统，并随后支持了 Mini 2 系列和 Mini 3 系列等无人机。相较于上一代，OcuSync 2.0 不仅支持更长的传输距离和更高的图传分辨率，还显著降低了延迟和干扰，从而提高了视频传输质量和稳定性。此外，OcuSync 2.0 还支持双通道传输，在不同频段之间能够自动切换，以获得最佳信号质量。

2) OcuSync 3.x

OcuSync3.x（简称 O3）的最高图传码率提升至 40Mbps，在 DJI FPV、Mavic 3、Mini 3 Pro、Inspire 3 等无人机中得到应用。大疆专为穿越机市场推出了图传套件 O3 Air Unit，如图 1-10 所示。

另外，OcuSync 3.x 包括 2 个演进版本，分别为 O3+ 和 O3 Pro。

图 1-10

（1）O3 +：用于 Mavic 3 Pro、Mavic 3 Classic、DJI RC Pro、DJI Goggles 2 等设备，图像传输距离可达 15km，稳定的信号使画面显示更加连贯；支持 1080p/60fps 的高清高帧率图像传输。

（2）O3 Pro（O3 图传行业版）：目前最先进的图传技术，在原有 2.4 GHz 与 5.8 GHz 频段的基础上新增了 DFS 频段，DFS 信道提高了带宽，提供 4K/30fps 超高清图传体验。该技术应用于 DJI Inspire 3、DJI RS 3 Pro、DJI RC Plus 和 DJI Transmission 等设备，最大传输距离可达 15km。O3 Pro 支持双视频流传输，在 M350 RTK 和 M300 RTK 上，支持三路 1080p 高清传输（单控 2 路，双控各 2 路），如可以同时传输正常视角和广角视角的视频。

3) OcuSync 4（O4）

当前最新版本为 OcuSync 4。O4 图传已应用于 DJI Air 3 和 DJI Mini 4 Pro 等最新无人机中，最高传输距离提升至 20km，进一步增强了传输稳定性，飞行更安全；并且最高支持 1080p/60fps 图像传输。

M3D/M3TD、M350 RTK、M300 RTK、M30/M30T、M3E/M3T、Inspire 3 等无人机均具备增强图传能力。在距离较远或信号干扰时，通过 4G 链路补充带宽。不过，增强图传功能需配备 DJI Cellular 设备和定制 SIM 卡。

6．电池系统

无人机电池不仅为电机和螺旋桨提供动力，还为电子调速器、飞行控制系统、图传编码器等各类电子设备供电。电池的选型需要在续航能力、成本和重量之间进行权衡。通常，续航能力较强的无人机，其电池重量占比更高，价格也相应较贵。无人机电池一般采用锂离子（Li-ion）或锂聚合物（LiPo）技术，具有高能量密度和强放电能力等优点。

常见的大疆行业无人机电池参数如表 1-4 所示。

表 1-4 常见的大疆行业无人机电池参数

飞行平台	M350 RTK	M300 RTK	M30/M30T	M3E/M3T	M3D/M3TD	FlyCart30
型号	TB65	TB60	TB30	—	—	DB2000
电量	5880mAh	5935 mAh	5880 mAh	5000 mAh	7811mAh	38000mAh
电池类型	Li-ion	LiPo	Li-ion	LiPo	Li-ion	Li-ion
化学体系	—	—	镍钴锰酸锂	钴酸锂	镍钴锰酸锂	—
电芯组合	12S	12S	6S	4S	4S	14S
最大电压	—	52.8V	26.1V	17.6V	17.0V	—
标称电压	44.76V	46.17V	22.38V	15.4V	14.76V	52.22V
能量	263.2Wh	274Wh	131.6Wh	77Wh	115.2Wh	1984.4Wh

锂电池较为娇贵，容易损坏，大疆的智能飞行电池配备了电池管理系统，以有效保护电芯并提供安全、充沛的电力。

（1）电量控制：电池在充放电过程中，管理系统控制电压在安全范围内，防止过充或过放，避免鼓包。近年来，大疆无人机使用高压电池提升性能。例如，M30 无人机的最大单芯电压为 4.35V，而 M300 RTK 和 Mavic 3 等无人机使用的超高压锂电池电压限制为 4.4V。M30/M30T 无人机采用镍钴锰酸锂电池（NCM），M3E/M3T 无人机使用钴酸锂电池，这些新型锂离子电池具有高电压平台、优良的循环性能、热稳定性和长寿命。

（2）存储电池：为确保存放安全及延长电池寿命，智能飞行电池启用"存储自放电"功能，会在 10～20 天内将电量放电至约 50%，如图 1-11 所示。这也是电池在长期存放时会发热的原因。

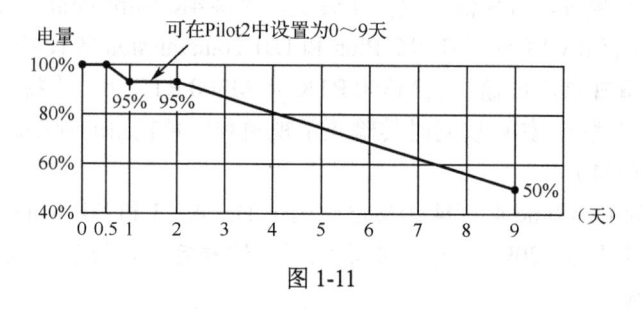

图 1-11

在给电池充电时，可根据实际需求控制充电电量和时间。例如，M30/M30T 无人机的 TB30 电池需要使用 BS30 智能电池箱进行充电，支持多种模式，如存储模式（充电至 50%）、待命模式（快速充电至 90%）和标准模式（充电至 100%）。

（3）记录循环：电池的寿命随着循环次数的增加而下降。根据 M350 RTK 和 M30/M30T 无人机的使用手册，超过 400 次循环的电池不建议继续使用。建议每 50 次循环、每 3 个月或当电池管理系统提示时，对电池进行维护，具体方式如图 1-12 所示。

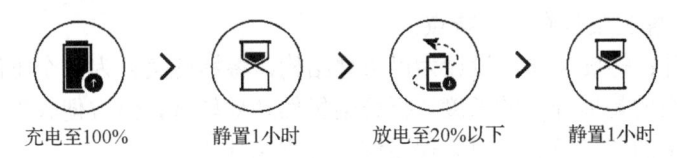

充电至100% > 静置1小时 > 放电至20%以下 > 静置1小时

图 1-12

7．动力系统

动力系统为无人机提供动力，包括电机、电子调速器和螺旋桨等组件。大疆常见的行业无人机的动力系统参数如表 1-5 所示。

表 1-5　大疆常见的行业无人机的动力系统参数

飞行平台	M350 RTK	M300 RTK	M30/M30T	M3E/M3T	M3D/M3TD
电机	6009	6009	3511	2008	2607
螺旋桨	2110s	2110	1671	9453F 行业版	1149
高原螺旋桨	2112	2195	1676	—	—

1）电机

无人机通常使用外转子无刷电机，这种电机具有噪声低、寿命长等优点。其结构特点是在转子上均匀分布永磁体，而定子上则缠绕线圈。通电后，定子产生的磁场会驱动转子旋转。与有刷电机相比，无刷电机避免了电刷与磁体之间的电磁干扰，并且减少了摩擦，从而降低了能量损耗。

无刷电机的命名通常采用定子尺寸进行标识，格式为四位数字，其中前两位表示定子的外径（毫米），后两位表示定子的高度（毫米）。例如，3511 电机的定子尺寸为"35mm×11mm"。一般来说，定子的尺寸越大，其功率也越大。

另一个重要参数是 KV 值：在相同油门情况下，KV 值越高，电机的转速越快，但电流也会增大，适合于使用小型螺旋桨的高速运行；而 KV 值较低时，则更适合于使用大螺旋桨，能提高效率。

2）电子调速器（电调）

无刷电机需要通过电子调速器（Electronic Speed Control，ESC）来提供三相电源。通常，无人机上的每个电机都配有独立的电子调速器。然而，大疆无人机的内部电路集成度较高，一些机型的电调功能已经集成在主板上，或者将多台电机的电调整合在同一板子上。

3）螺旋桨（Propeller）

螺旋桨可以被理解为旋转的机翼，主要用于为旋翼无人机或无人直升机提供升力。螺旋桨的设计通常具有固定的形状和迎角（旋翼迎角）。尽管螺旋桨内侧和外侧的角速度相同，但由于旋翼外侧的线速度更大，因此外侧的迎角通常比内侧小。

螺旋桨通常用直径和螺距参数来命名。例如，2110 螺旋桨表示其直径为 21 英寸

（0.5334m），螺距为 10 英寸（0.254m）；而 9453 螺旋桨则表示其直径为 9.4 英寸（0.2388m），螺距为 5.3 英寸（0.1346m）。对于具有正反桨的旋翼无人机，反桨一般用 R 标识。例如，M30/M30T 无人机需要配备两个 1671 螺旋桨和两个 1671R 螺旋桨才能正常起飞。

大疆无人机的螺旋桨具有以下特点。

❑ 可折叠设计：螺旋桨通常设计为可折叠结构，将螺旋桨分为两个可活动的部分。螺旋桨的直径指的是展开后的长度。折叠桨虽然动效较低，但方便收纳。然而，折叠桨对设计和制造的要求较高，以确保足够的动平衡能力。

❑ 固定方式：螺旋桨可以通过螺丝或卡扣进行固定。消费级无人机一般使用卡扣固定，并配有快拆设计，便于在螺旋桨损坏后进行更换。行业级无人机则通常采用螺丝固定，因为行业无人机的螺旋桨较大且较重，螺丝固定更加稳固和安全。

螺旋桨的材质一般采用轻量、高强度且具有一定韧性的玻纤增强尼龙或碳纤增强尼龙，以提供优良的性能和耐用性。

8．负载

通过 1.1.3 节关于无人机应用的讨论可以看出，不同行业对无人机的负载有不同的需求。为满足这些特定需求，行业无人机不仅可以使用标准的负载，还可以配备第三方或定制的负载。大疆无人机的负载主要包括三类：集成负载、官方负载和第三方负载。

（1）集成负载：这是指直接连接到无人机机身且不可拆卸的负载，通常为云台相机。例如，M30/M30T 无人机的云台相机集成了 84° DFOV 广角相机、5～16 倍光学变焦相机、640×512@30Hz 热成像相机和 1200m 激光测距仪（M30 无热成像相机）；M3E/M3T 无人机包含了集成广角相机、长焦相机和热成像相机于一身的云台相机（M3E 无热成像相机）。集成负载的优点为高集成度，方便运输携带。

为了保证相机等负载的稳定性能，云台发挥了重要作用：稳定性保障，云台和机身之间通常采用软连接方式，这有助于隔离机身的震动；云台内置独立的惯性测量单元（IMU），利用 2 轴或 3 轴无刷电机实时调整负载的姿态；防抖技术，除了机械防抖，现代无人机相机还采用了先进的电子防抖技术，如光学防抖（OIS）和电子图像稳定（EIS）。这些技术与云台的机械防抖配合使用，进一步提高影像输出的稳定性。

除 Spark 无人机等少数无人机为二轴云台外，大疆无人机的云台系统多采用三轴云台：包括航向轴（Y 轴）、横滚轴（R 轴）、俯仰轴（P 轴），分别用于保障负载在三个方向上的稳定能力，P 轴和部分无人机的 Y 轴也用于控制负载朝向。

注意：二轴云台通常只有横滚轴和俯仰轴，缺少航向轴。例如，Spark 无人机使用了 UltraSmooth 电子增稳技术。

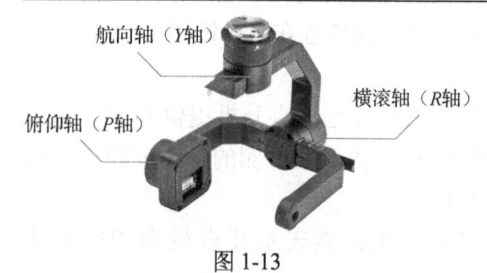

为提高稳定性，较新的云台的 P 轴为双向连接，即包括 1 个包含电机的主轴和 1 个包含轴承的辅轴，如图 1-13 所示。

除云台相机外，M350 RTK 和 M300 RTK 和 M30/M30T 无人机的机身还内置了 FPV 摄像头。相机和 FPV 摄像头虽然都可以采集视频流，但是两者的功

图 1-13

能不同,前者主要执行拍照录像任务,通常具有更高的规格;而后者主要用于帮助操作员观察无人机周围的环境。

(2)官方负载:大疆的官方负载包括使用 DGC2.0 接口的禅思(Zenmuse)系列和使用 E-Port 接口的全向环扫毫米波雷达(M300 RTK 和 M350 RTK)、RTK 模块(M3E/M3T)等。禅思(Zenmuse)系列是为不同行业应用设计的云台相机模块,涵盖以下产品。

- 禅思 H20:集成了 82.9°DFOV 广角相机、23 倍光学变焦相机和 1200m 激光测距仪。
- 禅思 H20T(见图 1-14):在禅思 H20 的基础上增加了 640×512@30Hz 热成像相机。
- 禅思 H20N:功能类似 H20T,但专门为夜间工作设计,集变焦热成像相机(2 倍和 8 倍光学变焦)、星光级广角相机、20 倍星光级变焦相机和 1200m 激光测距仪于一身。
- 禅思 L2(见图 1-14)和 L1:激光和可见光融合测绘方案,集成激光雷达、测绘相机与高精度惯性导航模块,可以生成实时点云,提供高效率、全天候、高精度测绘能力。
- 禅思 P1(见图 1-14):全画幅测绘方案,集成全画幅图像传感器,支持多种不同的定焦镜头。

禅思 H20T　　　　　禅思 L2　　　　　禅思 P1

图 1-14

(3)第三方负载:通过 E-Port、E-Port Lite 接口,或者标准负载工具 X-Port 和 SkyPort 连接的第三方负载。开发者可以通过 Payload SDK 自行研发第三方负载,但需要大疆的授权生产。

1.2.3 安全飞行

无人机的飞行安全至关重要。高速旋转的螺旋桨以及无人机在"炸机"时产生的惯性,都可能对人身和财产安全造成威胁。在无人机飞行过程中,气象变化、电磁干扰等环境因素的变化,或人为操作失误,均可能导致突发情况。面对这些状况,无人机操作员不仅需临危不乱、冷静处置,还需提前做好飞行前的准备工作。无人机操作员和开发者应学习当地的法律法规,了解飞行前检查的必要步骤,尽最大努力保障飞行安全。

本小节将简要介绍无人机的相关法律法规,以及飞行前和飞行过程中的注意事项。建议无人机操作员和开发者详细阅读无人机的操作说明和使用手册,如认真阅读大疆无人机的《用户手册》《免责声明和安全操作指引》《安全概要》等资料。

1. 熟悉法律法规

无人机操作员需要认真学习并遵守中国民用航空局(CAAC)制定的《无人驾驶航空器

飞行管理暂行条例》《民用无人机驾驶航空器实名制登记管理规定》等有关法律法规，具体可以在中国民用航空局官方网站中查询学习。另外，有些地方还出台了相关法律法规，如《浙江省无人驾驶航空器公共安全管理规定》《四川省民用无人驾驶航空器安全管理暂行规定》等，读者也需要特别留意。

1）无人机实名备案和飞行动态数据报送

根据《无人驾驶航空器飞行管理暂行条例》，所有在我国境内的民用无人机均需要实名登记并注册备案。因此，所有的民用无人机，即使是大疆 Mini 4 等微型无人机，也需要在民用无人驾驶航空器综合管理平台（UOM）网站上登记注册。

依据《通用航空飞行管制条例》《轻小型民用无人机飞行动态数据管理规定》，除微型无人机外，飞行动态（包括位置、高度、速度、航迹角、累计飞行时间等信息）需要实时上传至无人驾驶航空器空中交通管理信息服务系统（Unmanned Aircraft System Traffic Management Information Service System，UTMISS）。Pilot 2 软件已经整合了飞行动态报送功能，可以在【数据与隐私】模块中查看飞行动态数据报送功能是否正常启用。

2）空域限制和限飞区

微型无人机和轻型无人机在空域使用上有相应的限制。通常情况下，微型无人机的飞行高度不超过 50m，轻型无人机则不超过 120m（120m 以上的空域为无人机管控区域）。小型、中型和大型无人机在执行飞行任务前需要制定飞行计划，并向飞行管制部门申请许可。在机场、军事设施等特殊区域，设置了限制飞行区域（限飞区）。这些限飞区可通过大疆 Pilot 2 软件的限飞地图模块查询，主要包括禁飞区、授权区、警示区、加强警示区及限高区等类型，如图 1-15 所示。

- 禁飞区（红色）：除非获得有关部门的许可，否则无法飞行。
- 限高区（灰色）：可以飞行，但是飞行高度受到限制。
- 授权区（蓝色）：经过授权飞行。
- 警示区（黄色）：起飞时会收到警告。
- 加强警示区（橙色）：起飞时会收到警告，需要用户确认后才可起飞。
- 法规限制区（浅蓝）：由于当地的法规和政策规定，部分特殊区域的所在范围内禁止飞行。
- 法规适飞区（绿色）：轻型无人机适飞空域。
- 风景示范区（灰绿）：针对特定景区的空域限制区，在此区域飞行需要注意自身飞行安全。

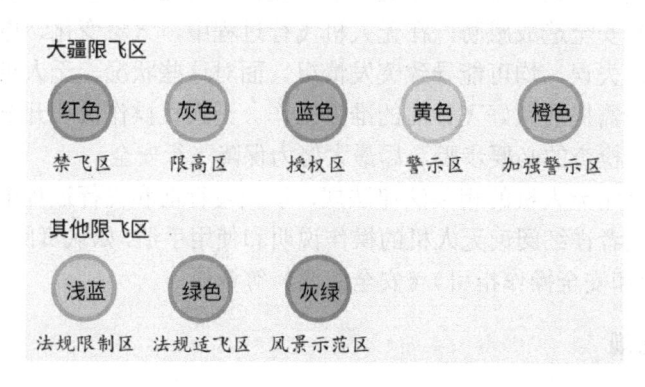

图 1-15

区域解禁包括授权区解禁和特殊区域解禁。授权区解禁只针对授权区，实名用户和单位可以直接申请解禁。特殊区域解禁则针对特殊情况，可以解除禁飞区、限高区等飞行限制。

注意：在大疆安全飞行网站中可以查询限飞区以及申请解禁。

3）无人机驾驶员的有关要求

无人机驾驶员需掌握相关的法律法规要求，并在必要时投保飞行器保险、第三者责任险以及操作者伤害险等意外保险。在操作小型、中型或大型无人机时，需要持有相应的资质。根据《民用无人机驾驶员管理规定》，无人机驾驶员分为视距内、超视距和教员三类等级，并按照执飞平台类型分为固定翼、直升机、多旋翼、垂直起降固定翼、自转旋翼机、飞艇等。无人机驾驶员的职位包括机长和副驾驶。无人机驾驶员的资质（CAAC 资质）及飞行记录由中国民用航空局 UOM 操控员资质子系统管理。

以下情况下不需要执照管理：

- 在室内运行的无人机。
- I 类、II 类无人机（对应微型无人机和轻型无人机）。
- 在人烟稀少、空旷的非人口稠密区进行试验的无人机。

除 CAAC 资质外，无人机驾驶员还可以考取 AOPA、CHALPA、ASFC 等组织的认证，其性质适用范围各不相同，如表 1-6 所示。

表 1-6 无人机驾驶员相关认证

类 型	管理单位
民用无人机操控员执照	中国民用航空局（CAAC）
民用无人机驾驶员合格证	中国航空器拥有者及驾驶员协会（AOPA）
民用无人机操控员应用合格证	中国民航飞行员协会（ChALPA）
遥控航空模型飞行员执照	中国航空运动协会（ASFC）
无人驾驶航空器系统操作手合格证	大疆"慧飞"无人机应用技术培训中心（UTC）

民用无人机操控员执照最权威，也最具效力；取得此证后可免考增发 AOPA 民用无人机驾驶员合格证和 ChALPA 民用无人机操控员应用合格证。

2．飞行前检查

飞行前检查是确保无人机安全高效飞行的重要环节，主要包括对气象条件、周围环境以及无人机状态的检查。

1）注意气象条件

（1）温度控制：尽量避免在极端高温或低温条件下运行无人机。电池性能对温度敏感，低温会降低电池效率和动力输出，而高温则可能增加电子设备的散热压力，并影响操作员的状态和表现。

（2）飞速限制：尽量避免在大风天气或大气环境不稳定的条件下操作无人机。无人机的抗风能力因型号而异，应参阅用户手册。一般来说，大疆行业无人机建议在风速不超过 12m/s 的条件下飞行。

（3）雨雪天气：避免在雨雪天气下飞行。无人机的防水等级（如 IP55）应符合实际飞行环境的要求，以防止水分对设备造成损害。

2）注意周围环境

（1）场地选择：优选开阔的场地进行起飞和作业。起飞地点与作业区域之间应尽量没有遮挡物，尤其是钢筋混凝土结构的建筑物。

（2）地面条件：选择平整的地面进行起降，建议铺设地垫或停机坪，以减少灰尘进入机体的风险。

（3）电磁干扰和安全：避免在高压线、通信塔等可能产生电磁干扰的区域飞行，同时远离人群和敏感场所，以确保飞行安全。

3）无人机状态

（1）系统检查：Pilot 2 飞行前的检查包括在健康管理系统（HMS）模块中确认无人机是否需要保养、维修或固件更新，在检查界面核对航电系统、动力系统、遥控器等模块的基本状态。

（2）外观检查：检查无人机及其电池的外观是否完好，确保没有明显的损坏。

（3）电量检查：确认遥控器和无人机的电量是否充足，避免因电量不足影响飞行。

（4）天线布局：确保天线平行布置，以获得最佳信号，并尽可能保持天线所在的平面垂直于无人机。

（5）飞行挡位和摇杆模式：检查飞行挡位是否设置正确，确定摇杆模式（如日本手、中国手、美国手）是否符合个人操作习惯。

（6）夜间飞行：如果进行夜间飞行，确保夜航灯正常工作，避免关闭补光灯以确保飞行安全。

以上是无人机飞行前的基本检查要点。根据不同无人机类型和应用场景，可能还需进行特定的检查和测试，以确保无人机的安全和稳定运行。

3. 飞行中

操作员在飞行过程中应集中精力，保持警惕，双手应尽量不离开遥控器；同时，需时刻关注遥控器和 Pilot 2 中的各项告警信息，并在目视范围内观察无人机的状态指示灯。

在飞行界面中，除图像传输外，飞行辅助功能（Primary Flight Display，PFD）和相机界面中的导航信息模块也是非常重要的信息来源，它们可以直观地反映飞机的姿态、飞行高度、飞行速度和风速等数据。在 PFD 中，特别需要关注速度矢量球的位置，因为矢量球的方向指示了飞机的飞行方向。如图 1-16 所示，当速度矢量球位于地平线以上时，飞机在上升；反之，则飞机在下降。此外，通过 AR 投射或导航信息模块，操作员可以实时了解返航点、航点、RNG 目标点、Pin 点位置以及 AirSense 感知到的载人飞机等信息。

新手最好使用模拟器练习后再飞行，或者由有经验的操作员带飞，并且保持无人机在视距内。

注意：视距内运行（Visual Line of Sight，VLOS）是指无人机驾驶员或者观测员与无人机保持直接目视接触的操作方式，通常在目视距离内、高度不超过 120m 且水平半径不超过 500m 的范围内。超视距运行（Extended Visual Line of Sight，EVLOS）则指无人机在视距以外的空间内飞行。

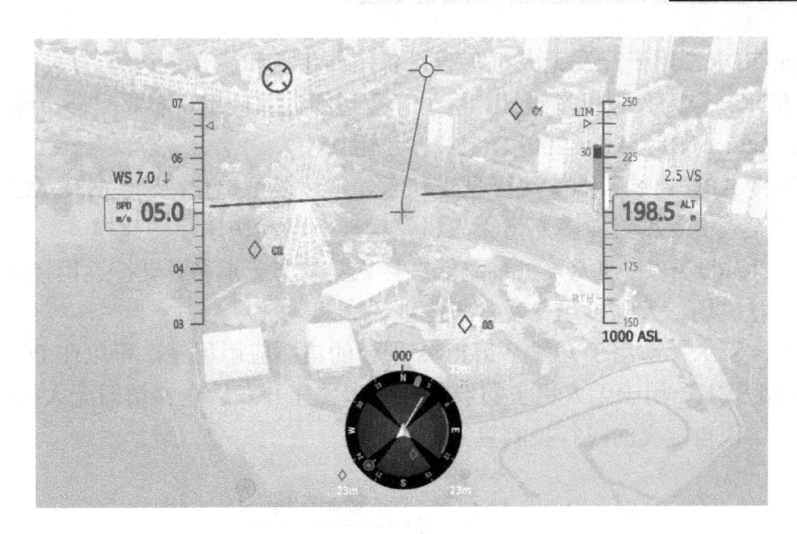

图 1-16

1.3 大疆 SDK

大疆 SDK 是大疆创新（DJI）公司推出的软件开发工具包（Software Development Kit，SDK），旨在为开发人员提供无人机相关的 API 和工具，以便于开发者更加方便地开发无人机相关应用程序。

> **注意**：SDK 是针对某一平台或环境提供的一系列软件开发工具，包括开发接口、文档、构建脚本等各类工具。应用程序接口（Application Programming Interface，API）通常指预先定义的类、结构体、函数等接口。从概念上看，SDK 的范畴通常大于 API，但两者的概念是高度关联的，因此没有必要进行详细的分析和比较。

以前，大疆 SDK 会员分为基础用户和高级用户两个级别。2021 年 11 月，大疆取消了 SDK 会员分级制度，所有开发者在技术支持、App 激活、Beta 版 SDK 获取等方面享有和此前高级会员一样的权益。

1.3.1 大疆 SDK 体系

使用大疆 SDK，开发者可以创建各种创新的无人机应用程序。自 2014 年大疆推出 Mobile SDK、Onboard SDK 和 Guidance SDK 以来，这些工具经历了多年的发展，目前已经形成了一个相对完善的 SDK 体系。2023 年 9 月，大疆对其 SDK 体系进行了升级，引入了 Edge SDK，并对 Mobile SDK 和 Payload SDK 进行了功能增强，如支持脱控飞行和 4G 私有化增强图传等。

当前，大疆常用的 SDK 及其适用范围（见图 1-17）如下所述。

- Mobile SDK：适用于开发 Android 等平台的移动应用程序，运行在移动设备或遥控器中，支持飞行控制、图像传输、地图显示等功能。
- UX SDK：基于 Mobile SDK，提供用户界面设计的主要功能。UX SDK 不单独推出，而是作为 Mobile SDK 样例代码的一部分进行集成。

- Payload SDK：用于开发无人机负载设备，如相机和激光雷达等。
- Edge SDK：专为大疆机场设计，用于开发边缘计算应用，需要配合边缘计算设备（如 Jetson Xavier NX、Atlas 200I DK A2）使用。
- 大疆智图 API：通过云端实现可见光和激光雷达模型重建，支持 M3E/M3T、M30/M30T 等行业无人机及精灵 4 多光谱无人机，实现全自动快速建图建模。
- 上云（Cloud）API：使无人机系统能够接入第三方云服务，支持远程控制和集群控制，兼容大疆机场、大疆机场 2 及常见行业无人机。
- Windows SDK：适用于开发 Windows 平台的桌面应用程序，可以在 PC 设备上运行。
- Onboard SDK：用于无人机上的嵌入式应用程序开发，能够访问无人机的传感器和控制器，实现自定义的飞行控制算法。

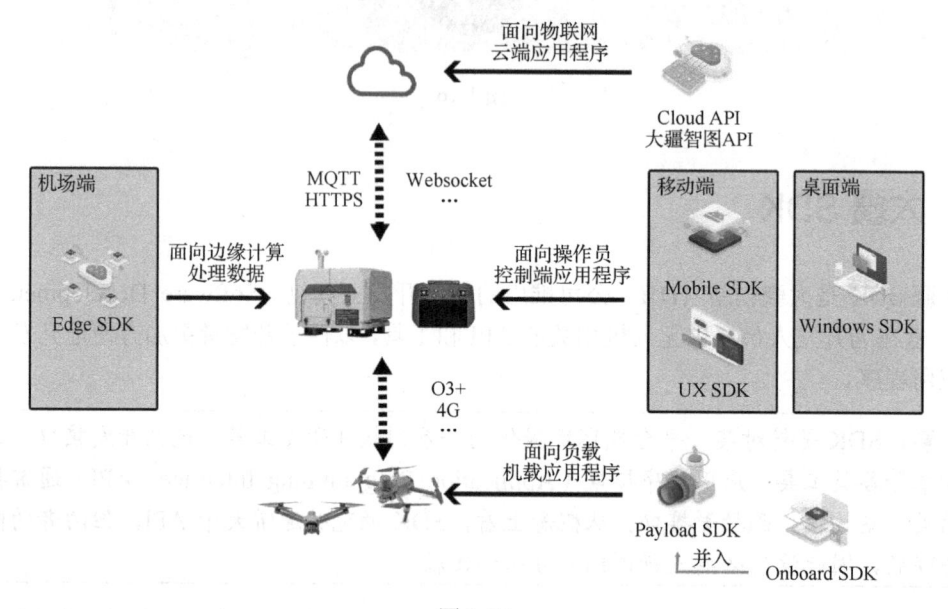

图 1-17

除了上述主要的 SDK，大疆还提供了处理热红外影像的 Thermal SDK，以及已弃用的视觉应用 Guidance SDK。

那么，我们为什么选择大疆 SDK 呢？这主要是因为大疆 SDK 拥有以下几个方面的优势。

- 稳定性和高效性：大疆的无人机产品在稳定性和性能上表现出色，具备优秀的防水和抗高温能力。
- 完善的行业生态：大疆提供针对各种行业需求的高度集成方案，详细信息可以访问大疆行业应用官方网站。
- 成套的 SDK 体系：大疆的 Mobile SDK 和 Payload SDK 等可以通过 MOP 等方式相互配合，便于开发完整的应用系统。

此外，大疆 SDK 还提供丰富的开发文档和示例代码，帮助开发者更高效地进行开发，详情见大疆开发者网站。接下来，将重点介绍大疆 SDK 中的两个重要组成部分：Mobile SDK 和 Payload SDK。

1.3.2 Mobile SDK

Mobile SDK（简称 MSDK）是最早且用途最为广泛的 SDK，拥有众多开发者群体，用于设计移动应用程序，实现在遥控端设计并执行飞行任务、控制云台相机等功能。

1. Mobile SDK 的版本

Mobile SDK 的更新历史如下所述。

2016 年初，大疆发布 Mobile SDK 3.0 版本，定型了基本架构和类库设计，移除对精灵 2 Vision+的支持，开始支持精灵 3 及以后的无人机。2017 年 3 月，大疆发布 Mobile SDK 4.0，引入 UI Library（UX SDK 前身），重构任务管理，引入任务控制、时间线和触发器等新概念，提升任务管理的易用性和健壮性。2018 年 4 月，大疆发布 Mobile SDK 4.5，UI Library 从 Mobile SDK 剥离，成为单独的 UX SDK。2022 年 3 月，发布 MSDK V5，进行重大变革。

MSDK V5 相较于之前的 MSDK，引入了新的航线文件格式标准 WPML，重构了 API 架构，与之前的版本不再兼容，具有以下几点特性。

- 从平台上看，MSDK V5 支持 Android 设备，可以使用 Kotlin 或 Java 语言开发；不再支持 iOS 设备。需要注意的是，虽然旧版本的 MSDK 支持 iOS 设备，但是 MSDK 应用可能无法上架 App Store。
- 从设备上看，MSDK V5 优先适配行业无人机，其次是新推出的消费级无人机；旧机型只能使用旧版本的 MSDK。MSDK V5 目前支持 M3D/M3TD、M350 RTK、M300 RTK、M30T/M30E、M3E/M3T、Mavic 3M、Mini 3 和 Mini 3 Pro 等无人机。
- 从用户界面设计上看，MSDK V5 以开源框架的形式融合了 UX SDK，并存在于官方的样例中；不再单独推出 UX SDK。
- 从性能上看，MSDK V5 具有更快的处理速度和更低的功耗，满足开发者对无人机性能的高要求。

2. Mobile SDK 的特点

使用 Mobile SDK 开发无人机应用具有以下 3 个重要特点。

（1）简化开发门槛：Mobile SDK 基于移动终端平台，封装了大量的控制细节，提供了简单直接的类和方法。这使得移动应用开发者无须深入了解复杂的无人机理论，只需要掌握基本的无人机常识即可开始开发，非常适合缺乏无人机开发背景的工程师。

（2）异步处理与回调：由于飞行器硬件与移动设备之间通过无线电信号传递信息，可能受到干扰或遮挡，SDK 的调用往往以异步方式返回结果。这类似于网络开发，Mobile SDK 通过回调接口和监听器模式处理异步操作，以便开发者实时获取无人机状态并进行调试。

（3）潜在危险性：无人机的高速和动能特性带来了安全风险。尽管编程可以精确控制无人机，但仍有可能对无人机、周围环境或他人造成损害。开发和调试时应注意安全，遵守法律法规，确保飞行操作的合法性和安全性。

使用 MSDK 开发的应用程序如图 1-18 所示。

图 1-18

1.3.3 Payload SDK

无人机的行业应用正变得越来越广泛和细分,显示出明显的专业化趋势。为了应对这一趋势,Payload SDK(简称 PSDK)允许设计各种不同功能的无人机负载。PSDK 首次发布于 2018 年 3 月,至 2021 年 10 月,大疆推出了 PSDK 3.0.0 版本。经过几年的发展,PSDK 已经成为一个成熟的 SDK 产品,其基本功能如图 1-19 所示。

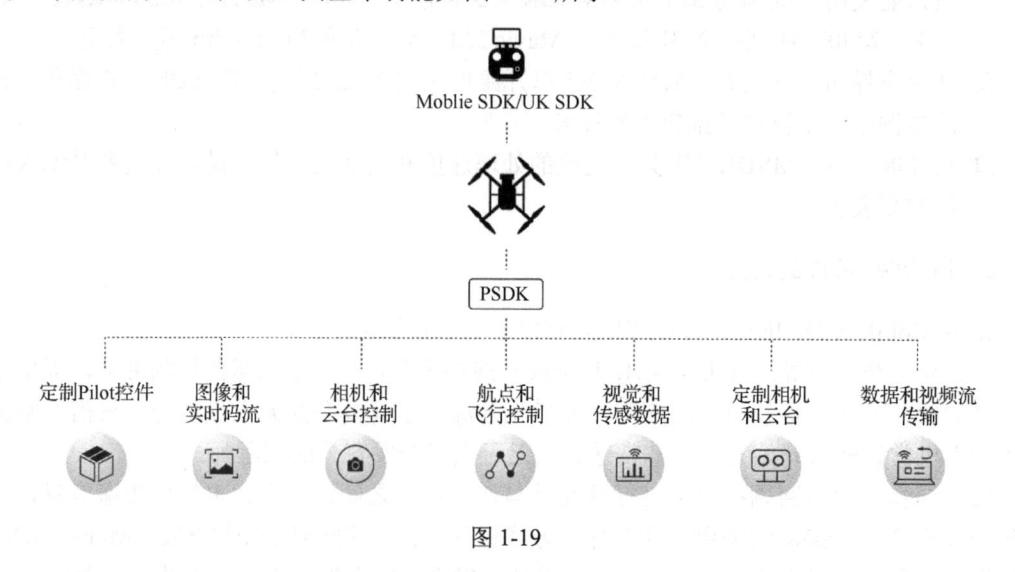

图 1-19

PSDK 3.x.x 相对于之前的版本具有以下特点。

- ❏ 从平台上看,PSDK 支持 Linux 和 RTOS 两大平台。不过,PSDK 3.x.x 以 MIT 协议开源,因此开发者也可以根据实际需求移植 PSDK。
- ❏ 从设备上看,PSDK 3.x.x 支持最新的 M3D/M3TD、FlyCart30、M350 RTK、M300 RTK、M30/M30T 和 M3E/M3T 等机型。PSDK 版本及其支持设备如表 1-7 所示。
- ❏ PSDK 3.x.x 版本整合了 Onboard SDK(简称 OSDK)功能。至此,大疆 SDK 体系形

成了2大主要板块，即Mobile SDK和Payload SDK。

表1-7 PSDK版本及其支持设备

版本	PSDK v1.x.x	PSDK v2.x.x	PSDK v3.x.x
首发时间	2018年3月	2020年2月	2021年10月
支持无人机	M200、M210、M210 RTK	M210 V2、M210 RTK V2、M300 RTK	M3D/M3TD、FlyCart30、M350 RTK、M300 RTK、M30/M30T、M3E/M3T及后续机型
支持接口设备	SkyPort	X-Port、SkyPort V2	X-Port、SkyPort V2、E-Port、E-Port Lite

PSDK开发需要使用E-Port接口、E-Port Lite接口或者X-Port、SkyPort V2等标准负载工具。X-Port和SkyPort V2是标准的负载工具，需要使用无人机的DGC（DJI Gimbal Connector）2.0接口，用于对接无人机和负载设备。

- E-Port接口采用Type-C接口的硬件标准，用于直连第三方负载。通常，采用E-Port接口的负载可以容纳一些设备抖动（不需要云台增稳）。
- E-Port Lite接口是M3D/M3TD和FlyCart30最新接口，同样采用Type-C接口的硬件标准，同时支持PSDK负载连接、调参以及USB转串口（USB-TTL）功能。
- X-Port是标准云台，具有3轴向的负载稳定能力，具有云台上置和云台下置两种模式，方便开发者关注负载本身的研发。
- SkyPort V2转接环，用于对接无人机的DGC2.0接口和第三方负载。

注意：E-Port接口的前身是OSDK扩展接口，可以使用早期的PSDK和OSDK版本，通过SDK同轴线或OSDK拓展组件开发PSDK负载或OSDK机载程序。DGC2.0接口的前身为PSDK接口。另外，在M3E/M3T和M30/M30T无人机的用户手册中，E-Port接口被称为PSDK接口。

各行业无人机对E-Port、E-Port Lite接口和DGC2.0接口的支持性可参见表1-3，开发者也可参考无人机的用户手册。

负载开发具有特殊性，需要特别关注飞行安全和飞行体验。开发者可以在大疆的规定范围内，利用PSDK来开发各种负载设备。在开始开发PSDK负载之前，开发者需在大疆开发者网站进行注册。如果计划开发9个以上的负载设备，则需要向DJI申请量产权限。然而，自2021年11月大疆取消了会员分级制度后，申请PSDK应用不再需要人工审核，并且量产时也无须缴纳量产授权费。开发者只需要提供简单的材料，即可免费申请开通量产模式。使用PSDK开发的负载设备如图1-20所示。

图1-20

1.4 本章小结

本章介绍了无人机开发的基础知识，并简述了大疆 SDK 体系。掌握这些基础知识对开发应用至关重要，它可以帮助开发者根据用户需求选择合适的开发方案和飞行平台，从而在设计移动应用或负载时提升安全性、稳健性和易用性。目前，大疆 SDK 体系中最重要的是 Mobile SDK（MSDK）和 Payload SDK（PSDK）。MSDK 用于设计移动应用，可在遥控器或连接的移动设备上运行，实现特定飞行任务和负载操控。PSDK 用于设计负载，通过 E-Port、E-Port Lite 或 DGC2.0 接口连接无人机机身，提供特定功能。PSDK 和 MSDK 相辅相成，可以形成完整的行业应用解决方案。

在学习过程中，可能会遇到书中未涉及的问题，或随着 MSDK 和 PSDK 更新出现新问题。此时，读者应充分利用官方资源和互联网资源。在大疆开发者网站上，可查阅 MSDK 和 PSDK 的基础文档和 API 参考；在大疆开发者论坛中，可获取详细的技术文章、讨论问题并共享经验。如问题仍未解决，可在论坛中提交请求，大疆官方将有专业人员进行解答和跟进。

1.5 习题

1. 简述大疆行业无人机的种类和特点，并分析这些无人机能够应用到哪些行业应用中去。
2. 如何保养无人机的电池？
3. 在飞行前和飞行过程中有哪些安全注意事项？
4. 大疆有哪些 SDK？分别具有哪些特点？

第 2 章　开发前的准备工作

学习具体的 MSDK 基本理论和开发实践之前，需要了解 MSDK 的基本框架，准备好基本开发环境，这是任何开发的基础工作。本章将介绍开发前的基本准备工作，包括申请应用程序密钥、软硬件的准备工作，以及设备连接和调试的基本方法，核心知识点如下：

- ❏ MSDK 基本框架
- ❏ 申请应用程序密钥
- ❏ 软硬件准备工作
- ❏ 安装 Android Studio
- ❏ 设备连接和调试

2.1　MSDK 的基本框架

MSDK 的主要功能是搭建用于监测和控制无人机飞行的移动应用程序，包括参数获取和设置、飞行控制、应用数据处理等功能，如图 2-1 所示。

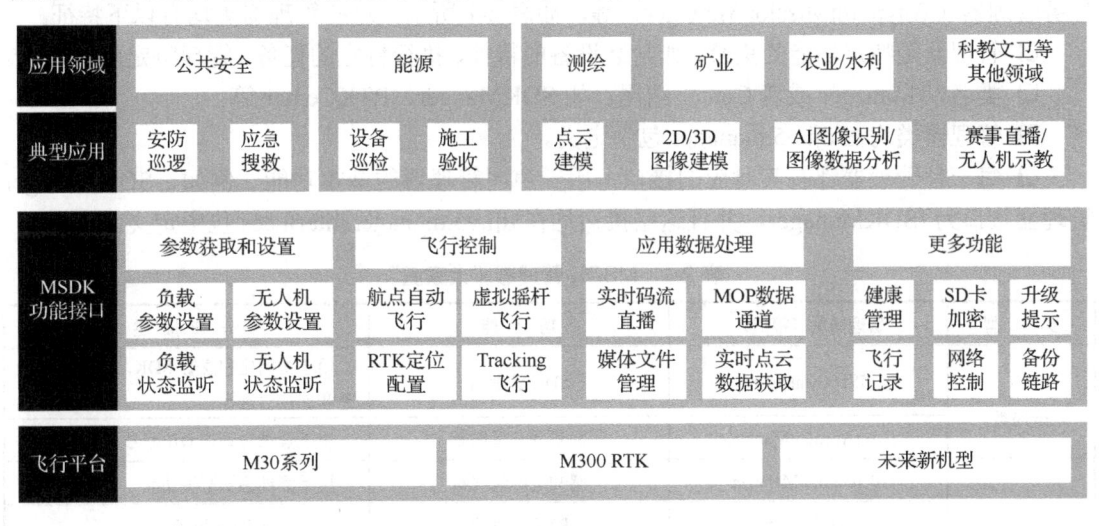

应用领域	公共安全	能源		测绘	矿业	农业/水利	科教文卫等其他领域
典型应用	安防巡逻 应急搜救	设备巡检	施工验收	点云建模	2D/3D 图像建模	AI图像识别/图像数据分析	赛事直播/无人机示教
MSDK 功能接口	参数获取和设置	飞行控制		应用数据处理		更多功能	
	负载参数设置　无人机参数设置	航点自动飞行	虚拟摇杆飞行	实时码流直播	MOP数据通道	健康管理　SD卡加密	升级提示
	负载状态监听　无人机状态监听	RTK定位配置	Tracking飞行	媒体文件管理	实时点云数据获取	飞行记录　网络控制	备份链路
飞行平台	M30系列		M300 RTK			未来新机型	

图 2-1

无论是获取参数、监测无人机状态，还是飞行控制、执行飞行任务，都需要使用 MSDK 中的各类管理器。本节将简单介绍这些管理器及其功能，以及 MSDK 的数据链路。

2.1.1 MSDK 管理器"大家庭"

MSDK 包括 SDK 管理器（SDK Manager）以及各类特定功能的管理器，如图 2-2 所示。

```
移动应用程序
Mobile Application

SDK管理器
SDKManager

键值管理器/键值工具           媒体数据管理器            航点任务管理器
KeyManager/KeyTools         MediaDataCenter         WaypointMissionManager

飞行控制器Key-FlightControllerKey   虚拟摇杆管理器          飞行日志管理器
相机Key-CameraKey              VirtualStickManager     FlightLogManager
云台Key-GimbalKey
遥控器Key-RemoteControllerKey   设备健康管理器
……                            DeviceHealthManager     ……
```

图 2-2

（1）移动应用程序：创建用于监测和控制无人机的应用程序是 MSDK 的目的，处于整个 MSDK 框架的最顶端。

（2）SDK 管理器：SDK 管理器是 Mobile SDK 的入口，用于注册应用程序、获取设备信息等。

（3）各类特定功能的管理器：包括用于监测无人机状态和控制无人机动作的键值管理器（KeyManager）、管理媒体数据的媒体数据管理器（MediaDataCenter）、执行航点任务的航点任务管理器（WaypointMissionManager）等，如表 2-1 所示。这些管理器类均有以下特征：

- ❏ 管理器是特定功能的集合，如封装设备的特性、执行特定的任务、管理特定的模块等。
- ❏ 类名以 Manager 或者 Center 结尾，如 SDKManger、RTKCenter 等。
- ❏ 管理器类均在 dji.v5.manager 包中定义。
- ❏ 每一种管理器都有其对应的接口，用于声明管理器的基本功能。例如，SDKManager 管理器接口为 ISDKManager，并且这些接口均在 dji.v5.manager.interfaces 包中定义。

表 2-1 MSDK 管理器"大家庭"

类 型	管理器类（接口）	功 能	详 细 描 述
全局类	ISDKManager	SDK 管理器	用于初始化和注册 SDK，获取设备信息和连接信息等
	IUserAccountManager	账号登录管理器	用于登录与管理 DJI 账号
设备管理类	IPerceptionManager	感知避障管理器	用于管理感知避障功能
	IRTKCenter	RTK 管理器	用于管理 RTK 设备
	ILTEManager	LTE 管理器	用于管理 4G 增强图传设备
	IUpgradeManager	固件升级管理器	用于升级固件
	IFlightLogManager	飞行日志管理器	用于管理飞行日志
	IDeviceStatusManager	设备状态管理器	用于获取设备状态
	IDeviceHealthManager	设备健康信息管理器	用于获取设备健康信息

续表

类型	管理器类（接口）	功能	详细描述
无人机控制类	IKeyManager	Key 管理器	用于通过 Key 获取无人机参数或者操作无人机
	IWaypointMissionManager	航点任务管理器	用于执行航点任务
模拟器类	ISimulatorManager	模拟器管理器	用于使用模拟器
	IVirtualStickManager	虚拟摇杆管理器	用于使用虚拟摇杆
多媒体类	IMediaDataCenter	多媒体数据管理器	用于获取码流管理类、多媒体文件管理类和直播管理类
	IVideoStreamManager	视频流管理器	获取解码视频流（在 5.8.0 中废弃）
	ICameraStreamManager	相机码流管理器	获取解码视频流（在 5.8.0 中启用）
	IMediaManager	多媒体文件管理器	用于获取多媒体文件信息以及预览、播放和下载
	ILiveStreamManager	直播管理器	用于网络直播
负载管理类	IPayloadCenter	负载中心	用于管理负载
	IMegaphoneManager	麦克风喊话器负载管理器	用于管理麦克风喊话器类负载
	IPipelineManager	SDK 互联互通管理器	用于实现 MSDK 和 PSDK 的互联互通
飞行安全和合法合规	IAreaCodeManager	国家区域码管理器	用于管理国家区域码，判断当前的国家区域
	IUASRemoteIDManager	无人机系统远程识别管理器	用于管理无人机合规注册
	ILDMManager	本地数据模式（LDM）管理器	用于 LDM 的启用和关闭
	IDataProtectionManager	数据保护管理器	用于管理数据保护
	IFlyZoneManager	限飞解禁管理器	用于飞行区域管理

在后文中，将会详细介绍这些管理器的详细用法。

2.1.2 MSDK 数据链路

MSDK 通过数据链路实现无人机和移动应用程序传递监测、控制与任务信息。总体来说，基于 MSDK 编写的代码所涉及的各种指令要通过 MSDK 传递到系统平台 SDK，然后通过 USB 协议将各类指令传递到遥控器上，并最终通过 OcuSync 等无线链路传递到无人机上，如图 2-3 所示。

具体来说，移动设备与无人机的连接方式包括以下 2 种（见图 2-4）。

（1）移动设备与遥控器采用 USB 线缆连接，包括采用无屏幕遥控器（如 RC-N1）的 M300 RTK 以及 Mini 3 / Mini 3 Pro 等无人机。

（2）遥控器内置移动设备，几乎所有支持 MSDK V5 的无人机均有内置移动设备的遥控器，集成度更高，用户体验更好，如 RC Plus 等。

图 2-3　　　　　　　　　　　　　图 2-4

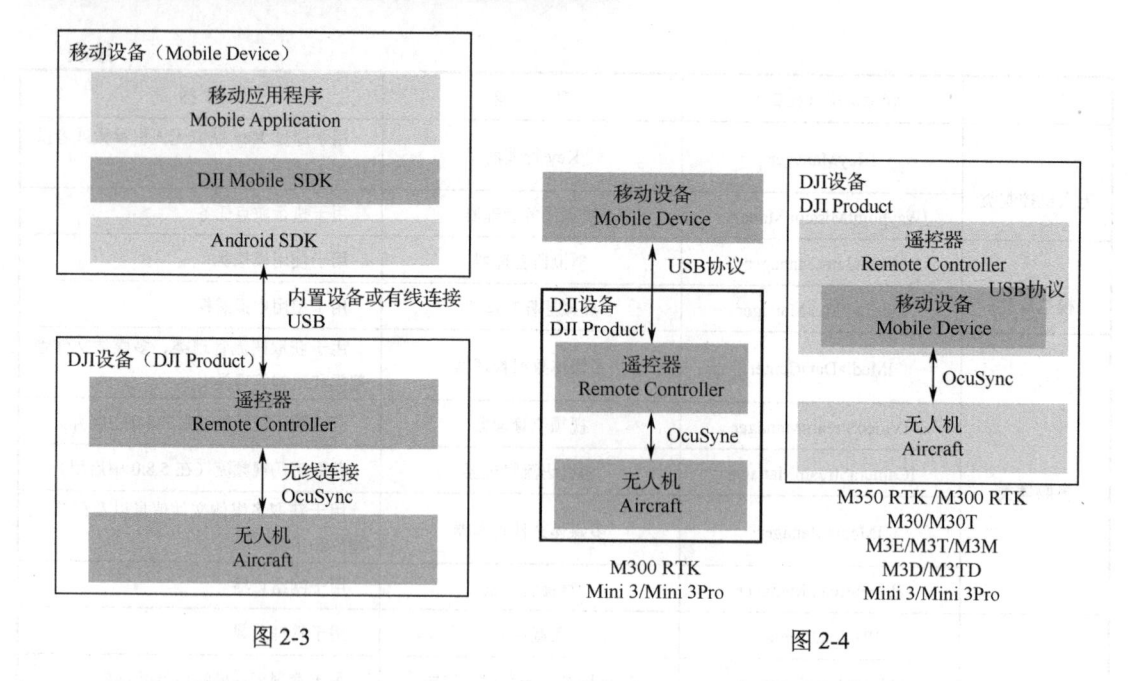

可见，由于绝大多数行业无人机都已经内置了移动设备，虽然省去了 USB 线缆连接，但是仍然采用 USB 协议传递相关指令。

2.2　准备工作

本节将介绍开发前的一些准备工作，即在大疆开发者网站上注册为开发者并注册新的应用程序，认识并准备 MSDK 开发所需的软硬件，以便于运行和调试 MSDK 应用程序。

2.2.1　申请应用程序密钥

在第一次使用 MSDK 开发的应用程序时，需要将应用程序密钥以及应用程序信息在大疆的网站上注册，注册成功后才可以正常使用 Mobile SDK 的各项功能。申请密钥前，需要开发者准备一些关于应用程序的备案信息，包括应用程序名称、包标识符、应用类型、描述信息等。

由于应用程序密钥需要和开发者账号绑定，因此本小节将首先介绍注册 DJI 开发者的基本流程，然后介绍如何申请应用程序密钥。

1. 注册 DJI 开发者账号

首先，在 DJI 开发者网站中注册或登录 DJI 开发者账号；DJI 开发者账号可以使用 DJI 账号，两者是通用的，如图 2-5 所示。

图 2-5

然后，进入 DJI 开发者网站的用户中心（User Center），此时弹出申请开发者协议界面，如图 2-6 所示。

图 2-6

单击【同意】按钮，进入申请开发者界面，如图 2-7 所示。

图 2-7

在该界面中，开发者需要填写开发者类型、姓名、国家（地区）或城市、所属行业、无人机行业从业年限等信息，单击【下一步】按钮后确认提交即可完成注册，如图 2-8 所示。

图 2-8

2. 申请应用程序密钥

在图 2-8 中，单击【创建 APP】图标，或进入用户中心，在左侧的导航栏中单击【应用】按钮进入应用程序列表界面，如图 2-9 所示。

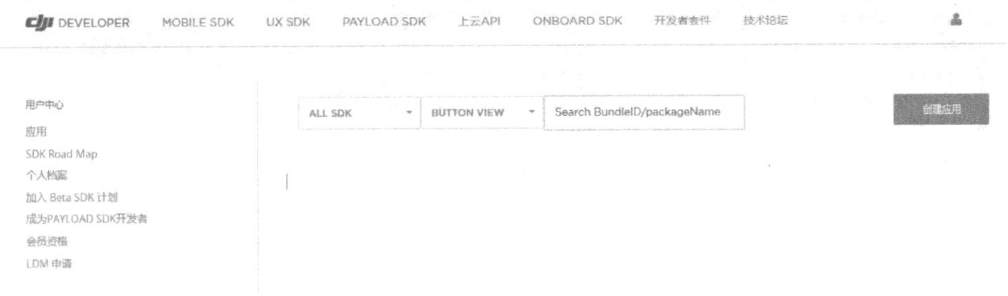

图 2-9

随后，单击【创建应用】按钮，弹出如图 2-10 所示的对话框。

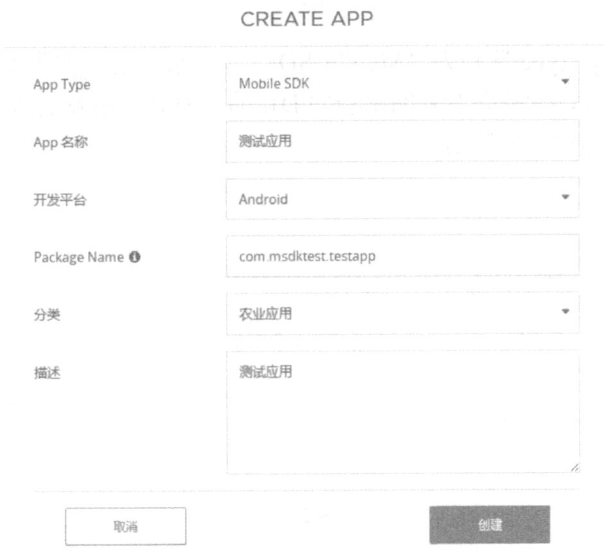

图 2-10

- App Type：选择应用程序所使用的 SDK 类别，包括 Mobile SDK、Onboard SDK 和 Windows SDK 等。
- App 名称：输入应用程序名称，应与移动应用程序的名称相同。
- 开发平台：选择应用程序的运行平台，包括 Android 和 iOS 两个选项。
- Package Name（应用程序包标识符）：输入应用程序的包标识符，用于识别应用程序。对于 Android 应用程序，包识别符在 build.gradle.kts (Module :{模块名})中的 android.defaultConfig.applicationId 定义，一般与 Kotlin 或 Java 的包名相同，如图 2-11 所示。对于大疆样例程序，包标识符为 com.dji.sampleV5.aircraft。
- 分类：输入应用程序的应用类别，包括农业应用（Agricultrual Applications）、测绘制图（Cartography）、灾害探查（Disaster Probe）、运动追踪（Motion Tracking）、电影摄制（Film Shooting）、动物饲养（Animal Feeding）、自然探索（Nature Discovery）、电力巡检（Power Line Patrol）与其他（Other）等。选择其他时，需要手动输入类别。
- 描述：输入应用程序的相关描述。

图 2-11

在本小节中，App Type 选择为"Mobile SDK"，其余的选项按照上述说明如实填写，单击【创建】按钮。此时，大疆开发者网站会向 DJI 的注册邮箱中发送激活链接，如图 2-12 所示。打开激活链接后即可完成激活。

图 2-12

单击刚刚注册的应用程序右侧的【查看详情】按钮查看其详细信息。如图 2-13 所示，在应用程序详细信息中，"App Key"右侧的字符串为该应用程序的密钥，此时需要通过复制粘贴的方式将其放入 Mobile SDK 应用程序工程的指定位置。

图 2-13

2.2.2 硬件准备

硬件准备包括选择飞行平台、选择遥控器、准备 MSDK 调试设备等步骤，如图 2-14 所示。

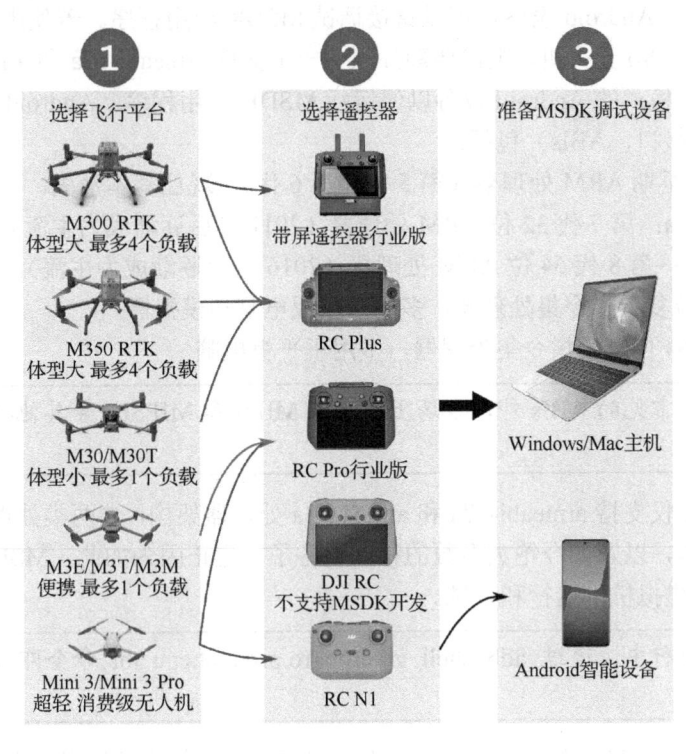

图 2-14

1. 选择飞行平台

MSDK V5 支持大疆主流的行业无人机以及 Mini 3 等部分消费级无人机，主要包括 M350 RTK、M300 RTK、M30/M30T、M3E/M3T/M3M、Mini 3 和 Mini 3 Pro 等无人机。对于行业开发者，建议根据行业需求选择合适的行业无人机。不同行业无人机的负载能力、便携能力和应用场景不同，开发者可以根据实际情况做出选择。对于入门开发者来说，可以选择较为便宜的 Mini 3 或 Mini 3 Pro 消费级无人机。

2. 选择遥控器

在购买大疆无人机时一般都会搭配固定的遥控器，不过部分无人机的遥控器是可以选择的。例如，M300 RTK 既可以选择 DJI 带屏遥控器行业版，也可以使用性能更强大的 RC Plus；对于 Mini 3 和 Mini 3 Pro 无人机来说，可以选择 RC N1（普通遥控器）或 RC Pro 行业版遥控器。需要注意的是，DJI RC（带屏遥控器）是不支持安装应用的，因此不能用于 MSDK 开发。

3. 准备 MSDK 调试设备

为了开发 MSDK 应用程序，需要一台性能良好的 Windows 电脑或 Mac 电脑来配置开发环境。如果使用 RC N1 遥控器，还需要准备一个 Android 设备。RC Plus、RC Pro 行业版和 DJI RC 遥控器内置 Android 设备，可以直接调试 MSDK 应用程序。若使用 RC N1 遥控器搭配 Mini 3 或 Mini 3 Pro 无人机，则需要额外准备一个支持 armeabi-v7a 和 arm64-v8a 处理器架构且已启用开发者模式的 Android 设备以便运行 MSDK 应用程序。Android 设备的 CPU 框架（应用程序二进制接口，ABIs）包括：

- armeabi：早期 ARM 处理器（第 5 代和第 6 代），现已基本消失。
- armeabi-v7a：第 7 代 32 位 ARM 处理器（2011 年后逐渐成为主流）。
- arm64-v8a：第 8 代 64 位 ARM 处理器（2016 年后逐渐成为主流）。
- x86：32 位复杂指令集处理器，多用于平板电脑和模拟器。
- x86_64：64 位复杂指令集处理器，多用于平板电脑。

注意：除上述常见的 ABIs 外，市场上还存在 MIPS 和 MIPS64 等其他指令集架构，不过较为少见。

目前，MSDK 仅支持 armeabi-v7a 和 arm64-v8a 处理器架构，这两类处理器已经能够涵盖所有的大疆遥控器，以及如今绝大多数的移动设备了。也正因为如此，MSDK 不能够在 x86 或 x86_64 电脑的虚拟机中运行和调试。

注意：在命令行中，通过 adb shell getprop ro.product.cpu.abi 命令即可查询当前设备的 ABIs。

当然，MSDK V5 应用程序本质上是 Android 应用程序，如果开发者的无人机还没有到货，那么也可以尝试在普通的 Android 设备上尝试运行 MSDK 应用程序，以便于提前搭建 MSDK 开发环境，只是这样运行的 MSDK 应用程序无法正常连接到无人机。

2.2.3 软件准备

在软件方面，需要开发者准备好 MSDK V5 软件开发包、大疆 Assistant 调参工具和地面站软件。

1. MSDK V5 软件开发包

在 MSDK V5 官方仓库中，可下载 PSDK 的最新版本和历史版本的软件开发包。开发者还可以在本书所附带的资源中找到 MSDK V5.8.0 软件开发包。MSDK V5 软件开发包包括以下目录和文件。

- 目录 Docs：包含文档、Android API 参考（Android_API）和 API 更新记录（API-Diff）。
- 目录 SampleCode-V5：包含 MSDK 样例程序，如主工程（android-sdk-v5-as）、UX SDK 模板工程（android-sdk-v5-uxsdk）和样例工程（android-sdk-v5-sample）。
- LICENCE.txt：MIT 协议声明文件。

- README.md 和 README_CN.md：MSDK 简介说明文件。

2. Android Studio

Android Studio 是以 IntelliJ IDEA Community 开源版本构建的集成开发环境（IDE），专门为 Android 应用程序开发设计。它是开发 Android 应用的主要工具，并通过 Gradle 构建工具提供高效的编码和运行工作流。

在使用 MSDK 和 UX SDK 时，特别需要注意 Android Studio 和 AGP（Android Gradle Plugin）的版本匹配。过高或过低的版本可能会导致兼容性问题，从而增加学习和开发的成本。确保使用推荐的版本可以避免这些问题，确保开发过程的顺利进行。

注意：Gradle 是一种自动化构建工具，可在后台帮助开发者对应用程序工程进行依赖管理、应用程序编译、打包和部署。

近期 Android Studio 版本及推荐的 AGP 版本如表 2-2 所示。

表 2-2 近期 Android Studio 版本及推荐的 AGP 版本

Android 版本	发布时间	推荐的 AGP 版本
Dolphin	2021.3.1	3.2-7.2
Chipmunk	2021.2.1	3.2-7.3
Electric Eel	2022.1.1	3.2-7.4
Flamingo	2022.2.1	3.2-8.0
Giraffe	**2022.3.1**	**3.2-8.1**
Hedgehog	2023.1.1	3.2-8.2
Iguana	2023.2.1	3.2-8.3
Jellyfish	2023.3.1	3.2-8.4

在 MSDK 官方文档中，推荐使用 Android Studio Giraffe 2022.3.1 及 AGP 7.4.2。然而，只要 Android Studio 支持 AGP 7.4.2 和 Java Runtime 17，一般不会出现开发问题，但可能需要进行一些适配工作。

Android Studio 支持 Windows 和 macOS 环境，开发者可以在 Android 开发者网站中下载 Android Studio Giraffe。

以下内容基于 Windows 环境，采用 Android Studio Giraffe 2022.3.1 Patch 2 来搭建开发环境。对于其他更新版本或更旧版本的环境搭建方法，请参考本书和官方文档进行学习和操作。运行 android-studio-2022.3.1.21-windows.exe 以进入安装程序界面，如图 2-15 所示。

单击【Next】按钮，在"Choose Components"对话框、"Configuration Settings"对话框、"Choose Start Menu Folder"对话框中分别选择安装组件、安装目录和开始菜单文件夹名称；然后，单击【Install】按钮进入安装流程，如图 2-16 所示。

图 2-15

图 2-16

安装完成后,单击【Finish】按钮退出安装程序,完成安装。

打开 Android Studio,弹出如图 2-17 所示的对话框。

默认选择"Do not import settings"(不导入配置选项),单击【OK】按钮。随后,进入 Android Studio 配置向导,如图 2-18 所示。

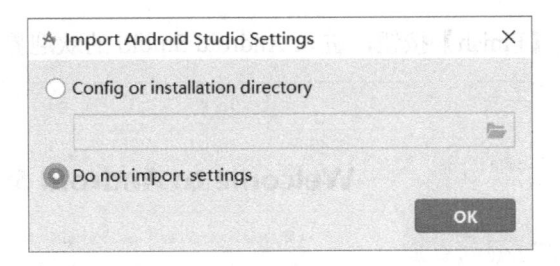

图 2-17

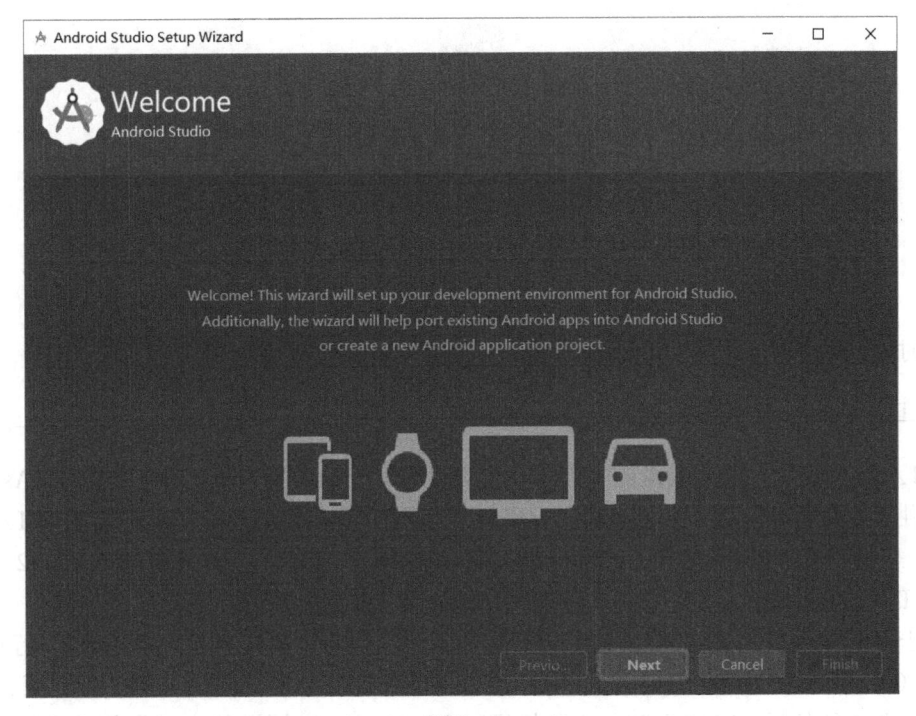

图 2-18

单击【Next】按钮，在随后的"Install Type"对话框、"Select UI Theme"对话框、"Verify Settings"对话框、"License Agreement"对话框中选择必要的选项，单击【Finish】按钮，开始下载相关组件，如图 2-19 所示。

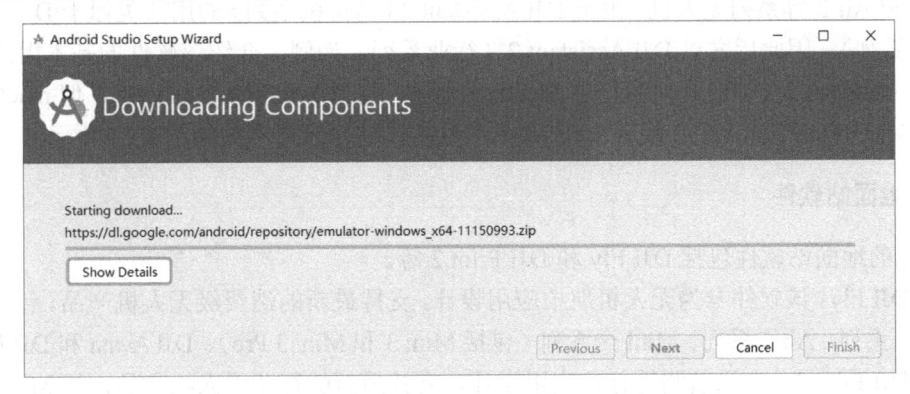

图 2-19

下载完毕后，单击【Finish】按钮，进入 Android Studio 的欢迎界面，如图 2-20 所示。

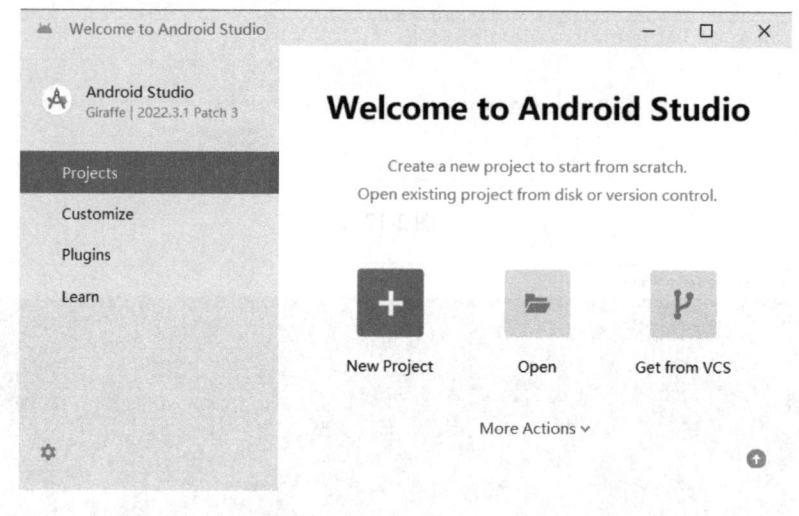

图 2-20

此时，开发者就可以在 Android Studio 中开发 Android 应用程序了。

3．DJI Assistant 调参工具

DJI Assistant 是大疆无人机的调参工具，最新版本是 DJI Assistant 2。不过，DJI Assistant 2 并不是独立的软件，而是一系列软件：大疆针对不同的无人机型号发布了不同的 DJI Assistant 2 版本，包括 DJI Assistant 2 for Phantom、DJI Assistant 2 for Mavic、DJI Assistant 2（Inspire 系列）、DJI Assistant 2（FPV 系列）、DJI Assistant 2（消费机系列）等。

对于行业无人机来说，需要使用 DJI Assistant 2（行业系列）。DJI Assistant 2（行业系列）支持 M200、M210、M600、M300 RTK、M350 RTK、御 2 行业进阶版、御 3 行业版、御 3 多光谱版、御 3 红外版、M30 系列、大疆机场、DJI RC PLUS 等设备。开发者可以在 DJI 官网下载最新版本。

对于 Mini 3 和 Mini 3 Pro 无人机来说，需要使用 DJI Assistant 2（消费机系列）。除了 Mini 3 和 Mini 3 Pro，DJI Assistant 2（消费机系列）还支持 Mini SE、Mini 2、Mini 4、Avata、Mavic 3、Air 2 和 Air 3 等系列无人机。由于 DJI Assistant 2（消费机系列）的用法类似于 DJI Assistant 2（行业系列），因此后文以 DJI Assistant 2（行业系列）为例，介绍该软件的基本用法。

DJI Assistant 2（行业系列）基于 Electron 开发，支持 Windows、macOS，但 macOS 版本暂不支持 M300 RTK、M350 RTK 和 H20 系列设备。软件运行界面如图 2-21 所示。

4．地面站软件

常见的地面站软件包括 DJI Fly 和 DJI Pilot 2 等。
- DJI Fly：该软件专为无人机航拍应用设计，支持最新的消费级无人机产品，包括 Mavic 3 系列、Air 2 系列、Mini 全系列（包括 Mini 3 和 Mini 3 Pro）、DJI Avata 和 DJI FPV 等。
- DJI Pilot 2：专为航测等行业应用设计，支持最新的行业无人机产品，如 M350 RTK、M300 RTK、M30/M30T、M3E/M3T、M3D/M3TD 等。

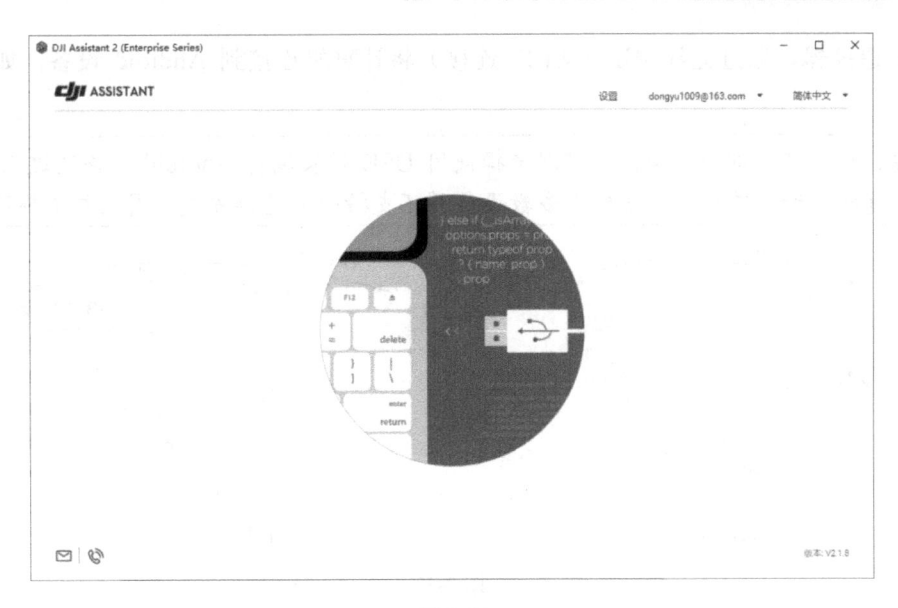

图 2-21

对于行业无人机,需要使用 DJI Pilot 2 软件(简称 Pilot 2)。需要注意的是,Pilot 2 已集成在大疆行业无人机的遥控器中,无须单独安装。其运行界面如图 2-22 所示。

图 2-22

关于 DJI Fly 和 Pilot 2 软件的用法,可以参考相应无人机的用户手册。

2.2.4 设备连接和调试

如果使用带屏遥控器,调试和运行非常方便,只需要使用 USB 线缆(也可以通过无线调试)将遥控器连接到计算机即可。对于 RC N1 等没有集成 Android 设备的普通遥控器,则需要将 Android 设备同时连接到遥控器和计算机。这时,可以选择通过 USB 线缆将 Android 设备连接到遥控器，通过无线调试（Wi-Fi 连接）将计算机连接到 Android 设备，如图 2-23 所示。

注意：对于极少部分机型，也可以选择使用 USB 扩展坞将 Android 设备通过 USB 线缆同时连接遥控器和计算机。但是绝大多数设备并不支持此种连接方式，因此并不推荐。

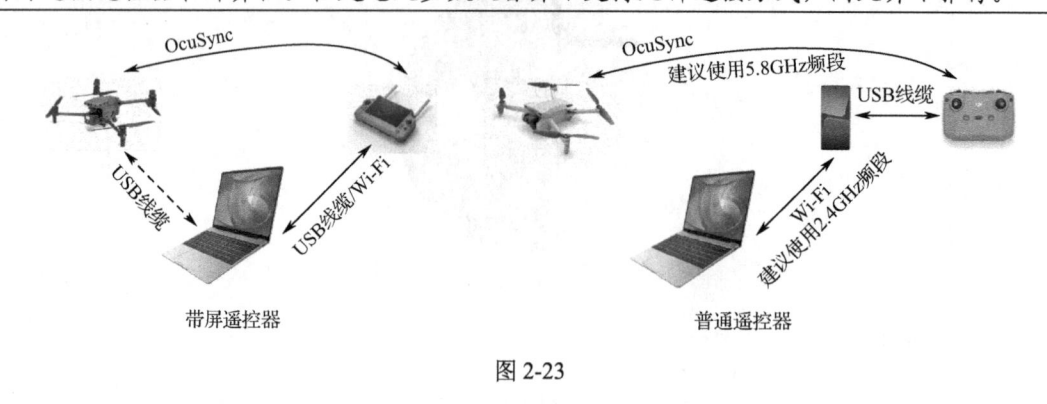

图 2-23

注意：无人机和计算机连接后，可以通过 DJI Assistant 2 进行仿真飞行，调试应用程序更加方便（Mini 3 和 Mini 3 Pro 暂不支持仿真飞行）。

无人机运行时，OcuSync 图传会占用 2.4GHz 和 5.8GHz 频段，这可能与 Wi-Fi 设备频段冲突。因此，若采用 Wi-Fi 连接进行无线调试，请尽量将路由器靠近 Android 设备，同时将遥控器和无人机尽量远离 Android 设备和计算机。此外，可以将 OcuSync 图传和 Wi-Fi 连接的频段分开，如设置 OcuSync 图传使用 5.8GHz 频段，并使用 2.4GHz 频段进行无线调试。

为了将 Android Studio 编译的应用程序安装到移动设备上，需要开启 Android 设备的调试功能，并通过 ADB（Android Debug Bridge）连接计算机。接下来将介绍 USB 调试和无线调试的基本连接方法，具体操作可能因不同的 Android 设备而有所不同。

注意：无线调试功能需要 Android 11 及以上版本操作系统支持。

1. 打开 Android 设备的开发者模式

无论是 USB 调试还是无线调试，都需要开启设备的开发者模式。将真机设备通过 USB 线缆连接到计算机，在手机设置中找到 Android 版本信息界面。在原生 Android 系统中，可以通过设置→系统→关于手机→软件信息进入 Android 版本信息界面，如图 2-24 所示。

图 2-24

对于 RC Plus 等遥控器，可以通过设置→设备进入 Android 版本信息界面，如图 2-25 所示。

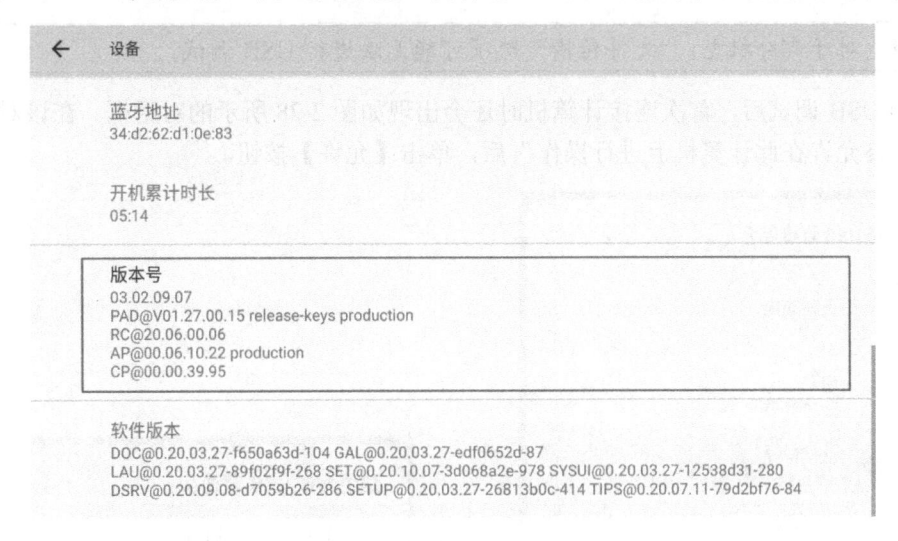

图 2-25

不断单击"版本号"列表项，即可打开开发者选项功能。

注意：对于不同的 Android 衍生系统来说，需要单击的列表项也是不同的。

2. USB 调试连接

通过设置→系统→开发人员选项（或开发者选项）菜单，找到并选择"USB"调试选项，此时会弹出如图 2-26 所示的确认提示。

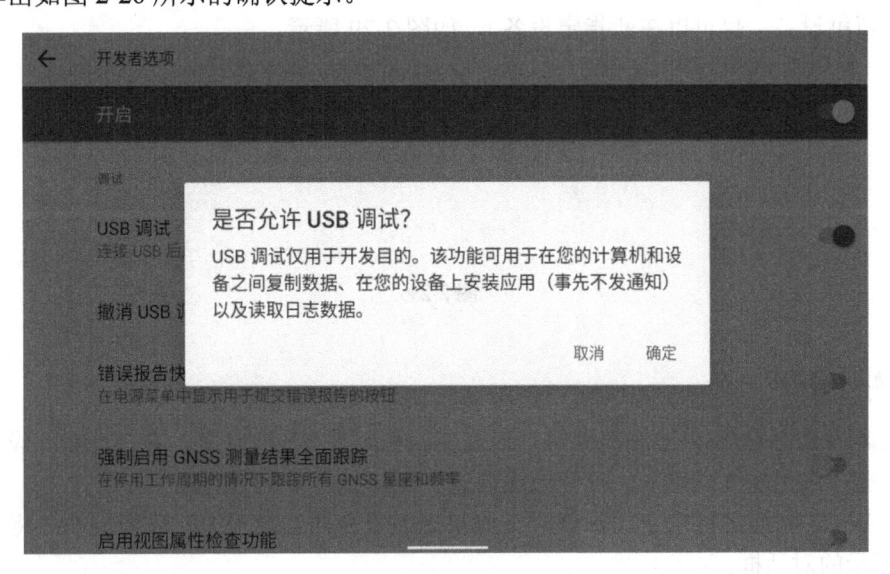

图 2-26

单击【确定】按钮即可打开 USB 调试功能。在部分机型中，还需要找到并打开 USB 安装选项（如没有可以忽略）。通过 USB 连接计算机，在弹出的对话框中，选中"文件传输"

或"照片传输"选项，如图 2-27 所示。

> **注意**：对于部分机型，"文件传输"选项可能无法进行 USB 调试。

打开 USB 调试后，首次连接计算机时还会出现如图 2-28 所示的对话框。在该对话框中，选中"始终允许在此计算机上进行操作"后，单击【允许】按钮。

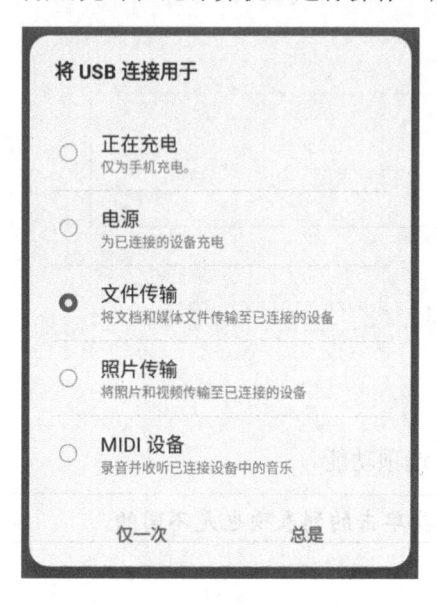

图 2-27

图 2-28

如果一切顺利，可以在 Android Studio 右上角的工具栏中显示当前设备的名称（如有多个真机或虚拟机设备，也可以在此指定设备），如图 2-29 所示。

图 2-29

3. 无线调试

无线调试免去了 USB 线缆的束缚，但是需要稳定的 Wi-Fi 环境。在 Android 设备中，进入开发者选项→无线调试菜单，打开无线调试界面，如图 2-30 所示。

通过 Wi-Fi 网络调试需要用户许可。如果之前没有对当前 Wi-Fi 环境授权，将会弹出如图 2-31 所示的对话框。

无线调试可以通过扫描二维码或者配对码的方式将移动设备和 Android Studio 进行配对。在 Android Studio 中的设备选择菜单（或者 Device Manager 窗格）中选择 "Pair Devices Using" Wi-Fi 菜单，如图 2-32 所示。

图 2-30　　　　　　　　　　　　　图 2-31

图 2-32

在弹出的对话框中，可以通过选择"Pair using QR code"（通过二维码配对）和"Pair using pairing code"（通过配对码配对）选项卡切换配对方式，如图 2-33 所示。

此时，在 Android 手机中的【无线调试】菜单中，选择【使用二维码配对设备】菜单并扫描；或者选择【使用配对码配对设备】后，在"Pair using pairing code"选项卡中选择【Pair】按钮并输入正确的配对码完成配对，如图 2-34 所示。

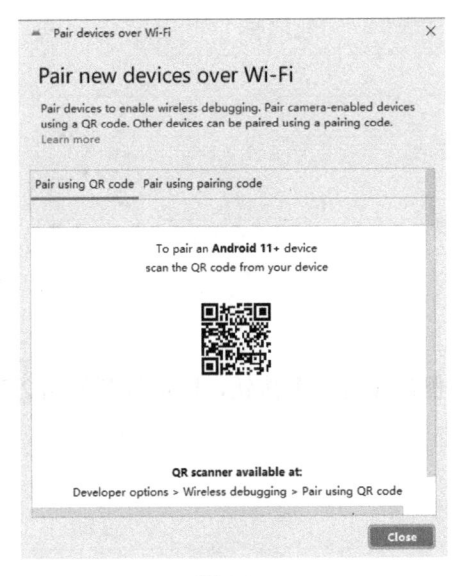

图 2-33 　　　　　　　　　　　　　图 2-34

最为稳定的方式是通过 adb 命令连接 Android 设备。打开 Android Studio 的 Terminal 窗格，使用 adb pair 命令连接，其参数为 IP 地址和端口号，随后根据命令行提示输入配对码即可，如下所示：

```
adb pair <IP 地址>:<端口号>
Enter pairing code: <配对码>
```

当 Android 设备的 USB 接口连接遥控器，并以无线调试方式连接计算机时，建议将 USB 调试功能关闭，避免两者冲突导致部分日志输出失败。

4．飞行模拟

在 DJI Assistant 2 中可以进行飞行模拟。不过，目前仅 DJI Assistant 2（行业系列）支持飞行模拟，Mini 3 和 Mini 3 Pro 无人机暂不支持 DJI Assistant 2 飞行模拟。

注意：对于 Mini 3 和 Mini 3 Pro 无人机，开发者可以选择 MSDK 模拟器进行飞行调试，可参考 5.1.5 节相关内容。

当无人机通过 USB 线连接无人机时，打开 DJI Assistant 2，即可看到相应的无人机列表项。单击该列表项即可进入无人机的管理调参界面，如图 2-35 所示。

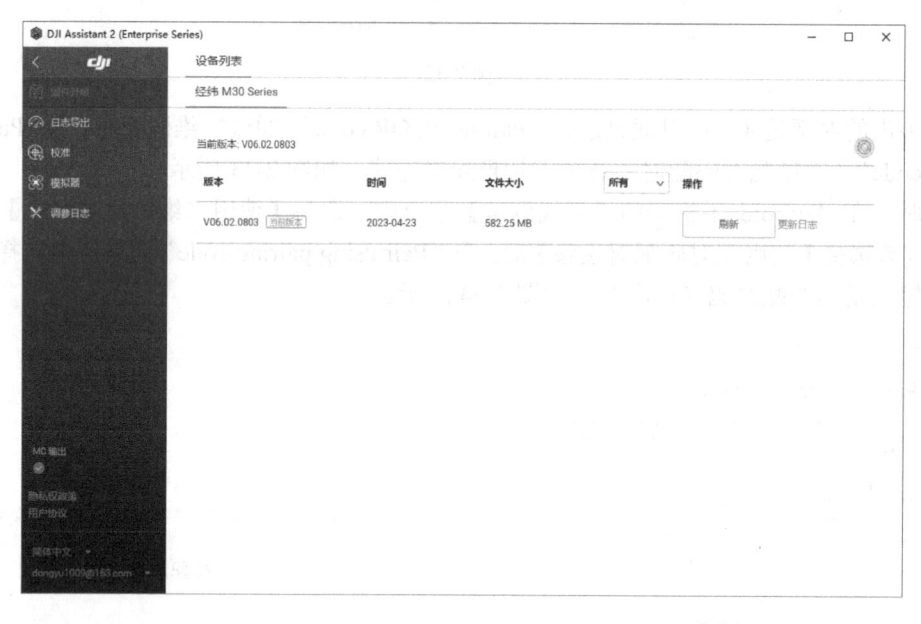

图 2-35

单击左侧列表中的【模拟器】按钮后，单击右侧的【打开】按钮，即可打开如图 2-36 所示的模拟器界面。

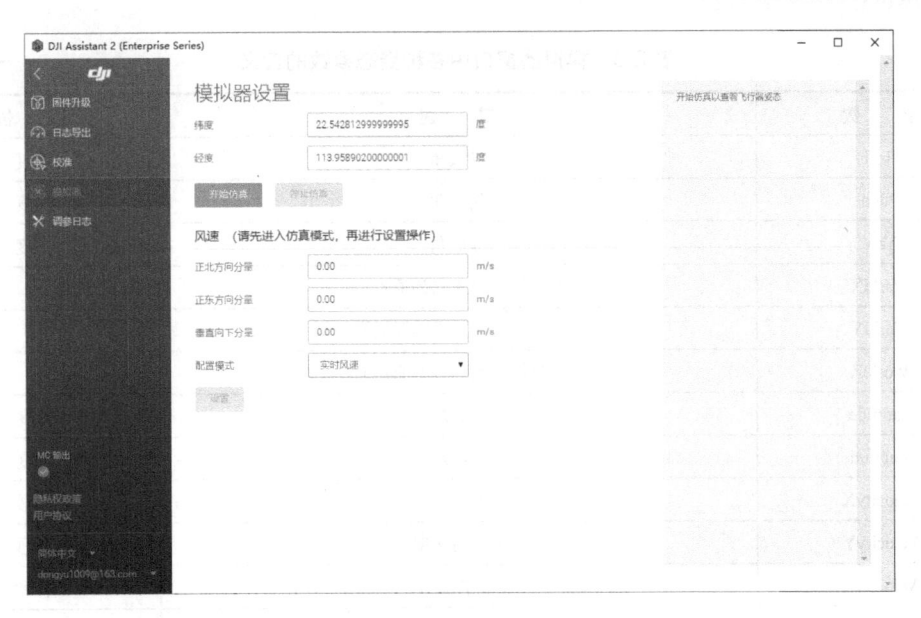

图 2-36

此时，可以配置无人机的位置和环境风速，单击【开始仿真】按钮即可打开如图 2-37 所示的仿真界面。

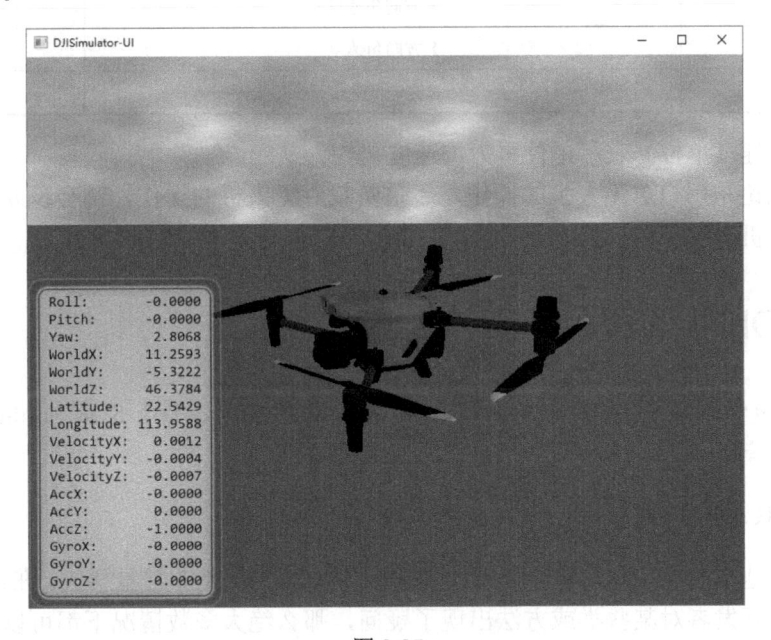

图 2-37

注意：在进行飞行仿真时，请注意安全。确保无人机和计算机连接正确后再进行操作，必要时建议拆掉无人机桨叶，防止意外发生。

在飞行仿真界面的左下角，显示了当前无人机的位置和姿态信息；各类参数和具体含义如表 2-3 所示。

表 2-3 模拟器窗口中各种姿态参数的含义

参　　数	描　　述	单　　位
Roll	横滚角	弧度
Pitch	俯仰角	弧度
Yaw	偏航角	弧度
WorldX	X 坐标（起飞点为原点）	米
WorldY	Y 坐标（起飞点为原点）	米
WorldZ	Z 坐标（起飞点为原点）	米
Latitude	纬度	弧度
Longitude	经度	弧度
VelocityX	X 方向速度	米/秒
VelocityY	Y 方向速度	米/秒
VelocityZ	Z 方向速度	米/秒
AccX	X 方向加速度	g
AccY	Y 方向加速度	g
AccZ	Z 方向加速度	g
GyroX	X 方向角速度	弧度/秒
GyroY	Y 方向角速度	弧度/秒
GyroZ	Z 方向角速度	弧度/秒

其中，加速度单位 g 表示单位重力加速度，约为 $9.8m/s^2$。

此时，无论是用户对无人机的操作，还是负载对无人机的操作，都会反映到这个仿真界面中，是无人机开发和调试的好帮手。

2.3 MSDK 学习资源

MSDK 的学习资源包括官方文档、大疆开发者社区、DJI SDK Github、DJI SDK StackOverflow 等。

1. MSDK API 文档

为了更好地掌握 MSDK，学会使用大疆官方的 API 文档是非常重要的。在使用 MSDK 的过程中，如果开发者对某些类或方法出现了疑问，那么绝大多数情况下都可以在大疆官方的 API 文档中找到答案（见图 2-38）。这里介绍这些 API 文档的组织方式和查阅方法。

MSDK API 文档提供了英文和中文两种语言版本，开发者可以通过上方的导航条进行切换。从图 2-38 中可以看到，API 文档将 MSDK 类分为两个主要类别：管理器类（MANAGER CLASSES，包括 ISDKManager、IkeyManager 等类）和其他类（MISC CLASSES，包括 IDJIError 错误类、CommonCallbacks 通用回调类等）。在 MSDK 中，绝大多数类都定义了接口，如 SDKManager 的接口为 ISDKManager、DJILoginError、DJISDKError 错误类又都实现了 IDJIError 接口等。

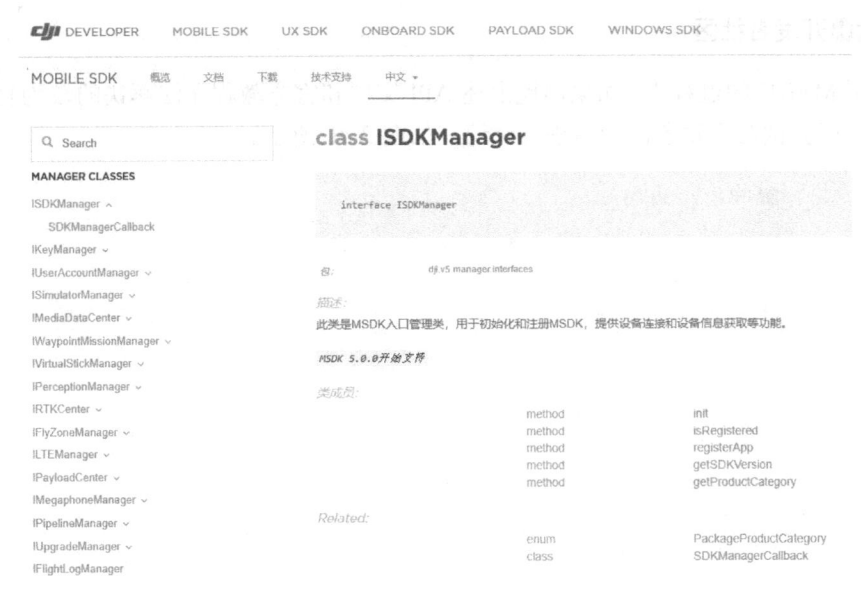

图 2-38

在每一个类（包括接口、枚举类型等）的页面中，介绍了其基本信息（签名、描述、所属包）、成员属性和方法，以及相关的其他类等，主要包括包（Package）、描述（Description）、类成员（Class Members）、相关类型（Related）等。

2. MSDK 官方文档

MSDK 官方教程涵盖了 MSDK 的基本用法及多个示例，主要面向具有 Android 平台开发经验的开发者。教程内容包括版本发布记录、文档阅读指引、基础介绍、快速入门、开发教程等。文档不仅详细说明了如何使用 MSDK，还对比了各产品的特性，并介绍了可应用的关键技术（见图 2-39）。

图 2-39

3. 大疆开发者社区

在使用 MSDK 的过程中，如果出现上述 API 文档和官方教程无法解决的较为复杂和个性化的问题，可尝试在开发者论坛中进行讨论，如图 2-40 所示。

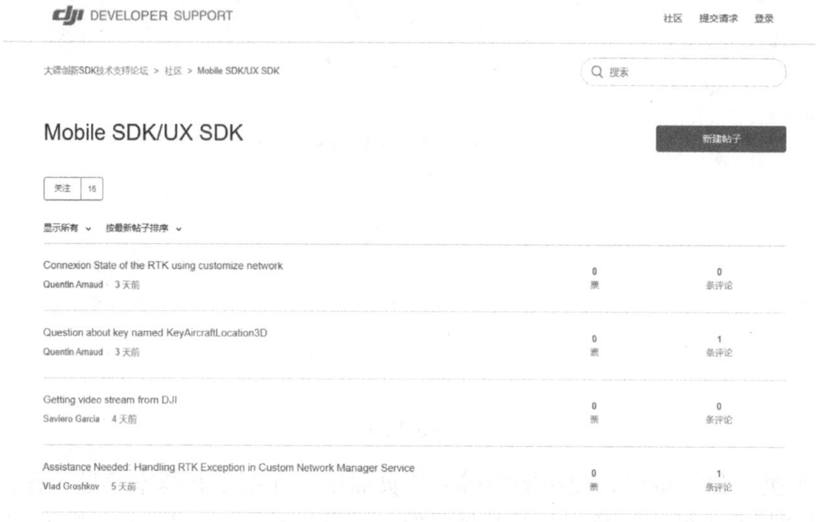

图 2-40

如果遇到不便于公开讨论或者需要专门的技术性服务，可以在大疆开发者社区的右上角选择【提交请求】按钮创建工单，此时将会有专门的技术人员对接解决 MSDK 开发中的各类问题。另外，开发者可以直接将学习中所遇到的问题通过大疆开发者官方邮箱（dev@dji.com）进行沟通和处理。

4. DJI SDK Github 与 StackOverflow

在大疆的 Github 仓库中，可以找到 MSDK 的官方示例工程（Sample code），以及在 MSDK 官方教程中所完成的工程代码。开发者也可尝试在大疆的 Github 仓库中提出 issue 以解决问题。

在大疆的 StackOverflow 中，开发者也可以尝试提出 MSDK 相关的问题与官方和其他开发者共同讨论。

2.4 本章小结

本章详细介绍了 MSDK 开发环境的搭建过程，旨在帮助开发者快速有效地配置 Android Studio 环境，为后续 MSDK 的学习和开发奠定基础。虽然这些步骤看似简单，但系统环境、网络环境等因素可能导致各种问题，同时 MSDK 的版本更新也可能改变开发环境的配置方式。遇到问题时，开发者可以参考大疆官方开发者文档和互联网资源，以解决非预期的困难，这对于确保开发环境的稳定性和兼容性至关重要。

2.5 习题

1. 常见的 MSDK 管理器都有哪些？
2. 如何挑选开发设备？
3. 如何搭建 MSDK 应用程序开发环境？
4. 如何为 MSDK 样例程序（标识符为 com.dji.sampleV5.aircraft）申请应用程序密钥？

第 3 章　运行 MSDK 应用程序

本章将引导开发者运行 MSDK 样例程序，并从零开始创建第一个 MSDK 应用程序。在这个过程中，新手开发者能够迅速体验开发的乐趣，资深工程师也能快速掌握 MSDK 的组成、特点及开发模式。

本章内容包括 MSDK 的配置方法，以及如何运行应用程序，涵盖应用程序的注册、无人机信息的获取、合规验证、无人机识别广播、DJI 账号管理等功能，核心知识点如下：
- MSDK 基本配置方法
- 注册应用程序
- 无人机识别广播（RID）
- DJI 账号的登录和退出

3.1　MSDK 样例程序

MSDK 样例程序涵盖了各种 API 的用法，以及 UX SDK 各个控件的介绍。运行和使用 MSDK 样例程序是学习 MSDK 的第一步，也为开发者提供了重要参考。通过这些样例程序，开发者可以更好地理解 MSDK 的功能，并熟悉其接口和控件的应用。

3.1.1　运行 MSDK 样例程序

在 Android Studio 中，单击【Open】按钮，选择 MSDK V5 软件开发包中的 SampleCode-V5\android-sdk-v5-as 目录（主工程），打开 MSDK 样例程序的工程文件，如图 3-1 所示。

注意：第一次打开 MSDK 样例程序时需要下载相关依赖，需要等待较长时间。

从图 3-1 中可以看出，该工程文件包括 sample 和 uxsdk 两个模块，分别对应 SampleCode-V5\android-sdk-v5-sample 目录和 SampleCode-V5\android-sdk-v5-uxsdk 目录，前者提供了 MSDK 样例代码，后者提供了 UX SDK 的支持。

为了能够正常注册应用程序，还需要申请包名称（Package Name）为 com.dji.sampleV5.aircraft 的应用程序密钥（App Key），具体方法可以参考 2.2.1 节的内容。随后，需要将 App Key 填入 gradle.properties (Project Properties) 文件的 AIRCRAFT_API_KEY 变量中，代码如下：

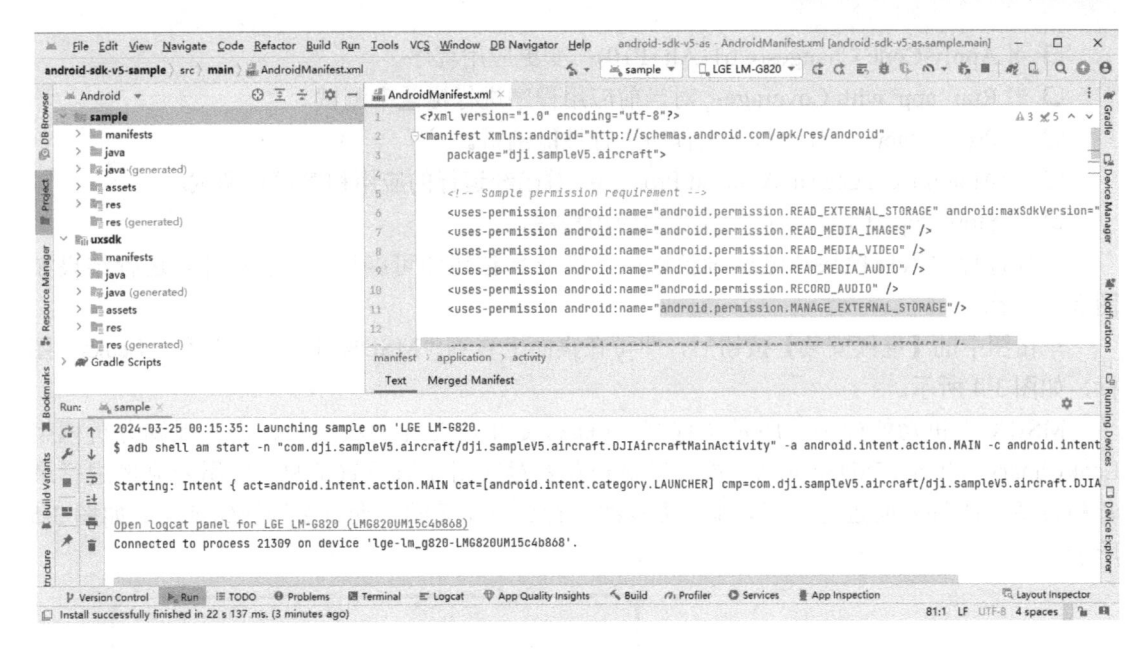

图 3-1

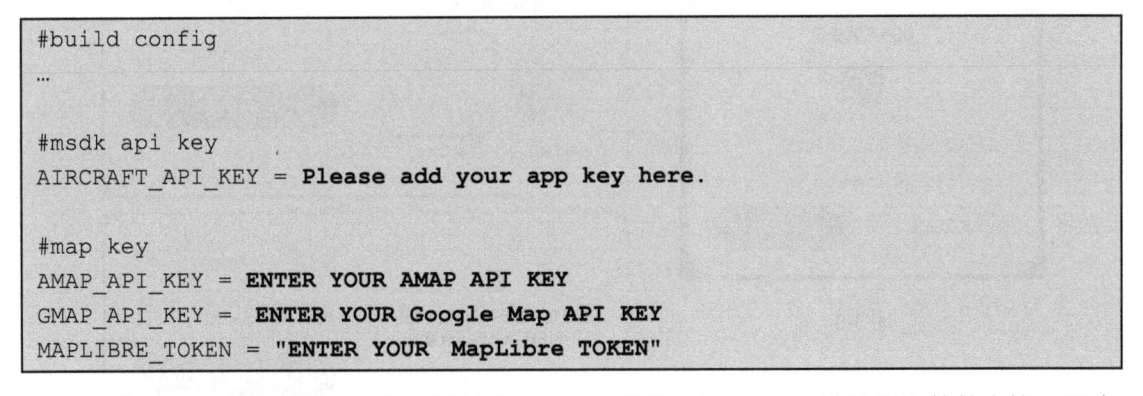

```
#build config
...

#msdk api key
AIRCRAFT_API_KEY = Please add your app key here.

#map key
AMAP_API_KEY = ENTER YOUR AMAP API KEY
GMAP_API_KEY = ENTER YOUR Google Map API KEY
MAPLIBRE_TOKEN = "ENTER YOUR MapLibre TOKEN"
```

由于 MSDK 样例程序需要高德地图、Google 地图、MapLibre 等地图控件的支持，因此也需要在 AMAP_API_KEY、GMAP_API_KEY 和 MAPLIBRE_TOKEN 变量中填入相应的密钥。

Android Studio 的工具栏中包含了运行与调试工具，如图 3-2 所示。

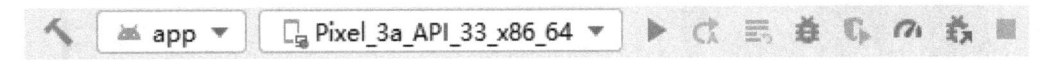

图 3-2

通过最左侧的 app 下拉框可以选择程序入口模块。在默认情况下，这个程序入口模块就是创建工程时默认生成的 app 模块；在其右侧的设备框中可以选择测试设备；再往右的按钮的功能介绍如下。

- ▶ Run 'app' (Shift+F10)：自动编译并运行当前应用程序。
- Debug 'app' (Shift+F9)：调试当前的应用程序。
- Apply Changes and Restart Activity(Ctrl+F10)：变更应用程序并重启 Activity。

- ☐ ≡ Apply Code Changes(Ctrl+Alt+F10)：变更应用程序。
- ☐ ▶ Run 'app' with Coverage：对当前应用程序进行覆盖率测试。
- ☐ ⚙ Profile 'app'：对当前应用程序进行性能剖析。
- ☐ 🐞 Attach Debugger to Android Process：对已经运行的应用程序进行调试。
- ☐ ■ Stop 'app' (Ctrl+F2)：结束当前应用程序。

选择好程序入口模块和测试设备以后，单击 ▶ 按钮即可编译、运行程序，运行结果如图 3-3 所示。

单击图中的【继续安装】按钮后，即可在桌面上看到"MSDK 飞机功能"和"Leaks"图标，如图 3-4 所示。

MSDK 飞机功能样例程序是主程序，Leaks 是集成在样例程序中的内存泄漏分析框架 LeakCanary。打开 MSDK 飞机功能，需要开发者对应用获取位置信息、使用麦克风进行录音和设备读取等方面进行授权，单击【本次运行允许】、【始终允许】等按钮即可，如图 3-5 所示。

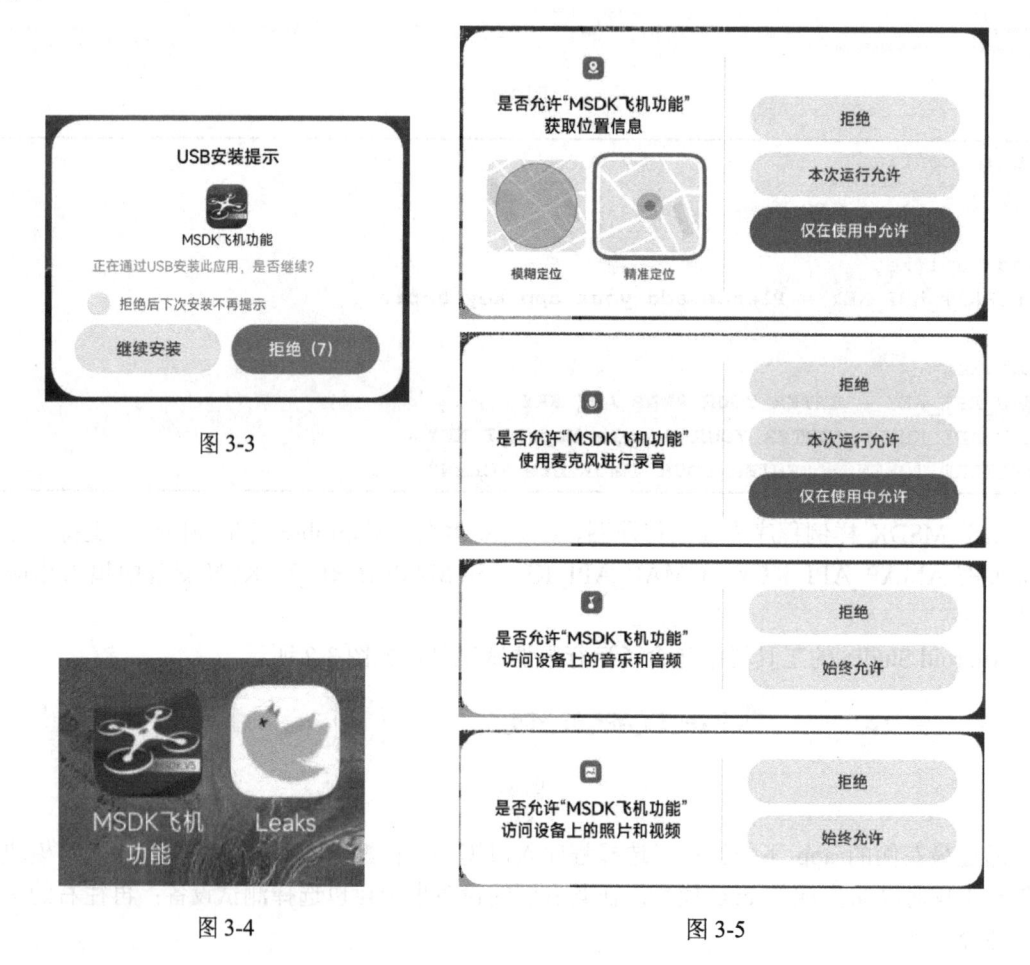

图 3-3

图 3-4   图 3-5

随后，即可出现 MSDK 飞机功能的主界面，如图 3-6 所示。

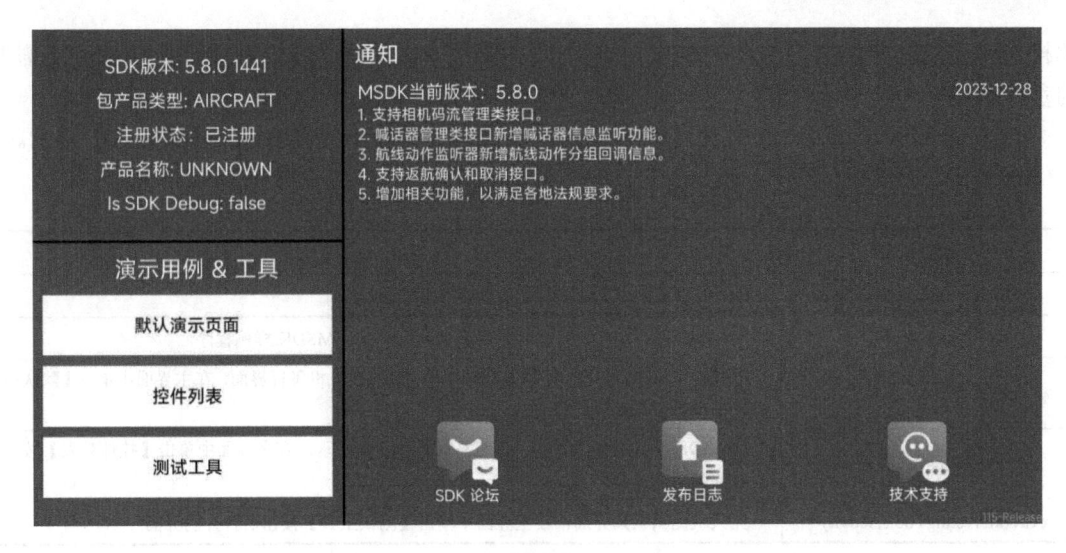

图 3-6

此时，界面上还会依次出现样例程序注册的有关提示（Toast），如图 3-7 所示。

如果开发者填写了正确的 App Key 并且已经联网，那么样例程序的注册状态将会显示为"已注册"，并且弹出"Register Success"提示。如果注册状态为"未注册"且提示"Register Failure: …, description='填写的 app key 错误,请检查您的 app key', …}"，那么需要检查 App Key 填写的是否正确，如图 3-8 所示。

图 3-7

图 3-8

此时，将遥控器和 Android 设备（若有）正确连接，打开遥控器和无人机，此时开发者即可通过该样例程序感受 MSDK 的魅力了。MSDK 飞机功能主界面的左下角有 3 个按钮，具体如下所述。

- 默认演示页面：类似于 DJI Pilot 2 的飞行控制界面（采用 UX SDK 实现）。
- 控件列表：用于测试 UX SDK 提供的各类控件，包括高度控件（Altitude Widget）、电池控件（Battery Widget）等。
- 测试工具：用于测试 MSDK 提供的各类功能，包括 LDM、航点飞行、视频解码等功能。

3.1.2 进一步理解 MSDK 样例程序

在学习和开发 MSDK 应用程序时，必然会从 MSDK 样例程序中寻求帮助。本小节将介绍样例程序的基本结构，以及 MSDK 所使用的主要技术，以便于开发者能够尽快找到所需要的参考代码。

从 AndroidManifest.xml 文件可知，MSDK 样例程序中有 5 个 Activity，如表 3-1 所示。

表 3-1 MSDK 样例程序中的 Activity

Activity	描 述
DJIAircraftMainActivity	入口 Activity，即 MSDK 样例程序的主界面
UsbAttachActivity	连接 USB 后打开的 Activity，用于引导用户打开 MSDK 样例程序
DefaultLayoutActivity	默认视图 Activity，由 UX SDK 定义并实现的无人机飞行界面。在主界面中单击【默认演示页面】按钮后打开的界面
WidgetsActivity	UX SDK 组件的展示界面，由 UX SDK 定义并实现。在主界面中单击【控件列表】按钮后打开的界面
AircraftTestingToolsActivity	无人机测试工具界面，在主界面中单击【测试工具】按钮后打开的界面

其中，DJIAircraftMainActivity 继承于 DJIMainActivity，其主要的功能代码由 DJIMainActivity 实现。

注意：类似地，AircraftTestingToolsActivity 继承于 TestingToolsActivity；DJIAircraftApplication 继承于 DJIApplication。

MSDK 样例程序都是以 DJIAircraftMainActivity 为入口的。

1. MVVM 模型

在样例程序中，无论是 Application 类、Activity 类还是 Fragment 类，都大量应用 MVVM（Model-View-View-Model）模型，可以发现大量的 ViewModel 类，如图 3-9 所示。

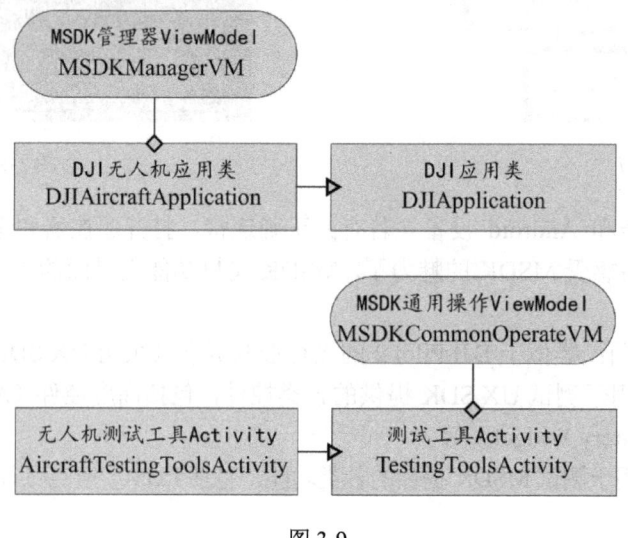

图 3-9

在 Android 开发中，MVVM 是一种设计模式，用于组织和分离应用程序的不同组件。ViewModel 是这个模式中非常关键的一部分。采用 MVVM 模式的好处如下所述。

- 数据封装：ViewModel 负责封装和管理与 UI 相关的数据。它将数据从 Activity 或 Fragment 中分离出来，使得 UI 组件可以独立于数据源。ViewModel 的生命周期与 Activity 或 Fragment 的生命周期是解耦的。
- 数据存储：ViewModel 可以确保数据在配置更改（如屏幕旋转）时不会丢失。它通过在后台线程中处理数据，并在需要时将数据传递给 UI 组件，从而实现数据的持久化。
- 逻辑处理：ViewModel 可以包含业务逻辑，实现数据的转换与计算。这样可以避免在 Activity 或 Fragment 中进行复杂的数据处理，使代码更加清晰和易于维护，有助于减少内存泄漏的风险。
- 组件复用：ViewModel 可以被多个 Fragment 或 Activity 共享，从而提高代码的复用性。例如，一个 ViewModel 可以被多个不同的 UI 组件用来显示相同的数据。

在 Android Studio 中，在任意包上单击鼠标右键，选择 Activity→Fragment+ViewModel 菜单即可创建 Fragment 及其对应的 ViewModel，如图 3-10 所示。

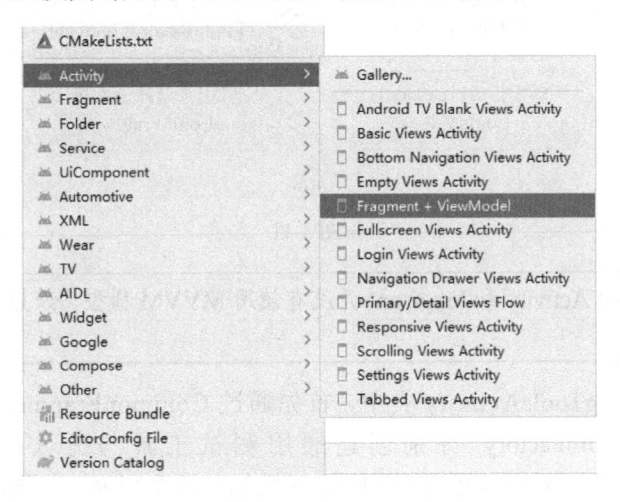

图 3-10

例如，创建名为 DjitestFragment 的 Fragment，代码如下：

```
class DjitestFragment : Fragment() {

    private val viewModel: DjitestViewModel by viewModels()

    override fun onCreate(savedInstanceState: Bundle?) {
        super.onCreate(savedInstanceState)

        // 通过 ViewModel 实现 UI 更新
    }

    override fun onCreateView(
        inflater: LayoutInflater, container: ViewGroup?,
        savedInstanceState: Bundle?
    ): View {
```

```
        return inflater.inflate(R.layout.fragment_djitest, container, false)
    }
}
```

开发者只需要将业务代码放置到 DjitestViewModel 中实现即可。事实上，MSDK 样例程序也是这么做的。在 dji.sampleV5.aircraft.pages 包中可以发现大量的 Fragment，其对应的 ViewModel 在 dji.sampleV5.aircraft.models 包中定义，如图 3-11 所示。

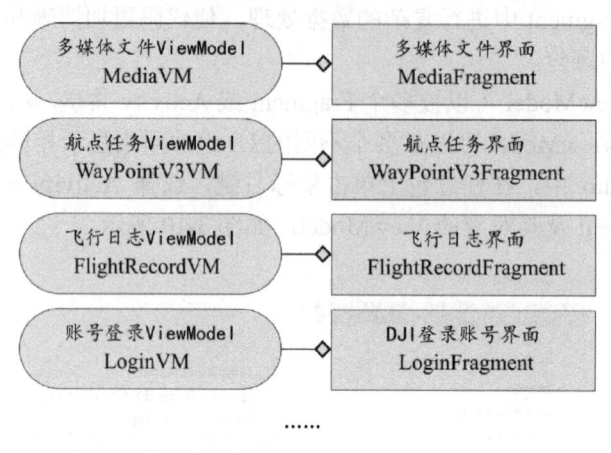

图 3-11

注意：也有少量的 Activity 和 Fragment 并没有使用 MVVM 模型，如 DJIAircraftMainActivity、KeyValueFragment 等。

在 AircraftTestingToolsActivity 类中，首先通过 CommonFragmentPageInfoFactory 和 AircraftFragmentPageInfoFactory 分别创建通用测试工具与无人机测试工具包含的 FragmentPageItem 列表，然后使用 loaderItem 函数加载这个列表，并显示在图中，如图 3-12 所示。

图 3-12

单击 AircraftTestingToolsActivity 界面列表中的任何一项，即可进入对应的 Fragment 中。开发者可以从这些 Fragment 中了解 MSDK 功能的具体实现。

2．Kotlin 视图绑定插件

MSDK 样例程序很少使用 findViewById 函数将布局文件的控件转换为 Kotlin 对象，而是使用 Kotlin 视图绑定插件 kotlin-android-extensions 完成这个工作。在 build.gradle(:sample)中，通过 apply plugin 声明这个插件，代码如下：

```
apply plugin: 'kotlin-android-extensions'
```

此时，只需要在对应的 Activity 或者 Fragment 中导入资源文件，就可以直接使用 XML 中定义的对象了。例如，在 MainActivity 中导入资源文件，代码如下：

```
import kotlinx.android.synthetic.main.activity_main.*
```

代码中的加黑部分对应布局文件的名称。此时，当 activity_main 中定义了 btn_test 按钮，就可以通过以下代码实现按钮单击监听器：

```
btn_test.setOnClickListener {
    …
}
```

注意：除了通过使用 Kotlin 视图绑定插件，开发者还可以使用 ButterKnife、ViewBinding 等函数实现，避免使用 findViewById 函数。

相信通过以上的学习，开发者可以很轻松地找到并分析学习 MSDK 时所需要的代码了。

3.2 MSDK 应用程序

在生产环境中，通常需要创建一个新的应用程序来使用 MSDK，或者将 MSDK 嵌入已有的 Android 工程中。这就需要进行一些配置工作。本节将介绍如何在新工程或已有工程中整合 MSDK 功能，以便初步体验 MSDK 的优势。

3.2.1 新建 MSDK 应用程序

如果开发者希望独立开发 MSDK 应用程序，或者将 MSDK、UX SDK 功能集成到已有的 Android 工程中，那么需要导入 MSDK 包，并进行一些配置工作。在 MSDK 官方网站上，推荐的开发环境及其版本如下所示。

- Android Studio：Android Studio Giraffe 2022.3.1
- Kotlin：1.7.21
- Gradle：7.6.2
- Android Gradle Plugin：7.4.2
- minSdkVersion：23

❑ targetSdkVersion：33

本小节将介绍 MSDK 包的导入和配置方法。

1. 创建 Android 工程

下文将从创建 Android 工程开始介绍如何新建 MSDK 应用程序。在 Android Studio 欢迎界面中，单击【New Project】按钮，弹出如图 3-13 所示的界面。

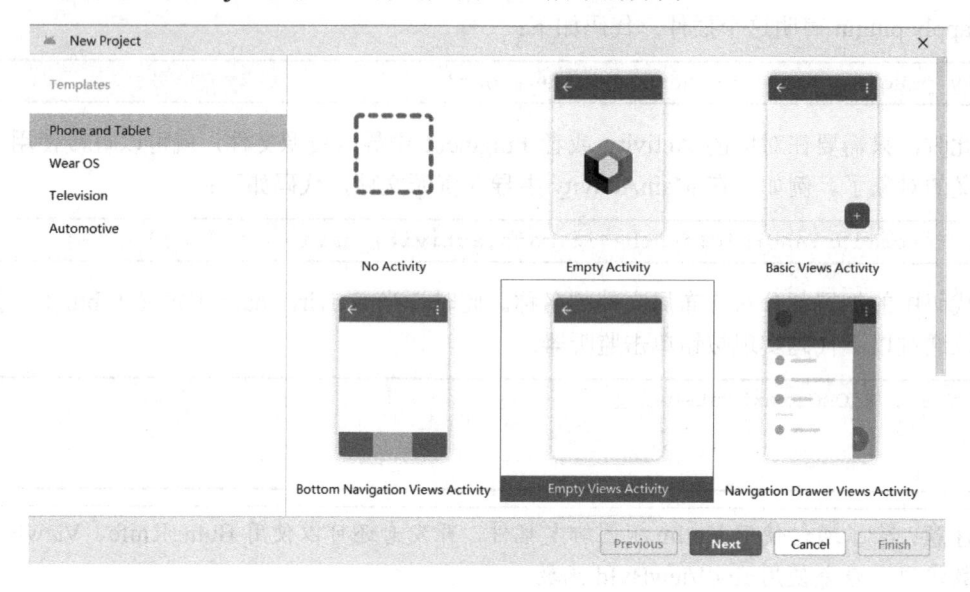

图 3-13

在图 3-13 中先单击"Empty Views Activity"，然后单击【Next】按钮，弹出如图 3-14 所示的对话框。

图 3-14

在该对话框中，填入 Android 工程的基本信息。
- Name（工程名）：如 TestApp 等。
- Package name（包名）：自动生成，也可以自行修改。该包名不仅作为 Java/Kotlin 的包名，而且用于标识应用程序，用于申请应用程序密钥的 App Key。
- Save location（存储位置）：自动生成，也可以自行修改。
- Language（语言）：保持 Kotlin 语言即可，也可以使用 Java 语言。
- Minimum SDK（最小 SDK 版本）：由于 MSDK 最小支持 Android API 23 版本。因此需要选择 API 23 或者以上的 API 版本，可以适配市面上 98.2%的 Android 设备。
- Build configuration language（构建配置语言）：默认使用 Kotlin DSL 即可，也可以选择 Groovy DSL，这会影响 Gradle 配置文件的语言。前者的配置文件名为 build.gradle.kts（Kotlin 语言），后者的配置文件名为 build.gradle（Groovy 语言）。

稍等片刻后，即可创建 TestApp 应用程序。第一次创建 MSDK 应用程序时需要下载相关的依赖，因此需要等待一段时间。

> **注意**：如果开发者在下载 Gradle 依赖时等待的时间较长（如长期提示 Gradle: Download gradle-7.4-bin.zip...）或者下载失败，那么可以尝试在国内的 Gradle 源中下载对应版本的 Gradle 依赖（如 gradle-7.4-bin.zip），并将其复制到 C:\Users\<用户名>\.gradle\wrapper\dists 中的对应目录下，重启 Android Studio 即可解决此问题。

2. MSDK 包的导入和配置

通过对 build.gradle.kts(Project:TestApp)、build.gradle.kts(Module: app)、AndroidManifest.xml 等文件的修改实现 MSDK 包的导入和配置，并创建 TestApplication.kt 应用程序入口文件。下文将详细介绍这些步骤及其注意事项。

1）修改 gradle-wrapper.properties

为了和官方推荐的 Gradle 版本保持一致，在 gradle-wrapper.properties 文件中，设置版本号为 7.6，代码如下：

```
distributionBase=GRADLE_USER_HOME
distributionPath=wrapper/dists
distributionUrl = 
    https\://services.gradle.org/distributions/gradle-7.6-bin.zip
zipStoreBase=GRADLE_USER_HOME
zipStorePath=wrapper/dists
```

2）修改 build.gradle.kts (Project: TestApp)

为了与 UX SDK 的 AGP 和 Kotlin 版本相统一，首先需要在 build.gradle.kts (Project:TestApp) 中指定两者的版本号分别为 7.4.2 和 1.7.21，并创建 clean 函数清理工程编译文件，代码如下：

```
plugins {
    id("com.android.application") version "7.4.2" apply false
    id("org.jetbrains.kotlin.android") version "1.7.21" apply false
```

```
}

tasks.register<Delete>("clean") {
    delete(rootProject.buildDir)
}
```

3)修改 build.gradle.kts(Module: app)

在 build.gradle.kts (Module:app)文件中导入 MSDK 包,即在 dependencies 中添加相应的依赖,代码如下:

```
// 飞机主包
implementation("com.dji:dji-sdk-v5-aircraft:latest")
// 飞机编译包
compileOnly("com.dji:dji-sdk-v5-aircraft-provided:latest")
// 网络库包
runtimeOnly("com.dji:dji-sdk-v5-networkImp:latest")
```

其中,latest 表示可以导入最新版本的 MSDK 包。也可以替换为具体的版本,如 5.8.0 等。

注意:如果编译应用程序时出现"Could not resolve all files for configuration ':app:debugRuntimeClasspath'."时,可以尝试将 latest 替换为 5.8.0 后再试。

MSDK 包主要包括飞机主包、飞机编译包和网络库包,具体如下所述。
- 飞机主包:com.dji:dji-sdk-v5-aircraft,提供飞机控制能力。
- 飞机编译包:com.dji:dji-sdk-v5-aircraft-provided,为飞机包提供相关接口。
- 网络库包:com.dji:dji-sdk-v5-networkImp,提供联网能力。

飞机主包和飞机编译包是必选的,否则将无法正常使用 MSDK 功能。如果不需要使用 MSDK 的联网功能,那么可以不使用网络库包。

另外,飞机主包中包含了大量的模块,如限飞数据库模块、抗畸变(Anti Distortion)模块等。开发者可通过"exclude module"代码去除部分 Module 以降低应用程序安装包的大小。例如,通过"exclude(module = "library-anti-distortion")"代码可去除抗畸变(Anti Distortion)模块,通过"exclude(module = "fly-safe-database")"代码可去除限飞数据库模块,从而降低编译后应用程序的大小,代码如下:

```
// 飞机主包
implementation("com.dji:dji-sdk-v5-aircraft:5.8.0"){
    exclude(module = "library-anti-distortion")    // 排除抗畸变模块
    exclude(module = "fly-safe-database")          // 排除限飞数据库模块
}
```

还需要在 android 标签中配置 NDK 以及相关的配置选项,并确认 SDK 的版本配置是否正确,代码如下:

```
android {
    …
    compileSdk = 33
```

```
defaultConfig {
    applicationId = "com.msdktest.testapp"
    minSdk = 23
    targetSdk = 33
    versionCode = 1

    ndk {
        abiFilters += listOf("arm64-v8a")
    }
    …

}

packagingOptions {
    jniLibs{
        pickFirsts.add("lib/arm64-v8a/libc++_shared.so")
        pickFirsts.add("lib/armeabi-v7a/libc++_shared.so")
        keepDebugSymbols.add("*/*/libconstants.so")
        keepDebugSymbols.add("*/*/libdji_innertools.so")
        keepDebugSymbols.add("*/*/libdjibase.so")
        keepDebugSymbols.add("*/*/libDJICSDKCommon.so")
        keepDebugSymbols.add("*/*/libDJIFlySafeCore-CSDK.so")
        keepDebugSymbols.add("*/*/libdjifs_jni-CSDK.so")
        keepDebugSymbols.add("*/*/libDJIRegister.so")
        keepDebugSymbols.add("*/*/libdjisdk_jni.so")
        keepDebugSymbols.add("*/*/libDJIUpgradeCore.so")
        keepDebugSymbols.add("*/*/libDJIUpgradeJNI.so")
        keepDebugSymbols.add("*/*/libDJIWaypointV2Core-CSDK.so")
        keepDebugSymbols.add("*/*/libdjiwpv2-CSDK.so")
        keepDebugSymbols.add("*/*/libFlightRecordEngine.so")
        keepDebugSymbols.add("*/*/libvideo-framing.so")
        keepDebugSymbols.add("*/*/libwaes.so")
        keepDebugSymbols.add("*/*/libagora-rtsa-sdk.so")
        keepDebugSymbols.add("*/*/libc++.so")
        keepDebugSymbols.add("*/*/libc++_shared.so")
        keepDebugSymbols.add("*/*/libmrtc_28181.so")
        keepDebugSymbols.add("*/*/libmrtc_agora.so")
        keepDebugSymbols.add("*/*/libmrtc_core.so")
        keepDebugSymbols.add("*/*/libmrtc_core_jni.so")
        keepDebugSymbols.add("*/*/libmrtc_data.so")
        keepDebugSymbols.add("*/*/libmrtc_log.so")
        keepDebugSymbols.add("*/*/libmrtc_onvif.so")
        keepDebugSymbols.add("*/*/libmrtc_rtmp.so")
        keepDebugSymbols.add("*/*/libmrtc_rtsp.so")
    }
```

```
    }
    ...
}
```

4）修改 AndroidManifest.xml

在目录窗格中，选择 app→manifest→AndroidManifest.xml 文件，添加读取外部存储和录音的有关权限的实现代码，具体如下：

```xml
<?xml version="1.0" encoding="utf-8"?>
<manifest xmlns:android="http://schemas.android.com/apk/res/android"
    xmlns:tools="http://schemas.android.com/tools">
    <!-- 权限声明 -->
    <!-- 互联网访问权限 -->
    <uses-permission
        android:name="android.permission.INTERNET" />
    <!-- 录音权限 -->
    <uses-permission
        android:name="android.permission.RECORD_AUDIO" />
    <!-- 外部存储访问权限 API < 33 -->
    <uses-permission
        android:name="android.permission.READ_EXTERNAL_STORAGE"
        android:maxSdkVersion="32" />
    <uses-permission
        android:name="android.permission.WRITE_EXTERNAL_STORAGE" />
    <!-- 外部存储访问权限 API >= 33 -->
    <uses-permission
        android:name="android.permission.MANAGE_EXTERNAL_STORAGE"/>
    <uses-permission
        android:name="android.permission.READ_MEDIA_IMAGES" />
    <uses-permission
        android:name="android.permission.READ_MEDIA_VIDEO" />
    <uses-permission
        android:name="android.permission.READ_MEDIA_AUDIO" />
    <!-- 位置访问权限 -->
    <uses-permission
        android:name="android.permission.ACCESS_COARSE_LOCATION" />
    <uses-permission
        android:name="android.permission.ACCESS_FINE_LOCATION" />
    ...
</manifest>
```

部分权限的申请可以根据开发者的具体功能需求和 Android 的版本进行调整。除互联网访问权限外，录音、访问外部存储和访问当前位置等权限需要动态申请。

特别地，为了提高用户隐私保护，Android 引入了分区存储模式（Scoped Storage）。在这种模式下，应用默认只能访问其专属的目录。自 Android 13 Tiramisu（API 33）起，外部存储的权限管理发生了显著变化：外部存储文件被分为媒体文件和非媒体文件。对于图像、视频、音频等媒体文件的访问权限需要分别申请,而非媒体文件的访问则需要申请文件管理权限(MANAGE_EXTERNAL_STORAGE)。

添加声明应用程序对设备硬件特性的依赖,确保应用程序在适当的设备上运行,避免因硬件不兼容而导致的问题,代码如下:

```xml
<?xml version="1.0" encoding="utf-8"?>
<manifest xmlns:android="http://schemas.android.com/apk/res/android"
    xmlns:tools="http://schemas.android.com/tools">
    <!-- USB HOST 特性 -->
    <uses-feature
        android:name="android.hardware.usb.host"
        android:required="false"/>
    <!-- USB ACCESSORY 特性 -->
    <uses-feature
        android:name="android.hardware.usb.accessory"
        android:required="true"/>
    …
</manifest>
```

MSDK 应用程序需要通过 USB 协议和遥控器(或遥控器内的通讯模块)连接,因此需要使用 USB 的主机(HOST)特性和从机(ACCESSORY)特性。USB 的 ACCESSORY 特性是必选的,而 USB 的 HOST 特性是可选的。

在<application/>标签的入口 Activity(MainActivity)中连接 USB 配件,并添加应用程序的密钥 App Key,代码如下:

```xml
<application ...>
    <activity
        android:name=".MainActivity"
        android:exported="true">
        <!-- 程序入口 Activity -->
        <intent-filter>
            <action android:name="android.intent.action.MAIN" />
            <category android:name="android.intent.category.LAUNCHER" />
        </intent-filter>
        <!-- 连接 USB 配件后进入 Activity -->
        <intent-filter>
            <action android:name="android.intent.action.MAIN" />
            <action android:name =
                "android.hardware.usb.action.USB_ACCESSORY_ATTACHED" />
            <category android:name="android.intent.category.LAUNCHER" />
        </intent-filter>

        <meta-data
            android:name =
                "android.hardware.usb.action.USB_ACCESSORY_ATTACHED"
            android:resource="@xml/accessory_filter" />
```

```xml
    </activity>

    <!-- 应用程序的密钥 App Key -->
    <meta-data
        android:name="com.dji.sdk.API_KEY"
        android:value="{填入应用程序密钥}"/>
</application>
```

标签<intent-filter/>用于定义响应的意图（Intent），默认情况下 MainActivity 是程序的入口，所以会响应 android.intent.action.MAIN 动作。在上面的代码中，加入了用于响应的 android.hardware.usb.action.USB_ACCESSORY_ATTACHED 动作，此时当 USB 配件接入移动设备（或遥控器）时，自动响应这个意图，打开 MainActivity。

标签<meta-data/>用于增加元数据，在上面的代码中，<activity/>内的<meta-data/>用于声明响应的 USB 配件类型（accessory_filter.xml）；<application/>内的<meta-data/>用于声明应用程序的密钥。在注册应用程序时，会自动读取该密钥。

USB 配件类型声明文件 accessory_filter.xml 会在编译时自动生成，代码类似如下：

```xml
<?xml version="1.0" encoding="utf-8"?>
<resources>
    <usb-accessory model="T600" manufacturer="DJI"/>
    <usb-accessory model="HG210" manufacturer="DJI"/>
    <usb-accessory model="WM160" manufacturer="DJI"/>
    <usb-accessory model="com.dji.logiclink" manufacturer="DJI"/>
    <usb-accessory model="com.dji.link" manufacturer="DJI"/>
</resources>
```

5）创建 TestApplication.kt

在 Android 目录窗口的 app 模块中找到 com.msdktest.testapp，单击鼠标右键，选择 New→Kotlin Class/File 菜单，创建 TestApplication 类，如图 3-15 所示。

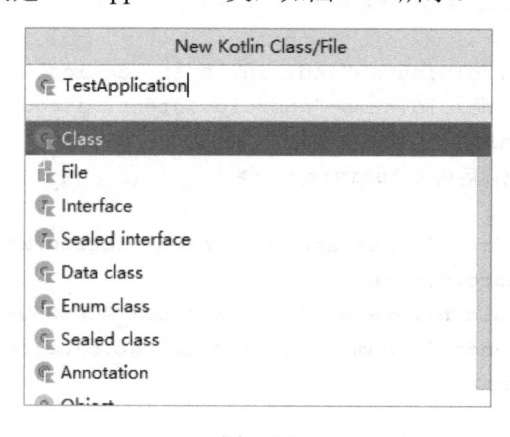

图 3-15

在 TestApplication 类中，添加 MSDK 应用注册的相关代码，如下所示：

```
package com.msdktest.testapp
```

```
import android.app.Application
import android.content.Context

// 继承 Application 基类
class TestApplication : Application() {

    override fun attachBaseContext(base: Context?) {
        super.attachBaseContext(base)
        com.secneo.sdk.Helper.install(this)
    }
}
```

最后还需要在 AndroidManifest.xml 的 <application/> 标签中添加 name 属性。如果开发者需要修改应用的名称和图标，还可以修改 label 和 icon 属性，代码如下：

```
<application
    android:name=".TestApplication"
    android:label="TestApp"
    android:icon="@mipmap/ic_launcher"
    …
/>
```

6）动态申请用户权限

在 Android 的安全体系中，敏感权限（如获取位置信息、访问外部存储等）不仅需要在 AndroidManifest.xml 中声明，还需要在程序中动态申请。通常的方法有 2 种：一种是在应用程序首次运行时让申请用户申请权限，这样可以一劳永逸，后期不会再次打扰用户申请权限，但是这可能会引起用户对隐私安全方面的顾虑；另外一种是在使用具体功能时让用户申请该功能所需要的权限，这种方法可以尽可能地打消用户对权限滥用的顾虑，但会影响业务的连贯性。对于行业无人机来说，很多情况下需要的是效率和速度，并且 MSDK 应用程序通常安装在遥控器中，其用户通常是一个工作团队而不是个人，不存在太多的隐私性保护需求，因此建议开发者一次性让用户申请敏感权限，以便于后期能够更加顺畅地向用户提供完整的功能。

在 MainActivity.kt 文件中，增加了权限列表 permissionArray 和需要动态申请的权限列表 missingPermission，代码如下：

```
// 需要申请的权限
private val permissionArray = arrayListOf(
    // 录音权限
    Manifest.permission.RECORD_AUDIO,
    // 获取大概位置权限
    Manifest.permission.ACCESS_COARSE_LOCATION,
    // 获取精准位置权限
    Manifest.permission.ACCESS_FINE_LOCATION,
)
```

```kotlin
init {
    // 外部存储读取权限
    permissionArray.apply {
        if (Build.VERSION.SDK_INT >= Build.VERSION_CODES.TIRAMISU) {
            // API >= 33
            add(Manifest.permission.READ_MEDIA_IMAGES)
            add(Manifest.permission.READ_MEDIA_VIDEO)
            add(Manifest.permission.READ_MEDIA_AUDIO)
        } else {
            // API < 33
            add(Manifest.permission.READ_EXTERNAL_STORAGE)
            add(Manifest.permission.WRITE_EXTERNAL_STORAGE)
        }
    }
}

// 需要动态申请的权限
private val missingPermission = arrayListOf<String>()
```

随后，添加申请应用程序权限函数 requestPermissions 和检查应用程序权限函数 checkPermissions，代码如下：

```kotlin
// 检查应用程序权限
private fun checkPermissions(): Boolean {
    // 遍历所有 Mobile SDK 需要的权限
    for (permission in permissionArray) {
        // 判断该权限是否已经被赋予
        if (ContextCompat.checkSelfPermission(this, permission) !=
            PackageManager.PERMISSION_GRANTED
        ) {
            // 没有赋予的权限放入 missingPermission 列表对象中
            missingPermission.add(permission)
        }
    }
    // 如果不存在缺失权限，则返回真；否则返回假
    return missingPermission.isEmpty()
}

// 申请应用程序权限
private fun requestPermissions() {
    // 申请所有没有被赋予的权限
    requestPermissionLauncher.launch(permissionArray.toArray(arrayOf()))
}

// 权限申请 Launcher
private val requestPermissionLauncher = registerForActivityResult(
```

```
    ActivityResultContracts.RequestMultiplePermissions())
{ result -> result?.entries?.forEach {
    if (it.value == false) {
        requestPermissions()
        return@forEach
    }
  }
}
```

最后,在生命周期函数 onCreate 中的开头处调用上述函数检查并申请权限,代码如下:

```
override fun onCreate(savedInstanceState: Bundle?) {
    super.onCreate(savedInstanceState)
    setContentView(R.layout.activity_main)
    // 检查应用程序权限
    if (!checkPermissions()) {
        // 存在缺失权限,调用 requestPermissions 申请应用程序权限
        requestPermissions();
    }
    ...
}
```

此时,开发者即可尝试通过 Android Studio 的 File→Sync Project with Gradle Files 菜单(Ctrl+Shift+O)更新 Gradle 配置,并在真机上编译和运行应用程序。不出意外,即可出现如图 3-16 所示的界面。

7)常见问题

(1)找不到 MSDK 相关类。如果运行时出现 "java.lang.NoClassDefFoundError: Failed resolution of: Ldji/sdk/sdkmanager/DJISDKManager;"提示,可以尝试检查 com.secneo.sdk.Helper.install(this)函数是否正常执行。

MSDK 采用赛克尼奥(SecNeo)提供的加密措施,防止被反编译,从而确保无人机的链路安全。Helper 的 install(Application app)函数实现对 MSDK 进行解码,因此需要在 Application 类中调用。每次运行应用程序时,都会执行 TestApplication 的 attachBaseContext 函数,在所有 MSDK 功能执行前执行该代码。如果错误地将该代码添加到了 MainActivity 的 OnCreate (Bundle savedInstanceState)函数中或者缺失上述代码,将会导致此类错误。

(2)activity 包版本错误。如果编译时出现 "Dependency 'androidx.activity:activity:1.8.0' requires libraries and applications that depend on it to compile against version 34 or later of the Android APIs." 提示,可以修改 build.gradle.kts (Project:TestApp),将 material 包的版本号修改为 1.8.0,或更早的版本,代码如下:

图 3-16

```
dependencies{
```

```
implementation("com.google.android.material:material:1.8.0")
    ...
}
```

3.2.2　新版工程配置 MSDK

在新版的 Android Studio（如 Android Studio Iguana）中创建的 Android 工程，其结构可能与上述工程的结构有所差异，本小节将简述新版工程配置 MSDK 时需要注意的几个问题。

（1）工程目录结构存在差异。在新版的 Android Studio 中，新工程的目录结构如图 3-17 所示。

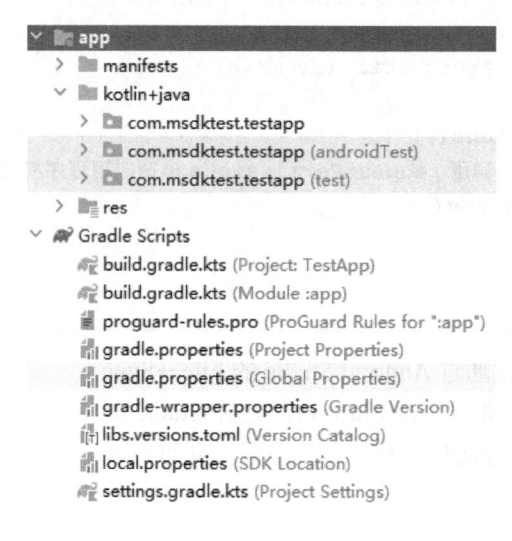

图 3-17

其中，java 目录变为 kotlin+java 目录；增加了用于定义依赖和版本的 libs.versions.toml (Version Catalog)文件。

（2）依赖版本配置问题。为了能够正常编译 MSDK 并与 UX SDK 保持一致，需要在 libs.versions.toml (Version Catalog)文件中修改各类依赖的版本，代码如下：

```
[versions]
agp = "7.4.0"
kotlin = "1.7.21"
coreKtx = "1.3.2"
junit = "4.13.2"
junitVersion = "1.1.5"
espressoCore = "3.5.1"
appcompat = "1.3.1"
material = "1.7.0"
activity = "1.6.0"
constraintlayout = "2.1.4"
```

（3）应用程序主题（theme）问题。为了使用 1.7.21 版本的 Kotlin 语言，降低 material 包的版本号为 1.7.0，因此工程自动生成的主题文件不再适用，需要手动删除 app→res→values→themes 目录，并且需要调整 AndroidManifest.xml 的<application/>标签，代码如下：

```
<application
    android:theme="@style/Theme.TestApp"
    android:theme="@style/Theme.AppCompat.Light"
    ...
/>
```

（4）修改 MainActivity。为了能够使用 1.7.21 版本的 Kotlin 语言，降低 activity 包的版本号为 1.6.0，因此 MainActivity 中的 enableEdgeToEdge 和 setOnApplyWindowInsetsListener 函数将不再可用，需要删除相关的语句，代码如下：

```
package com.msdktest.testapp

import android.os.Bundle
import androidx.activity.enableEdgeToEdge
import androidx.appcompat.app.AppCompatActivity
import androidx.core.view.ViewCompat
import androidx.core.view.WindowInsetsCompat

class MainActivity : AppCompatActivity() {
    override fun onCreate(savedInstanceState: Bundle?) {
        super.onCreate(savedInstanceState)
        enableEdgeToEdge()
        setContentView(R.layout.activity_main)
        ViewCompat.setOnApplyWindowInsetsListener(
            findViewById(R.id.main)) { v, insets ->
            val systemBars = insets.getInsets(
                WindowInsetsCompat.Type.systemBars())
            v.setPadding(systemBars.left, systemBars.top,
                    systemBars.right, systemBars.bottom)
            insets
        }
    }
}
```

参考 2.2.2 节的 MSDK 基本配置步骤，结合本节介绍的所需要注意的问题，即可完成新版 Android 工程的 MSDK 配置工作。

3.3 注册应用程序

为了保障飞行安全，每个使用 MSDK 的应用程序必须经过注册才能正常使用，否则应用程序无法连接大疆无人机。在 2.2.1 节中，开发者申请了应用程序密钥，并在 3.1 节中将密钥填入了应用程序的 AndroidManifest.xml 文件中。应用程序的注册过程是读取应用程序密钥，通过互联网上传密钥、设备类型、系统信息等数据。这些数据都经过加密处理，开发者无须担心隐私问题。

此外，不同国家对无人机有不同的管控措施。在我国，所有无人机必须在 UOM 系统上进行实名制认证后才能正常飞行，需要在应用程序中进行合规认证，即从 UOM 系统读取注册信息并更新到无人机中，否则无人机无法起飞。在欧盟和美国等地区，部分机型需要具备远程识别（Remote ID）功能，并遵守其他限制。因此，开发者需要在 MSDK 应用程序中实现相应的功能开发与合规验证。

本节将介绍实现 MSDK 功能前的准备工作，即在 TestApp 应用基础上增加应用程序注册、无人机连接、中国合规验证以及 DJI 账号登录。最终开发效果如图 3-18 所示。以上功能的实现旨在确保 MSDK 应用程序符合当地法律法规，保障飞行安全。

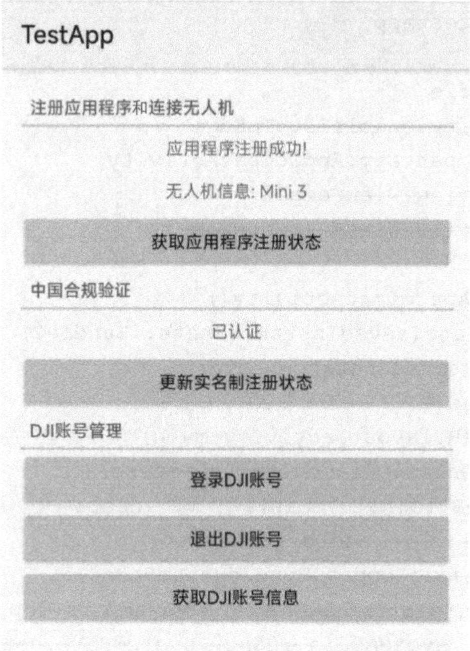

图 3-18

为了在 MainActivity 中完成以上功能，首先需要进行 UI 设计，定义 3 个文本框变量，代码如下：

```
// 【应用程序注册状态】文本框
private lateinit var tvStatusAppactivation : TextView
// 【无人机信息】文本框
private lateinit var tvStatusAircraft : TextView
// 【中国合规性信息】文本框
private lateinit var tvStatusRealnameRegistration : TextView
```

在后文中将会把应用程序注册状态、无人机信息和中国合规性信息更新到这些文本框中。

3.3.1 注册应用程序和连接无人机

应用程序的注册和无人机的连接均通过 SDK 管理器完成。SDK 管理器位于所有管理器的头部位置，只有通过 SDK 管理器完成了初始化工作，并且注册了应用程序，才可以执行其他的 MSDK 功能。

1. 初始化 MSDK

SDK 管理器是一个单例类，通过其 getInstance 函数即可获取其实例。SDK 管理器的 registerApp 函数用于注册应用程序，在 SDK 管理器回调（SDKManagerCallback）的回调函数中判断应用程序是否注册成功，以及无人机的连接情况。SDKManagerCallback 包括以下回调函数。

- onInitProcess(event: DJISDKInitEvent?, totalProcess: Int)：初始化进程回调函数。注册应用程序时实际上也在进行 Mobile SDK 的初始化，包括资源初始化、限飞数据库初始化等。DJISDKInitEvent 是一个枚举类型，包括 START_TO_INITIALIZE 和 INITIALIZE_COMPLETE 两个值。通过 event 对象的 getInitializationState 函数即可获取初始化状态 InitializationState。InitializationState 为一枚举变量，包括在开始初始化时（START_TO_INITIALIZE）、资源加载完成时（ASSETS_LOADED）和限飞数据库加载完成时（DATABASE_ LOADED）三个状态定义。另外，通过 process 变量可获得初始化进度，其值域为[0,100]。
- onRegisterSuccess()：注册应用程序成功回调函数。
- onRegisterFailure(error: IDJIError?)：注册应用程序失败回调函数。当 error 对象不为空时，该对象包含了注册错误的相关说明。
- onProductConnect(BaseProduct baseProduct) ：无人机连接回调函数。当移动设备连接到无人机时回调该函数，其中 baseProduct 为连接大疆的产品对象。
- onProductDisconnect()：无人机失去连接回调函数。当移动设备与无人机断开连接时回调该函数。注意，此处的无人机失去连接不是指无人机与遥控器之间的信号丢失，而是指移动设备与遥控器断开连接。
- onProductChanged(BaseProduct baseProduct)：无人机连接变化回调函数。当移动设备所连接的无人机发生变化时回调，其中 baseProduct 为变化后的无人机对象。
- onDatabaseDownloadProgress(long process, long sum) ：限飞数据库下载进度回调函数。当在 Gradle 依赖中使用了 "exclude module: 'fly-safe-database'" 语句时，应用程序内部不包括限飞数据库，需要在第一次初始化应用程序时下载完整的数据库。当现有的限飞数据库过时时，也需要下载最新的数据库。该函数的 process 参数为已经下载的字节数，而 sum 参数为限飞数据库总共的字节数。在限飞数据库全部下载完成后，才会在上述的 onInitProcess 函数中回调 ASSETS_LOADED 类型的 djisdkInitEvent 对象。

注意：在 DJI 官方开发者网站中，SDKManager.getInstance().init()函数是在 TestApplication（MyApplication）代码文件中调用的，这类代码布局在大疆遥控器中可以正常运行；但是对于其他移动设备可能存在一些适配问题，出现 ClassNotFoundException 错误。

在 MainActivity 中初始化 SDK 管理器，具体实现代码如下：

```kotlin
// 初始化 SDK 管理器
SDKManager.getInstance().init(this,object: SDKManagerCallback {
    // 初始化回调函数
    override fun onInitProcess(event: DJISDKInitEvent?,
                               totalProcess: Int) {
        Log.i(TAG, "onInitProcess:" + event?.name)
        if (event == DJISDKInitEvent.INITIALIZE_COMPLETE) {
            // 注册应用程序
            SDKManager.getInstance().registerApp()
        }
    }
    // 注册成功
    override fun onRegisterSuccess() {
        Log.i(TAG, "onRegisterSuccess!")
        runOnUiThread {
            tvStatusAppactivation.text = "应用程序注册成功！"
        }
    }
    // 注册失败
    override fun onRegisterFailure(error: IDJIError?) {
        Log.i(TAG, "onRegisterFailure: " + error?.description())
        runOnUiThread {
            tvStatusAppactivation.text = "应用程序注册失败！"
        }
    }
    // 设备连接成功
    override fun onProductConnect(productId: Int) {
    }
    // 设备连接失败
    override fun onProductDisconnect(productId: Int) {
    }
    // 设备连接变化
    override fun onProductChanged(productId: Int)
    {
    }
    // 数据库下载回调
    override fun onDatabaseDownloadProgress(current: Long,
                                            total: Long) {
        Log.i(TAG, "已下载" + current + "字节,总共：" + total + "字节");
    }
})
```

初始化 SDK 管理器后，会依次调用 2 次 onInitProcess 函数，并且在第 2 次初始化完成（INITIALIZE_COMPLETE）时调用 SDKManager 的 registerApp 函数注册应用程序。如果应用程序注册成功，则回调至 onRegisterSuccess 函数，在 MainActivity 界面中出现"应用程序注册成功！"提示，并且可以在 Logcat 窗格中查看到 onRegisterSuccess 提示，如下所示：

```
2024-03-27 …  com.msdktest.testapp  I  onInitProcess:START_TO_INITIALIZE
2024-03-27 …  com.msdktest.testapp  I  onInitProcess:INITIALIZE_COMPLETE
2024-03-27 …  com.msdktest.testapp  I  onRegisterSuccess!
```

注意：为了能够更好地观察当前 MainActivity 的 Log.i 函数的 Logcat 输出，可以通过"package:mine tag:MainActivity level:info"代码进行筛选。

如果应用程序注册失败，则回调至 onRegisterFailure 函数，在 MainActivity 界面中出现"应用程序注册失败！"提示，并在 Logcat 窗格中出现 onRegisterFailure 提示，如下所示：

```
2024-03-27 …  com.msdktest.testapp  I  onInitProcess:START_TO_INITIALIZE
2024-03-27 …  com.msdktest.testapp  I  onInitProcess:INITIALIZE_COMPLETE
2024-03-27 …  com.msdktest.testapp  I  onRegisterFailure: ***
```

其中，"***"为具体的错误原因，常见的原因如下。

- 填写的 App Key 错误：检查 AndroidManifest.xml 文件中的 App Key 是否填写（通常为格式错误）。
- 服务器接收的元数据有误，请尝试重新连接服务器：检查 App Key 是否正确（通常是因为 App Key 与当前应用的 Application ID 不匹配）。
- 第一次注册时需要连接互联网：没有互联网，无法正常注册应用程序。因此，建议开发者在用户第一次打开应用程序时提示用户保持互联网连接正常，以便于注册应用程序。

另外，在上述代码中，出现了 IDJIError 接口。此类对象用于描述错误信息，在 MSDK 的开发过程中会经常遇到。IDJIError 接口声明了 4 个主要函数（见表 3-2），用于输出错误码、错误提示和错误的描述信息。

表 3-2　IDJIError 接口声明的 4 个主要函数

函　　数	描　　述
String errorCode	返回错误码
String hint	返回错误提示
String description	返回错误的描述信息（跟随系统语言可以改变中英文信息）
String toString	返回错误全部信息

具体的错误类型按照组件、管理器的不同，集成到各个不同类型中，如 DJICommonError、DJICoreError、DJISDKError、DJIWaypointV2Error、DJIRTKError 等。

2．设备连接信息

在 SDKManagerCallback 回调中，当连接设备或断开连接时，会调用到 onProductConnect、onProductDisconnect 或 onProductChanged 函数。其中，productId 是指设备类型的 ID（Product ID）。通过 ProductType 枚举类型的 find 函数可以将 productId 转换为 ProductType 对象；通过 ProductType 对象的 name 属性和 value 函数可以分别输出设备的名称和设备的 Product ID，代码如下：

```
// 将productId转换为ProductType类型对象
val productType = ProductType.find(productId)
// 设备名称
Log.i(TAG, "productType.name : " + productType.name)
// 设备Product ID
Log.i(TAG, "productType.value() : " + productType.value())
// 将ProductType类型对象转换为字符串(设备名称)
Log.i(TAG, "productType.toString() : " + productType.toString())
```

如果productId为103，那么输出结果如下所示：

```
productType.toString() : DJI_MINI_3_PRO
productType.value() : 103
productType.name : DJI_MINI_3_PRO
```

常见的设备类型（ProductType）及其对应的Product ID如表3-3所示。

表3-3 常见的设备类型（ProductType）及其对应的Product ID

设备	设备类型	Product ID
M350 RTK	M350_RTK	170
M300 RTK	M300_RTK	70
M30/M30T	M30_SERIES	116
M3E/M3T/M3M	DJI_MAVIC_3_ENTERPRISE_SERIES	118
Mini 3	DJI_MINI_3	112
Mini 3 Pro	DJI_MINI_3_PRO	103

因此，我们可以通过这些函数输出与设备连接的有关信息，代码如下：

```
// 设备连接成功
override fun onProductConnect(productId: Int) {
    val productType = ProductType.find(productId)
    Log.i(TAG, "onProductConnect: " + productType.name)
    runOnUiThread {
        tvStatusAircraft.text = "无人机信息：${productType.name}"
    }
}
// 设备连接失败
override fun onProductDisconnect(productId: Int) {
    val productType = ProductType.find(productId)
    Log.i(TAG, "onProductDisconnect: " + productType.name)
}
// 设备连接变化
override fun onProductChanged(productId: Int){
    val productType = ProductType.find(productId)
    Log.i(TAG, "onProductChanged: " + productType.name)
}
```

编译并运行程序，尝试连接无人机设备。对于 Mini 3 和 RC N1 遥控器来说，当 USB 线缆连接到移动设备时，即出现如图 3-19 所示的界面。

对于 Android 应用程序来说，有且只能有 1 个移动程序访问并连接无人机设备。因此，如果存在多个无人机控制应用程序（如 DJI Fly、DJI Pilot 2 以及其他 MSDK 应用程序）时，需要开发者或用户做出选择，如图 3-20 所示。

图 3-19

图 3-20

DJI Pilot 2 和 MSDK 应用程序可以切换使用，但 DJI Fly 和 MSDK 应用程序不能同时使用。也就是说，如果当前 DJI Fly 应用程序正在访问设备，那么只有将 DJI Fly 应用程序关闭后，其他 MSDK 应用程序（如本例中的 TestApp）才能够正常连接到无人机；否则即使 USB 线缆连接正确，也不会回调到 onProductConnect 函数中。

当遥控器和无人机连接正常时，可以在 Logcat 中看到类似"onProductConnect: DJI_MINI_3"的提示；如果遥控器没有连接到无人机，则会在 Logcat 中出现"onProductConnect: UNRECOGNIZED"的提示。

为了能够方便地将无人机信息更新到用户界面上，可以在注册成功回调函数 onRegisterSuccess 中监听 KeyProductType 的方式更新【无人机信息】文本框中的内容，代码如下：

```
// 注册成功
override fun onRegisterSuccess() {
  runOnUiThread {
    tvStatusAppactivation.text = "应用程序注册成功!"
    // 监听无人机连接信息
    ProductKey.KeyProductType.create().listen(this) {
      runOnUiThread {
        val readableName = when (it) {
          ProductType.UNRECOGNIZED -> "未识别"
          ProductType.M350_RTK -> "M350 RTK"
          ProductType.M300_RTK -> "M300 RTK"
          ProductType.M30_SERIES -> "M30 系列"
          ProductType.DJI_MAVIC_3_ENTERPRISE_SERIES -> "Mavic 3系列"
          ProductType.DJI_MINI_3 -> "Mini 3"
          ProductType.DJI_MINI_3_PRO -> "Mini 3 Pro"
          else -> "未知"
```

```
        }
        tvStatusAircraft.text = "无人机信息: ${readableName}"
    }
  }
}
```

在上述代码中，通过 when 函数将设备类型转换为用户可读的字符串。有关 Key 的监听方法将在下一章详细介绍。

3.3.2 合规验证和无人机识别广播

无人机远程识别广播（Remote ID Broadcast，RID）是在无人机飞行过程中向周围环境广播其身份和位置信息，以便于其他无人机使用者以及监管机构能够及时掌握无人机的飞行活动，其功能类似于航空领域的 ADS-B 技术（广播式自动相关监视）。早在 2017 年 3 月，大疆就发布了《平衡远程识别方法呼吁》白皮书，并推出了大疆云哨系统（AeroScope），以广播无人机的 DroneID 及位置等信息。

在我国，从 2024 年开始，无论是以 Mini 3 为代表的微型无人机，还是轻型、小型无人机，都需要在 UOM 系统上进行实名制认证。MSDK 可通过网络获取实名制登记信息并更新到无人机中，否则无人机将无法正常起飞。此外，《民用无人驾驶航空器系统安全要求》（GB 42590-2023）明确规定，无人机在飞行过程中需要通过无线局域网（Wi-Fi）或蓝牙自动广播识别信息。

1. 官方样例

目前，绝大多数国家和地区要求无人机厂商集成远程识别广播（RID）系统，以确保无人机合法飞行。然而，各国对无人机的管控措施存在差异。大疆的 MSDK 和官方样例"MSDK 飞机功能"中提供了中国、欧盟、美国、日本和法国的合规验证，以及远程识别能力的样例。开发者可以通过【测试工具】→【无人机远程识别】找到相关界面，如图 3-21 所示。

图 3-21

在该界面中，各个按钮和对应的样例代码文件均可在 dji.sampleV5.aircraft/pages 目录中找到，如表 3-4 所示。

表 3-4 无人机远程识别样例及其代码文件

按 钮 名 称	国家（地区）	监 管 方 式	样 例 文 件
Open China Page	中国	UOM 实名制认证	UASChinaFragment.kt
Open France Page	法国	无人机远程识别广播（电子身份标识 EID）	UASFranceFragment.kt
Open Japan Page	日本	无人机远程识别广播（操作者注册码）	UASJapanFragment.kt
Open America Page	美国	无人机远程识别广播	UASAmericaFragment.kt
Open European Page	欧盟	无人机远程识别广播（无人机注册码）	UASEuropeanFragment.kt

2. UOM 实名制认证方法

大疆的 MSDK 集成了无人机合规验证和无人机系统的远程识别功能，这些功能封装在无人机系统远程识别管理器（UASRemoteIDManager）中。UASRemoteIDManager 类是一个单例类，可以通过其 getInstance 函数获得其对象。下文将详细介绍我国合规验证的主要方法。

1）设置国家区域策略

不同国家（区域）的无人机管控策略不同，无人机远程识别广播的方式、格式和频率也有所不同，因此需要进行相应的设置，才可以使用对应的 API 功能。通过 UASRemoteIDManager 的 setUASRemoteIDAreaStrategy 函数，可以设置所需的国家策略。该函数的参数是枚举类型 AreaStrategy，包括中国策略（CHINA_STRATEGY）、法国策略（FRANCE_STRATEGY）、日本策略（JAPAN_STRATEGY）、美国策略（US_STRATEGY）和欧盟策略（EUROPEAN_STRATEGY）等。例如，设置当前策略为中国策略，代码如下：

```
UASRemoteIDManager.getInstance()
    .setUASRemoteIDAreaStrategy(AreaStrategy.CHINA_STRATEGY)
```

2）UOM 实名制认证

我国 UOM 实名制认证的有关 API 主要包括以下 4 个函数。

❑ addRealNameRegistrationStatusListener：创建实名制注册状态监听器。
❑ removeRealNameRegistrationStatusListener：移除实名制注册状态监听器。
❑ clearAllRealNameRegistrationStatusListener：清除实名制注册状态监听器。
❑ updateRealNameRegistrationStateFromUOM：将实名制信息更新至无人机中。

在 TestApp 应用程序中，当 SDK 管理器注册成功（回调至 onRegisterSuccess 函数）后，即可设置当前管控策略为中国策略，并添加实名制注册状态监听器，代码如下：

```
// 监听实名制注册信息（中国合规验证）
UASRemoteIDManager.getInstance().apply {
    setUASRemoteIDAreaStrategy(AreaStrategy.CHINA_STRATEGY)
    addRealNameRegistrationStatusListener {
        val strState = when (it.realNameRegistrationStateFromAircraft) {
```

```
            RealNameRegistrationState.NOT_AUTH -> "未认证"
            RealNameRegistrationState.VAILD_AUTH -> "已认证"
            RealNameRegistrationState.CANCELLED -> "已注销"
            RealNameRegistrationState.NETWORK_ERROR -> "网络错误"
            RealNameRegistrationState.VERIFIED_AND_CANCLLED
                        -> "飞机认证后注销"
            RealNameRegistrationState.UNSUPPORTED
                        -> "飞机不支持实名认证功能"
            RealNameRegistrationState.NOT_ACTIVE_YET -> "飞机未激活"
            RealNameRegistrationState.DONT_NEED_CHECK_REALNAME
                        -> "无须实名认证"
            RealNameRegistrationState.UNLOCKED -> "飞机已经解禁"
            RealNameRegistrationState.DONT_IN_CHINA_MAINLAND
                        -> "不在中国大陆"
            RealNameRegistrationState.TMP_VALID_AUTH -> "临时有效"
            else -> "未知状态"
        }
        tvStatusRealnameRegistration.text = strState
        Log.i(TAG, strState)
    }
}
```

此时，编译并运行程序后，即可将 UOM 实名制认证信息同步到【中国合规性信息】文本框中。如果无人机已经在 UOM 认证，则会提示"已认证"；如果无人机没有在 UOM 认证，则提示"未认证"；如果无人机没有被激活，则会提示"飞机未激活"；如果无人机的固件版本较低（如 Mini 3 无人机固件版本低于 V01.00.0410 版本），则会提示"飞机不支持实名认证功能"。

在"MSDK 飞机功能"应用程序中，也可以获取无人机的实名制认证状态。例如，当无人机固件版本较低时，通过【测试工具】→【无人机远程识别】→【Open China Page】进入无人机远程识别界面，在该界面中可以看到飞机不支持实名认证功能的相关信息，如图 3-22 所示。

图 3-22

建议开发者在应用程序中正确引导用户对无人机进行 UOM 实名制认证,以便于合法合规飞行。对于上述无人机固件版本较低的情况,建议开发者提示用户尽快更新无人机固件,确保飞行安全。

3)更新实名制注册状态

获取 UOM 认证信息后,还需要将认证信息更新到无人机中,以便于 RID 系统向周围环境广播正确的身份信息。在 TestApp 应用程序中,添加【更新实名制注册状态】按钮单击事件监听器,并添加更新认证信息功能,代码如下:

```
UASRemoteIDManager.getInstance()
  .updateRealNameRegistrationStateFromUOM(
      object : CompletionCallback{
  override fun onSuccess() {
      showToast("更新成功!")
  }
  override fun onFailure(error: IDJIError) {
      showToast("更新失败: " + error)
      Log.i(TAG, error.toString())
  }
})
```

如果无人机连接状态正常,则会提示"更新成功!";如果无人机未被激活,则会提示"更新失败:未激活。";如果无人机版本过低,则会提示"更新失败:当前飞机不支持实名制。";如果仅连接遥控器,未连接无人机,则会提示"更新失败:请连接飞行器后重试。"。

这里的 CompletionCallback 是通用的回调接口类型。在 MSDK 中,CommonCallbacks 定义了 CompletionCallback 和 CompletionCallbackWithParam<T>两个回调接口。这两个回调接口均包括 onSuccess 函数和 onFailure 函数,分别在 MSDK 功能执行成功和执行失败时调用。相对于 CompletionCallback,CompletionCallbackWithParam 的回调函数 onSuccess 中增加了 T 类型参数,用于返回具体功能的执行结果。

3. 国家区域码管理

DJI Pilot 2、DJI Fly 和 MSDK 应用程序会根据系统自动判断当前的国家区域位置。有时,我们需要根据当前的国家区域位置来做相应的合规验证和设置选项。国家区域码由 AreaCode 枚举类型定义,包括中国、美国、法国、日本等 251 个国家地区,定义代码如下:

```
public enum AreaCode {
    CHINA,                        // 中国
    UNITED_STATES_OF_AMERICA,     // 美国
    FRANCE,                       // 法国
    JAPAN,
    …
}
```

国家区域码管理可以通过国家区域码管理器 AreaCodeManager 进行管理,通过其 getAreaCode 函数即可获取当前的 AreaCode 类型。另外,还可以通过 updateAreaCode 函数更

新当前的国家区域码，代码如下：

```
AreaCodeManager.getInstance().updateAreaCode(areaCode)  // 设置地区码
```

开发者可以通过这种方式模拟切换不同的地区，以便于测试和开发 MSDK 应用程序在不同国家地区的功能和合规验证。

3.3.3 DJI 账号管理

在 MSDK 应用程序中，可登录 DJI 账号，以便于使用千寻网络 RTK、部署无人化场景（如机场应用）等功能。在 MSDK 中，用户账号管理器（UserAccountManager）用于管理 DJI 账号。UserAccountManager 类是一个单例类，通过其 getInstance 函数即可获取该对象，其常用的函数如下所述。

- logInDJIUserAccount：登录 DJI 账号。
- logOutDJIUserAccount：退出 DJI 账号。
- getLoginInfo：获取登录信息，并返回 LoginInfo 对象，包含登录账号和登录状态信息。
- addLoginInfoUpdateListener：添加登录信息并更新监听器。
- removeLoginInfoUpdateListener：移除登录信息并更新监听器。
- clearAllLoginInfoUpdateListener：清除登录信息并更新监听器。

1. DJI 账号登录和退出

DJI 账号登录和退出是账号管理最基础的功能。

1）DJI 账号登录

DJI 账号登录函数 logInDJIUserAccount 有 2 个重构函数，分别用于弹窗登录和直接登录，代码如下：

```
// 弹窗登录
void logInDJIUserAccount(
    FragmentActivity fragmentActivity,                          // 弹出 Activity
    boolean isFullScreen,                                       // 是否全名
    @Nullable CommonCallbacks.CompletionCallback callback)      // 登录回调
// 直接登录
void logInDJIUserAccount(
    @NonNull String userName,                                   // 用户名
    @NonNull String password,                                   // 密码
    @Nullable String verificationCode,                          // 验证码
    @Nullable CommonCallbacks.CompletionCallback callback)      // 登录回调
```

对于直接登录方式，需要传入用户名（userName）、密码（password）和验证码（verificationCode）。验证码图片可以通过 getVerificationCodeImageURL 函数获取。

在 TestApp 应用程序中，添加【登录 DJI 账号】按钮单击事件监听器，并通过弹窗登录的方式添加 DJI 账号登录功能，代码如下：

```
UserAccountManager.getInstance().logInDJIUserAccount(
```

```
            this@MainActivity, false, object : CompletionCallback {
    override fun onSuccess() {
        showToast("登录成功!")
    }
    override fun onFailure(error: IDJIError) {
        showToast("登录失败:" + error.description())
    }
})
```

编译并运行程序,单击【登录 DJI 账号】按钮,即可弹出如图 3-23 所示的对话框。

图 3-23

当用户密码输入正确时,则会弹出"登录成功!"提示;当用户取消登录时,则会弹出"登录失败: 退出登录。"提示。

注意:当 DJI 账号已经登录时,调用 logInDJIUserAccount 函数同样会导致登录失败,并且错误信息为空。

2) DJI 账号退出

类似地,在 TestApp 应用程序中,添加【退出 DJI 账号】按钮单击事件监听器,并实现 DJI 账号退出功能,代码如下:

```
UserAccountManager.getInstance().logOutDJIUserAccount(
    object : CompletionCallback {
    override fun onSuccess() {
        showToast("退出成功!")
    }
    override fun onFailure(error: IDJIError) {
        showToast("退出失败!" + error.description())
    }
})
```

单击【退出 DJI 账号】按钮后，如果当前已经登录 DJI 账号，则会提示"退出成功！"；如果当前未登录 DJI 账号，则会提示"退出失败!当前用户未登录"。

2. 获取账号信息

通过 UserAccountManager 对象的 loginInfo 属性（封装了 getLoginInfo 函数）即可获取当前的账号信息。LoginInfo 对象包括 2 个属性，分别为 loginState 和 account。属性 account 为当前的账号字符串（如果未登录 DJI 账号，该属性为空）；属性 loginState 为 LoginState 枚举类型，表示当前的登录状态，包括登录（LOGGED_IN）、未登录（NOT_LOGGED_IN）、登录信息已超时（TOKEN_OUT_OF_DATE）和未知（UNKNOWN）枚举值。

在 TestApp 应用程序中，添加【获取 DJI 账号信息】按钮单击事件监听器，并输出账号的登录状态和账号，代码如下：

```
// 登录状态
val loginState = UserAccountManager.getInstance().loginInfo.loginState
Log.i(TAG, "loginState: " + loginState)
// 账号
val account = UserAccountManager.getInstance().loginInfo.account
Log.i(TAG, "account: " + account)
```

如果当前已经登录 DJI 账号信息，则会在 Logcat 中输出以下信息：

```
2024-03-27 … com.msdktest.testapp  I  loginState: LOGGED_IN
2024-03-27 … com.msdktest.testapp  I  account: 15110090085
```

如果当前未登录 DJI 账号，则在 Logcat 中输出以下信息：

```
2024-03-27 … com.msdktest.testapp  I  loginState: NOT_LOGGED_IN
2024-03-27 … com.msdktest.testapp  I  account: null
```

3.4 本章小结

本章详细介绍了 SDK 管理器（SDKManager）、无人机系统远程识别管理器（UASRemoteIDManager）、国家区域管理器（AreaCodeManager）和用户账号管理器（UserAccountManager）的基本用法，并实现了应用程序注册、飞行器连接、UOM 实名制信息获取以及 DJI 账号管理等功能。可以发现，MSDK 中的管理器采用单例模式设计，用于执行某些特定的功能，这种设计模式非常易于学习和代码维护。从下一章开始，将会详细介绍 MSDK 的具体用法，你准备好了吗？

3.5 习题

1. 尝试运行 MSDK 样例程序。
2. 尝试创建 MSDK 应用程序并实现应用程序的注册等基本功能。

第 4 章 UX SDK 应用程序

UX 指的是用户体验（User eXperience），而 UX SDK 旨在为开发者提供用户界面（UI）设计工具，以提升软件的用户交互体验。在无人机控制应用程序中，常见的功能界面包括图传视图、相机拍照控件以及无人机状态监测视图等。UX SDK 定义了这些常用的控制控件和信息显示视图，使开发者能够轻松创建美观且稳定的功能界面骨架。MSDK V5 中，UX SDK 不再以开发包的形式提供，而是以开源工程模块的方式供开发者学习和使用。这种设计为用户提供了统一、高辨识度和高易用度的 UI，降低了学习成本。

本章将从 UX SDK 的核心概念出发，介绍 UX SDK 的基本组件，并演示如何开发一个完整的 UX SDK 应用程序，核心知识点包括：

- 部件（Widget）
- 运行 UX SDK 应用程序
- 自定义部件

4.1 初探 UX SDK

UX SDK 是建立在 MSDK 基础上的大疆无人机应用程序组件库。开发者可以通过 UX SDK 迅速搭建类似 DJI Pilot 2 的官方用户界面程序骨架。这种开发模式适用于应用程序的原型开发和增量式开发，使得在较短时间内能够向客户提供美观且易用的应用程序。UX SDK 由一系列部件（Widget）组成，如图 4-1 所示。通过组装这些部件，开发者可以像拼积木一样构建出一个完整的 MSDK 应用程序。

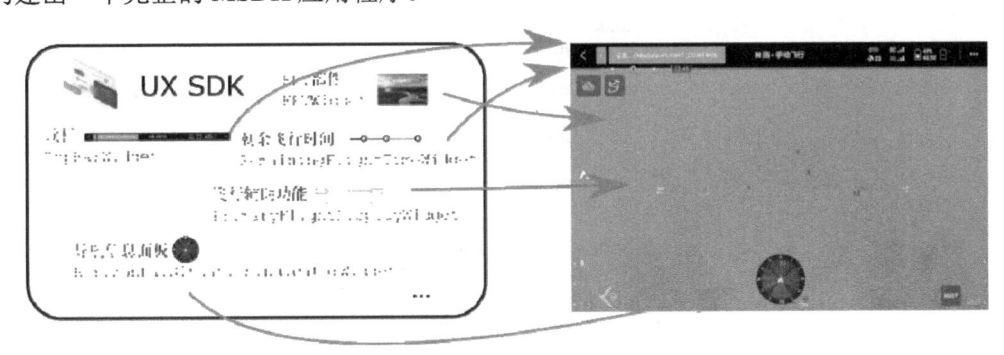

图 4-1

本节将介绍 UX SDK 及其部件的基本概念，从概念上认识 UX SDK 的组成和应用方法。

4.1.1 UX SDK

UX SDK 的前身是 MSDK 中的 UI Library。在 MSDK V4 中，UI Library 从 MSDK 中解离，并以 UX SDK 单独发布。从 MSDK V5 开始，UX SDK 再次回到 MSDK 中，以 MSDK 样例程序的方式发布开源的 UX SDK。UX SDK 中的各个部件的具体实现均采用了 MSDK 中的类和方法。也正因为如此，UX SDK 无法单独使用，而是和 MSDK 相辅相成、互相配合。

在 MSDK 样例应用中，也同样提供了 UX SDK 应用界面和部件样例。

1. UX SDK 应用界面

在 MSDK 样例程序的主界面中，单击【默认演示界面】按钮，即可浏览 UX SDK 应用界面（包含了基础的 UX SDK 部件），如图 4-2 所示。

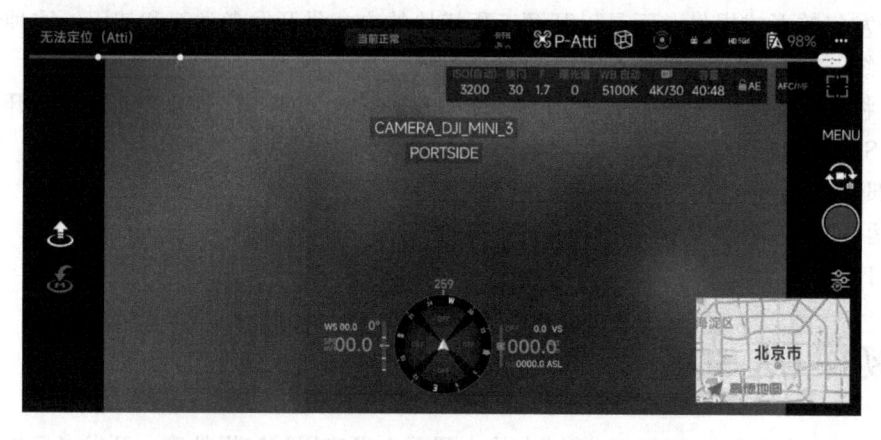

图 4-2

实现该界面的文件对应于样例程序源代码中的 DefaultLayoutActivity 文件，可以在 Android Studio 的工程面板的 dji.v5.ux/sample/showcase/defaultlayout 目录中找到，如图 4-3 所示。

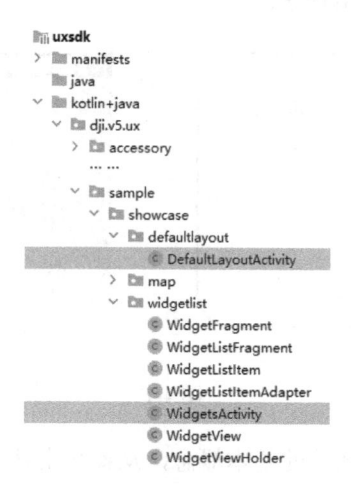

图 4-3

2. UX SDK 部件样例

在 MSDK 样例程序的主界面中，单击【控件列表】按钮，即可浏览该界面，该界面以列表的形式展示了 UX SDK 中所有的部件（控件），如图 4-4 所示。

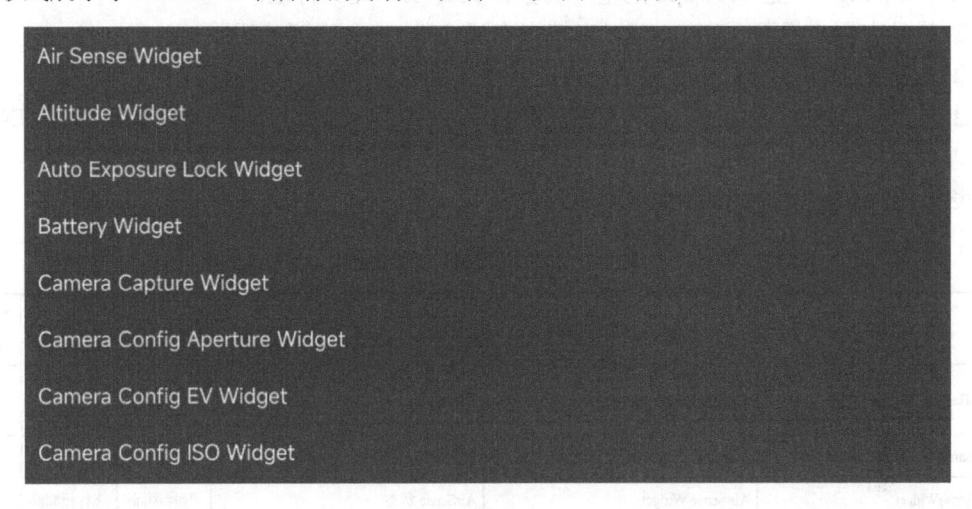

图 4-4

单击其中任意部件的名称，即可进入预览界面。开发者可以很直观地了解各个部件的外观。例如，单击【飞行辅助功能 PFD】（Primary Flight Display Widget）按钮，即可预览其界面，如图 4-5 所示。

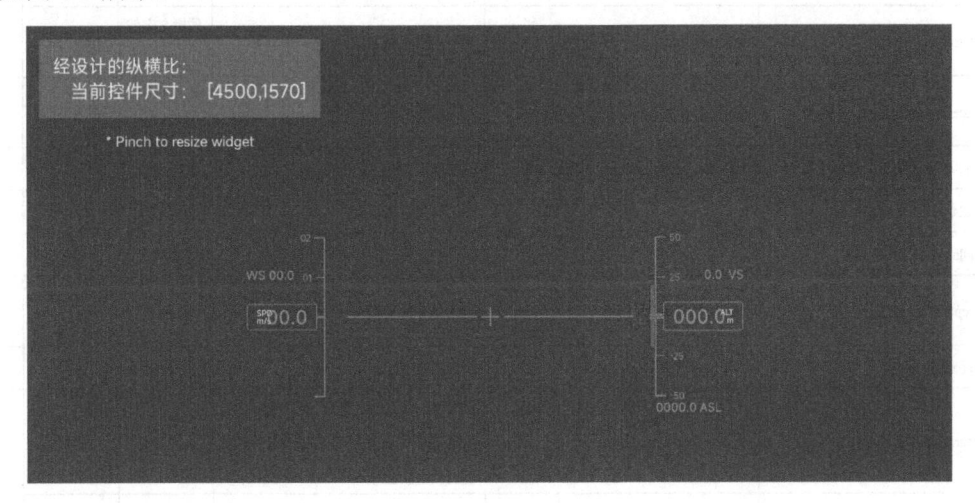

图 4-5

在各个部件的控制界面中，可以查看当前部件的形态，也可以实现用户交互。通过手指捏合操作，可以放大或缩小界面，以帮助开发者体验并选准合适的部件布局。实现上述界面的文件对应于样例程序中的 WidgetsActivity、WidgetFragment 等文件。如果开发者想了解具体实现，可以在 UX SDK 模块开源代码的 dji.v5.ux/sample/showcase/widgetlist 中找到，如图 4-3 所示。

4.1.2 UX SDK 部件

部件（Widget）是 UX SDK 的基本要素，具有以下几个特征。
- 均具有用户界面（UI），可以直接在布局文件（.xml）中使用。
- 均存在于以 dji.v5.ux 开头的包内，且类名通常以 Widget 结尾。
- 均采用 MSDK 提供的 API 实现特定的功能。相关代码均开源，开发者可以在 UX SDK 模块中学习和应用。

表 4-1 中列举了 UX SDK 中的常用部件。

表 4-1 UX SDK 中的常用部件

类型	类名	样例程序显示名称	描述	控件类型	模块	经设计的纵横比
顶栏	TopBarPanelWidget	Top Bar Panel	顶栏面板	面板	飞行控制器等	—
	RemainingFlightTimeWidget	Remaining Flight Time Widget	剩余飞行时间	横条控件	电池	400:3
	AirSenseWidget	Air Sense Widget	AirSense 状态	顶栏图标	飞行控制器	37:32
	BatteryWidget	Battery Widget	电池电量	顶栏图标	电池	—
	ConnectionWidget	Connection Widget	飞行器连接状态	顶栏图标	飞行控制器	1:1
	FlightModeWidget	Flight Mode Widget	飞行模式	顶栏图标	飞行控制器	—
	GpsSignalWidget	GPS Signal Widget	GPS 信号	顶栏图标	飞行控制器	—
	SystemStatusWidget	System Status Widget	飞行器状态提示栏	顶栏文字信息	飞行控制器	—
	DeviceHealthAndStatusWidget	Device Health And Status Widget	设备健康状态	顶栏文字信息	飞行控制器	—
	RemoteControllerSignalWidget	Remote Controller Signal Widget	遥控器信号	顶栏图标	遥控器	19:11
	SimulatorIndicatorWidget	Simulator Indicator and Control Widgets	模拟器指示按钮	顶栏图标	模拟器	1:1
	SimulatorControlWidget		模拟器设置	面板	模拟器	1:3
	PerceptionStateWidget	Vision Widget	视觉感知状态	顶栏图标	视觉与避障系统	1:1
	VideoSignalWidget	Video Signal Widget	图传信号	顶栏图标	图传	19:11
相机	CameraControlsWidget	Camera Controls Widget	相机控制功能条（包括 MENU 按钮、拍照/录像切换按钮、拍照、录像和相机曝光设置按钮等）	竖条控件	相机	1:4
	CameraCaptureWidget	Camera Capture Widget	拍照/录像	按钮	相机	1:1
	ShootPhotoWidget	Shoot Photo Widget	拍照	按钮	相机	1:1
	RecordVideoWidget	Record Video Widget	录像	按钮	相机	1:1
	CameraSettingsMenuIndicatorWidget	Camera Settings Menu Indicator Widget	相机设置按钮（MENU）	文字按钮	相机	1:1
	ExposureSettingsIndicatorWidget	Exposure Settings Indicator Widget	相机曝光设置按钮	按钮	相机	1:1
	PhotoVideoSwitchWidget	Photo Video Switch Widget	拍照录像切换按钮	按钮	相机	1:1

续表

类型	类名	样例程序显示名称	描述	控件类型	模块	经设计的纵横比
相机	ExposureSettingsPanel	Exposure Settings Panel	曝光设置面板（包括曝光模式设置和ISO/EI 设置等）	面板	相机	—
	ExposureModeSettingWidget	Exposure Mode Setting Widget	曝光模式设置	横条控件	相机	—
	ISOAndEISettingWidget	ISO And EI Setting Widget	ISO/EI 设置	横条控件	相机	—
	AutoExposureLockWidget	Auto Exposure Lock Widget	曝光锁定（AE）🔒 AE	按钮	相机	10:9
	FocusExposureSwitchWidget	Focus Exposure Switch Widget	对焦□/曝光⊙切换按钮	按钮	相机	1:1
	FocusModeWidget	Focus Mode Widget	对焦模式（AF/MF）	按钮	相机	1:1
	ExposureMeteringWidget	Exposure Metering Widget	曝光调整条	竖条控件	相机	—
	FocalZoomWidget	Focal Zoom Widget	变焦调整条	竖条控件	相机	—
	CameraNDVIPanelWidget	Camera NDVI Panel Widget	多光谱（NDVI）相机面板	横条控件	相机	—
	CameraVisiblePanelWidget	Camera Visible Panel Widget	可见光相机面板（包括 ISO、快门、光圈、曝光、白平衡、容量等信息）	横条控件	相机	—
	CameraConfigApertureWidget	Camera Config Aperture Widget	光圈	文字信息	相机	2:1
	CameraConfigEVWidget	Camera Config EV Widget	曝光值（EV）	文字信息	相机	2:1
	CameraConfigISOAndEIWidget	Camera Config ISO And EI Widget	ISO	文字信息	相机	2:1
	CameraConfigShutterWidget	Camera Config Shutter Widget	快门	文字信息	相机	2:1
	CameraConfigSSDWidget	Camera Config SSD Widget	SSD 状态	文字信息	相机	5:1
	CameraConfigStorageWidget	Camera Config Storage Widget	相机存储	文字信息	相机	2:1
	CameraConfigWBWidget	Camera Config WB Widget	白平衡（WB）	文字信息	相机	2:1
图传	FPVWidget	FPV Widget	FPV	全屏	图传	16:9
	FPVInteractionWidget	FPV Interaction Widget	FPV 交互	全屏交互	图传	16:9
飞行控制器	SystemStatusListPanelWidget	System Status List Panel	系统状态列表	面板	飞行控制器	—
	TelemetryPanelWidget	Telemetry Panel	遥测面板（包括高度、距离、速度、定位等信息）	面板	飞行控制器	—
	DistanceHomeWidget	Distance Home Widget	距离返航点位置（D）	文字信息	飞行控制器	—
	DistanceRCWidget	Distance RC Widget	距离遥控器位置（DRC）	文字信息	飞行控制器	—
	AGLAltitudeWidget	Altitude Widget	高度（H AGL）	文字信息	飞行控制器	—
	HorizontalVelocityWidget	Horizontal Velocity Widget	水平速度（H.S.）	基本信息	飞行控制器	—
	VerticalVelocityWidget	Vertical Velocity Widget	垂直速度（V.S.）	文字信息	飞行控制器	—
	CompassWidget	Compass Widget	指南针	图形信息	飞行控制器	1:1
	VPSWidget	VPS Widget	视觉定位高度（Vision Positioning System）	文字信息	飞行控制器	—
	HorizontalSituationIndicatorWidget	Horizontal Situation Indicator Widget	导航信息模块（集成显示飞机方位、云台方位、避障信息等）	面板	飞行控制器	—
	SpeedDisplayWidget	Speed Display Widget	速度表	面板	飞行控制器	—
	AttitudeDisplayWidget	Attitude Display Widget	高度表	面板	飞行控制器	—
	PrimaryFlightDisplayWidget	Primary Flight Display Widget	飞行辅助功能（PFD）	面板	飞行控制器	—
	UserAccountLoginWidget	User Account Login Widget	DJI 用户登录	面板	用户管理	4:1

续表

类型	类名	样例程序显示名称	描述	控件类型	模块	经设计的纵横比
云台	GimbalFineTuneWidget	Gimbal Fine Tune Widget	云台微调	面板	云台	—
	GimbalSettingWidget	Gimbal Setting Widget	云台设置面板（包括重置云台参数、云台自动校准、云台微调按钮）	面板	云台	—
设置	CommonAboutWidget	Common About Widget	飞行器基本信息（包括设备版本、序列号等）	面板	飞行控制器	—
	CommonDeviceNameWidget	Common Device Name Widget	设备名称	设置选项	飞行控制器	—
	ReturnHomeModeWidget	FC Return Home Mode Widget	返航模式设置面板	面板	飞行控制器	—
	LostActionWidget	FC Lost Action Widget	失联行为设置	设置选项	飞行控制器	—
	HomePointWidget	FC Home Point Widget	返航点设置	设置选项	飞行控制器	—
	DistanceLimitWidget	FC Distance Limit Widget	距离限制（返航高度、限高、限远）	面板	飞行控制器	—
	ImuStatusWidget	FC IMU Status Widget	IMU 状态	面板	飞行控制器	—
	CompassStatusWidget	FC Compass Status Widget	指南针状态	面板	飞行控制器	—
	FlightModeWidget	FC Flight Mode Widget	飞行模式设置	面板	飞行控制器	—
	BatterySettingWidget	Battery Setting Widget	电池设置	面板	电池	—
	BatteryInfoWidget	Battery Info Widget	电信信息面板	面板	电池	—
	BatteryAlertWidget	Battery Alert Widget	电池电量报警	横条控件	电池	—
	AvoidanceShortcutWidget	Perception Avoidance Type Widget	避障行为	设置选项	视觉与避障系统	—
	VisionPositionWidget	Perception Vision Widget	启用视觉定位	设置选项	视觉与避障系统	—
	PrecisionLandingWidget	Perception Precision Landing Widget	精准降落	设置选项	视觉与避障系统	—
	LedWidget	Common Led Widget	LED 设置面板	面板	LED	—
	FrequencyTabSelectWidget	HD Frequency Tab Select Widget	图传工作频段	设置选项	图传	—
	InfoWidget	HD SDR Info Widget	信号状态	设置选项	图传	—
	ChannelSelectWidget	HD SDR Channel Select Widget	信号模式	设置选项	图传	—
	BandWidthSelectWidget	HD SDR Band Width Select Widget	下行带宽选择	设置选项	图传	—
	BandWidthWidget	HD SDR Band Width Widget	下行带宽	设置选项	图传	—
	VideoRateTextWidget	HD SDR Video Rate Widget	图传码率	设置选项	图传	—
	FreqView	HD SDR Frequency View	图传频段选择	面板	图传	—
	HdmiSettingWidget	HD HDMI Setting Widget	HDMI 输出设置	设置选项	图传	—
	RCPairingWidget	RC Pairing Widget	遥控器对频设置	设置选项	遥控器	—
	RCCalibrationWidget	RC Calibration Widget	遥控器校准面板	面板	遥控器	—
	RTKWidget	RTK Widget	RTK 面板	面板	RTK	10:7
	RTKEnabledWidget	RTK Enabled Widget	RTK 定位启用设置开关	设置选项	RTK	49:10
	RTKKeepStatusWidget	RTK Keep Status Widget	RTK 精度保持设置开关	设置选项	RTK	49:10
	RTKSatelliteStatusWidget	RTK Satellite Status Widget	RTK 卫星状态面板	面板	RTK	1:1
	RTKTypeSwitchWidget	RTK Type Switch Widget	RTK 服务类型切换	设置选项	RTK	49:10
	RTKStationConnectWidget	RTK Station Connect Widget	RTK 站点连接	设置选项	RTK	49:10

在具体使用这些部件时,需要注意以下几个方面。
- 在 MSDK 样例程序中可以找到这些部件的用法,可以参考"样例程序显示名称"列进行查找。
- 这些部件分为设置按钮、文字信息、图形信息、横条控件、竖条控件、选项、面板等类型。这些类型是作者自行定义的,以方便开发者理解和应用。
- 在界面设计中,可以参考表 4-1 中的"经设计的纵横比"设计组件的大小。对于部分控件、设置选项、面板等部件来说,通常不设计纵横比,但开发中仍然要注意操作的便捷性。

部件的粒度并不相同。按钮、文字信息等细粒度的部件,通常用于提供特定专一的功能;选项、面板等粗粒度的部件,通常是一些细粒度部件的综合。例如,顶栏面板(TopBarPanelWidget)综合了 AirSence 状态(AirSenceWidget)、电池电量(BatteryWidget)、GPS 信号(GPSSignalWidget)等多个顶栏图标部件(见图 4-6);导航信息模块面板(HorizontalSituationIndicatorWidget)综合了速度表(SpeedDisplayWidget)和高度表(AttitudeDisplayWidget)部件(见图 4-7)。

顶栏面板
TopBarPanelWidget

①飞行器状态提示栏(SystemStatusWidget)
②设备健康状态(DeviceHealthAndStatusWidget)
③GPS信号(GPSSignalWidget)
④飞行模式(FlightModeWidget)
⑤模拟器指示按钮(SimulatorIndicatorWidget)
⑥AirSence状态(AirSenceWidget)
⑦视觉感知状态(PerceptionStateWidget)
⑧遥控器信号(RemoteControllerSignalWidget)
⑨图传信号(VideoSignalWidget)
⑩电池电量(BatteryWidget)

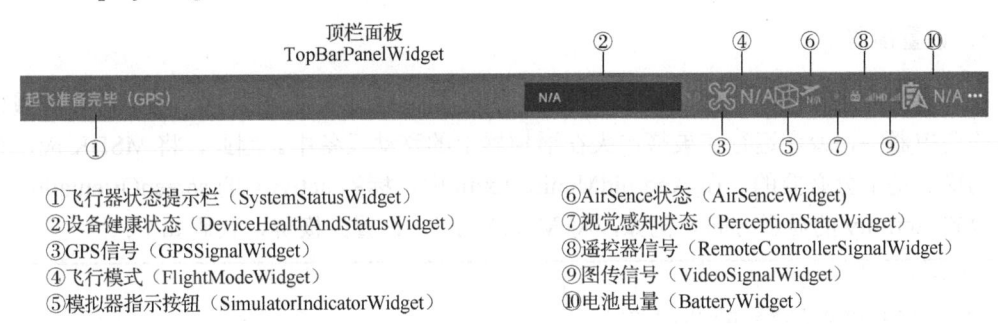

图 4-6

导航信息模块面板
HorizontalSituationIndicatorWidget

速度表
SpeedDisplayWidget

高度表
AttitudeDisplayWidget

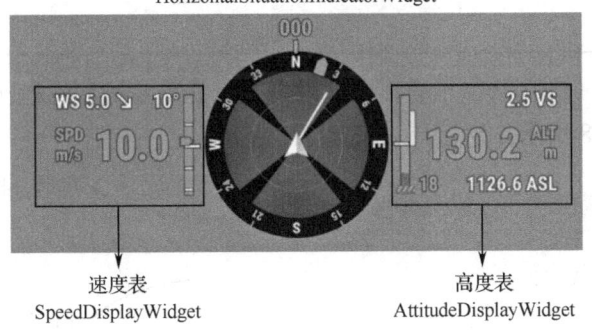

图 4-7

下一节将详细介绍 UX SDK 的具体用法,以及如何将 UX SDK 部件添加至我们自己的 MSDK 应用程序中。

4.2 运行 UX SDK 应用程序

在 MSDK V5 中，MSDK 和 UX SDK 被合并为一个整体，不再单独发布 UX SDK 开发包和说明文档。UX SDK 现在完全开源，并作为 MSDK 样例程序中的独立模块提供，而不再单独发布到 Gradle 仓库中。本节将介绍如何在 MSDK 应用程序中添加 UX SDK 特性，以提升用户体验。

4.2.1 设计高效、安全的用户界面

无人机任务对用户界面有着高度的要求，需要具备稳定、高效、易用和安全的特点。本小节将创建一个全新的 DreamFly 应用程序，确保其始终保持横屏显示，并设计出类似于 DJI Pilot 2 和 DJI Fly 的主界面与飞行界面。在本书的后续章节中，我们将不断为 DreamFly 应用程序"添砖加瓦"，逐步增加更多功能。

1. 设置横屏

在普通的应用程序中，强制横屏并不推荐。但是，MSDK 应用程序一般运行在本属横屏设备的遥控器中，或者运行在被横向夹在遥控器上的移动设备中。因此，将 MSDK 应用程序固定为横屏是十分必要的。在 AndroidManifest.xml 中，标签 activity 的 screenOrientation 属性用于设置 Activity 的显示方向。例如，将 MainActivity 设置为横屏，代码如下：

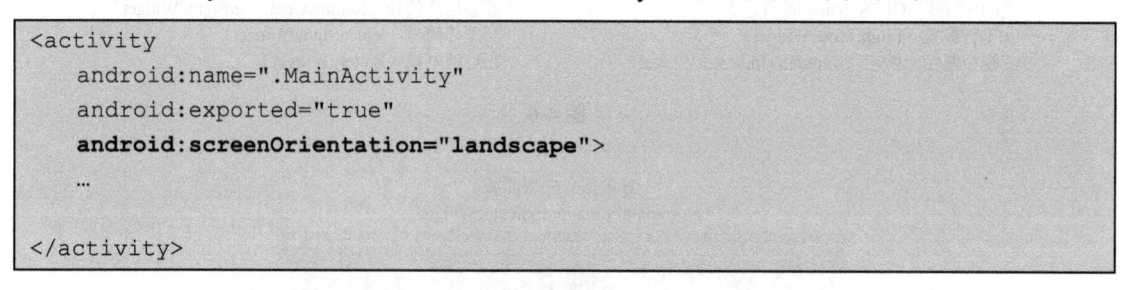

```xml
<activity
    android:name=".MainActivity"
    android:exported="true"
    android:screenOrientation="landscape">
    …
</activity>
```

编译并运行程序，默认情况下会在屏幕的最上方显示系统状态栏（StatusBar）和导航栏（ActionBar），如图 4-8 所示。

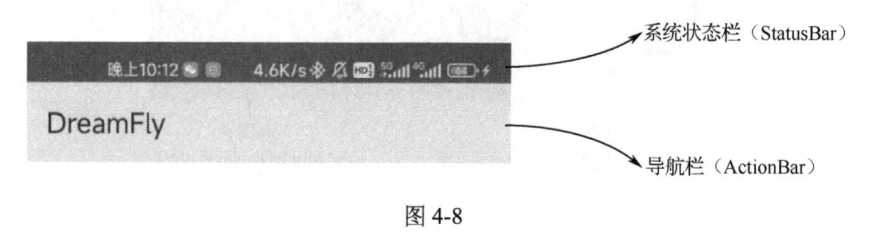

图 4-8

仔细观察 DJI Fly 和 DJI Pilot 2 应用程序，在飞行界面中，系统状态栏和导航栏是隐藏的，这样能够为用户提供更强的沉浸感，更加高效地利用屏幕空间。在 AndroidManifest.xml 中，theme 属性用于设置程序样式，代码如下：

```xml
<application
```

```
    ...
    android:theme="@style/Theme.AppCompat.DayNight.NoActionBar"
    ...>
    ...
</application>
```

Android Studio 内置了许多常用的样式,如表 4-2 所示。在 Material3 发布之前,常用的样式均以 Theme.AppCompat 开头。2021 年,Material3（Material You）发布之后,新增了更好用的以 Theme.Material3 开头的样式。

表 4-2 Android 常用样式

Material3 样式	AppCompat 样式	描述
Theme.Material3.DayNight	Theme.AppCompat.DayNight	昼夜模式
Theme.Material3.DayNight.NoActionBar	Theme.AppCompat.DayNight.NoActionBar	昼夜模式（无导航栏）
Theme.Material3.Dark	Theme.AppCompat.Dark	深色模式
Theme.Material3.Dark.NoActionBar	Theme.AppCompat.Dark.NoActionBar	深色模式（无导航栏）
Theme.Material3.Light	Theme.AppCompat.Light	日间模式
Theme.Material3.Light.NoActionBar	Theme.AppCompat.Light.NoActionBar	日间模式（无导航栏）

在昼夜模式下,应用主题会根据时间自动切换日间模式和深色模式。虽然我们可以通过默认主题轻松去掉导航栏,但去掉系统状态栏却较为困难。为了实现全屏显示界面,可以手动创建一个新的样式。在工程的 res/values/themes 目录下创建样式资源文件 themes.xml（如果目录不存在,请手动创建）,并在其中定义全屏显示的样式。

注意：对于新版的 Android Studio（如 Android Studio Iguana）创建的工程,该文件是自动创建的。

在 themes.xml 文件中,创建继承于 Theme.Material3.DayNight.NoActionBar 的新主题样式,为其添加 windowFullscreen 属性,并设置为 true,代码如下：

```
<resources xmlns:tools="http://schemas.android.com/tools">
    <style name="Base.Theme.DreamFly"
        parent="Theme.Material3.DayNight.NoActionBar">
    </style>

    <style name="Theme.DreamFly" parent="Base.Theme.DreamFly" />
    <!-- 全屏模式 -->
    <style name="Theme.DreamFly.FullScreen" parent="Base.Theme.DreamFly">
        <item name="android:windowFullscreen">true</item>
    </style>
</resources>
```

上述代码中的主题样式 Base.Theme.DreamFly 继承于 Theme.Material3.DayNight.NoActionBar,主题样式 Theme.DreamFly 和 Theme.DreamFly.FullScreen 继承于 Base.Theme.DreamFly,前者

显示系统状态栏，后者则不显示，保持全屏模式。再次运行程序，界面保持全屏显示。

2. 主界面和飞行界面

无论是 DJI Pilot 2 还是 DJI Fly，抑或是早期的 DJI GO 和 DJI GO 4，其主要界面都分为主界面和飞行界面：主界面用于显示当前连接的设备，以及相册、用户管理、学习资料等其他相关功能；飞行界面则显示无人机飞行过程中的图传、姿态、位置等各类信息，如图 4-9 所示。

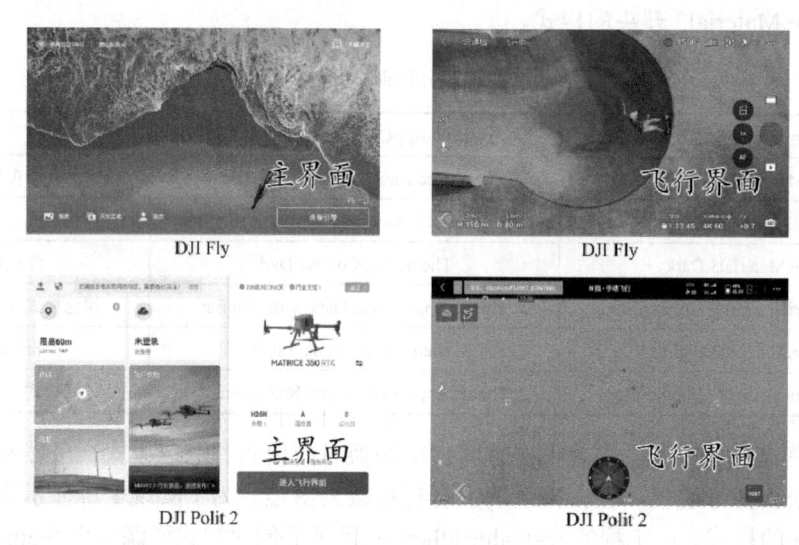

图 4-9

为了能够让我们的程序更加贴近官方应用，在主界面中设计类似的布局和功能，如图 4-10 所示。

图 4-10

该界面包括"应用程序注册状态""无人机连接状态""UOM 实名制注册" 3 个用于显示当前应用和无人机基本状态的文本框，其功能的实现可以参考上一章的有关内容。主界面中还添加了【UX SDK 飞行界面】按钮，用于跳转到飞行界面。该飞行界面用于跳转到 UX SDK

应用界面，具体实现将在下一节中详细介绍。

3. 安全第一

无人机飞行中充满风险，因此在 MSDK 应用程序的开发过程中必须充分考虑安全因素，突出显示无人机的姿态、位置等关键信息及安全提示。以下是一些 UI 设计中的注意事项。

1）时刻显示 FPV 画面

除非特殊情况，建议将图传信息作为应用程序的主体，甚至填充整个 UI。图传作为无人机的"眼睛"，能直观地展示无人机所处的环境，并在突发情况下迅速让用户了解状况，从而做出正确响应。

当用户需要查看其他的信息时（如在航测、巡检等应用场景下，用户希望打开地图了解无人机所处的地理位置，以及查看任务执行的进度等），应将图传信息以缩略图的形式保留在屏幕中，以增强用户的操作信心。

避免使用 AlertDialog 等占据屏幕的提示框，建议使用 Toast 提示，以免影响用户操作：一方面，突如其来的提示框会使后方的控件暂时无法操作；另一方面，任何提示也不如让用户看到图传信息那么重要。

2）保持屏幕常亮并保持亮度

在无人机飞行界面中，要避免用户长期未操作导致的熄屏。在 MSDK 中，可以通过 ViewUtil 的 setKeepScreen 函数保持屏幕常亮，可以将其添加至 Activity 的 onResume 和 onPause 等生命周期函数中，代码如下：

```
override fun onResume() {
    super.onResume()
    ViewUtil.setKeepScreen(this, true)  // 开启屏幕常亮
}

override fun onPause() {
    ViewUtil.setKeepScreen(this, false)  // 停用屏幕常量
    super.onPause()
}
```

在实际的无人机作业中，最好使用大疆的 RC Pro、RC Plus 等遥控器。许多普通移动设备的屏幕在阳光下都会显得黯然失色。因此，在 MSDK 应用程序中最好加入控制屏幕亮度的代码让屏幕保持一定的亮度，或者给予用户充分的提示来提高屏幕亮度。

3）突出显示关键信息和安全性信息

要始终把无人机的安全性信息和配置信息摆在重要的位置。用户经常关注的关键信息有以下几种。

- ❑ 飞行姿态和无人机位置，如距离、高度、速度等信息。
- ❑ 电池电量，以及能够继续飞行的预估时间。
- ❑ 避障信息，包括各个方向上障碍物的距离等。
- ❑ 图传、遥控器的信号质量。

幸运的是，UX SDK 提供了飞行辅助功能（PFD）、顶栏面板、剩余飞行时间面板等部件。我们可以通过 UX SDK 实现基本的飞行界面，以确保以上关键信息能够稳定、实时更新。另

外，还可以在界面上增加返航、降落、起飞、录像、拍照等常用的功能，帮助用户准确地进行相关操作。

另外，要注意安全性信息的色彩选配：通常，红色代表严重警告、黄色代表警告、绿色代表正常。适当使用绿色提示也可以给予用户充分的无人机驾驶信心，从而降低安全事故的发生率。

4.2.2 运行 UX SDK 应用界面

下文将介绍如何在现有工程中导入和配置 UX SDK，并讨论一些常见问题。UX SDK 应用界面（默认的飞行界面）如图 4-2 所示。

> **注意**：为了确保 UX SDK 能够顺利运行，建议应用程序的 AGP 版本和 Kotlin 版本与 UX SDK 保持一致，即分别为 7.4.2 和 1.7.21。

1. 导入和配置 UX SDK 的基本步骤

UX SDK 完全开源，需要将整个 UX SDK 源代码导入现有的工程中，具体步骤如下所述。

（1）将 android-sdk-v5-uxsdk 整个目录和 android-sdk-v5-as 的 dependencies.gradle 文件复制到 DreamFly 目录中，如图 4-11 所示。

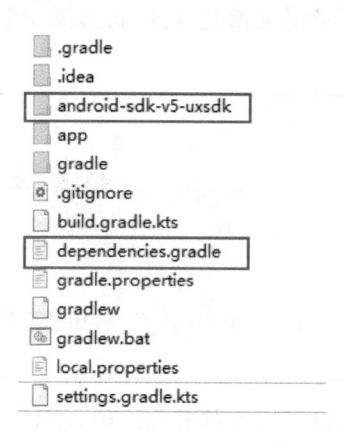

图 4-11

> **注意**：android-sdk-v5-uxsdk 目录为 UX SDK 模块，dependencies.gradle 文件定义了 UX SDK 所有的依赖包及其版本。

（2）在 build.gradle.kts (Project: DreamFly) 的开头，导入依赖文件 dependencies.gradle，代码如下：

```
apply(from = rootProject.file("dependencies.gradle"))
```

（3）在 gradle.properties (Project Properties) 中定义 Android SDK 版本和 Kotlin 版本变量，代码如下：

```
#buildconfig
```

```
# DJI MSDK 支持的最小 SDK 版本
ANDROID_MIN_SDK_VERSION = 24
# DJI MSDK 的 SDK 目标版本
ANDROID_TARGET_SDK_VERSION = 33
# DJI MSDK 编译 SDK 版本
ANDROID_COMPILE_SDK_VERSION = 33
# Kotlin 版本号
KOTLIN_VERSION = 1.7.21
```

（4）在 setting.gradle.kts (Project Settings) 中增加 UX SDK 依赖，代码如下：

```
rootProject.name = "DreamFly"
include(":app")
include(":android-sdk-v5-uxsdk")
```

（5）在 build.gradle.kts (:app) 中增加 UX SDK 依赖，代码如下：

```
dependencies {
    ...
    // 飞机主包
    implementation("com.dji:dji-sdk-v5-aircraft:5.8.0")
    // 飞机编译包
    compileOnly("com.dji:dji-sdk-v5-aircraft-provided:5.8.0")
    // 网络库包
    runtimeOnly("com.dji:dji-sdk-v5-networkImp:5.8.0")
    implementation(project(":android-sdk-v5-uxsdk"))
}
```

此时便完成了 UX SDK 的导入，更新 Gradle 配置后编译并运行程序，即可正常运行应用程序。在 Android Studio 的 Android 目录窗格中可以浏览到 UX SDK 模块，如图 4-12 所示。

图 4-12

2. 常见问题

(1)命名空间错误。如果编译时出现了"Namespace not specified. Specify a namespace in the module's build file."错误,可以尝试在 build.gradle (Module :android-sdk-v5-uxsdk)的 android 中增加 namespace 变量,代码如下:

```
android {
    namespace = "dji.v5.ux"
    ...
}
```

(2)如果出现了 "The 'kotlin-android-extensions' Gradle plugin is no longer supported." 错误,可以尝试在 build.gradle (Module :android-sdk-v5-uxsdk)文件中注释相关代码,代码如下:

```
apply plugin: 'com.android.library'
apply plugin: 'kotlin-android'
// apply plugin: 'kotlin-android-extensions'
apply plugin: 'kotlin-kapt'
```

上述两个错误可能与 Gradle 版本有关,如果 AGP 版本为 7.6.2 且 Kotlin 版本为 1.7.21,也可以避免上述问题。

(3)AndroidX 适配问题。如果开发者使用了新版 Android Studio,那么可能出现 AndroidX 的适配问题,提示 "Your project has set 'android.useAndroidX=true', but configuration ':app:debugRuntimeClasspath' still contains legacy support libraries, which may cause runtime issues."。此时,需要 Jetifier 辅助迁移三方库到 AndroidX,即在 gradle.properties 中添加以下代码:

```
android.enableJetifier=true
```

(4)找不到 Theme_AppCompat_Dialog 主题。如果在 UX SDK 模块的 ViewExtensions.kt 中出现了 "Unresolved reference: Theme_AppCompat_Dialog" 错误,那么可以将 R.style.Theme_AppCompat_Dialog 代码修改如下:

```
com.google.android.material.R.style.Theme_AppCompat_Dialog
```

采用 Material 库中的对话框主题即可解决该问题。

(5)如果出现依赖库下载失败或者依赖库下载缓慢等问题,那么可以尝试使用国内 Maven 库镜像。例如,可以在 settings.gradle.kts 文件中添加阿里云的 Maven 库,代码如下:

```
pluginManagement {
    repositories {
        maven(uri("https://maven.aliyun.com/repository/central"))
        maven(uri("https://maven.aliyun.com/repository/public"))
        maven(uri("https://maven.aliyun.com/repository/gradle-plugin"))
        maven(uri("https://maven.aliyun.com/repository/google"))
        google {
            content {
                includeGroupByRegex("com\\.android.*")
```

```
            includeGroupByRegex("com\\.google.*")
            includeGroupByRegex("androidx.*")
        }
    }
    mavenCentral()
    gradlePluginPortal()
    jcenter()
    }
}
dependencyResolutionManagement {
    repositoriesMode.set(RepositoriesMode.FAIL_ON_PROJECT_REPOS)
    repositories {
        maven(uri("https://maven.aliyun.com/repository/central"))
        maven(uri("https://maven.aliyun.com/repository/public"))
        maven(uri("https://maven.aliyun.com/repository/gradle-plugin"))
        maven(uri("https://maven.aliyun.com/repository/google"))
        maven(uri("https://maven.fabric.io/public"))
        maven(uri("https://plugins.gradle.org/m2/"))
        maven(uri("https://dl.bintray.com/kotlin/kotlin-eap"))
        google()
        mavenCentral()
        jcenter()
    }
}
```

重新构建工程即可顺利下载 UX SDK 的相关依赖库。

3. 跳转到 UX SDK 应用界面

在 4.1 节已经介绍过 UX SDK 应用界面 DefaultLayoutActivity。如果开发者需要在 MSDK 应用程序中跳转到该界面，则首先需要在 AndroidManifest.xml 文件中注册该 Activity。在 AndroidManifest.xml 文件的<application>标签中添加代码如下：

```
<activity
    android:name="dji.v5.ux.sample.showcase.defaultlayout.DefaultLayoutActivity"
    android:screenOrientation="landscape"
    android:exported="false"/>
```

在 DreamFly 主界面（MainActivity）的 onCreate 函数中，添加【UX SDK 飞行界面】按钮的单击监听器，并实现 Activity 的跳转功能，代码如下：

```
findViewById<Button>(R.id.btn_uxsdk_default).setOnClickListener {
    val intent = Intent(this@MainActivity,
                    DefaultLayoutActivity::class.java)
    startActivity(intent)
}
```

编译并运行程序，单击【UX SDK飞行界面】按钮，即可跳转到 UX SDK 应用界面（DefaultLayoutActivity）。

下面简单分析一下 DefaultLayoutActivity 的布局文件 uxsdk_activity_default_layout.xml 中的代码。该 Activity 采用抽屉布局 DrawerLayout 作为根布局，包括约束布局 ConstraintLayout 和 SettingPanelWidget 两个子布局（视图）。其中，ConstraintLayout 用于承载主界面；SettingPanelWidget 则是设置面板。平时，设置面板在用户窗口 Window 之外。当用户单击主界面右上角的【…】按钮时，设置界面滑入主界面。主界面中包括用于承载 FPV 界面的约束布局（包括 2 个 FPVWidget）以及具有各种功能的按钮和面板。DefaultLayoutActivity 布局的整体结构如图 4-13 所示。

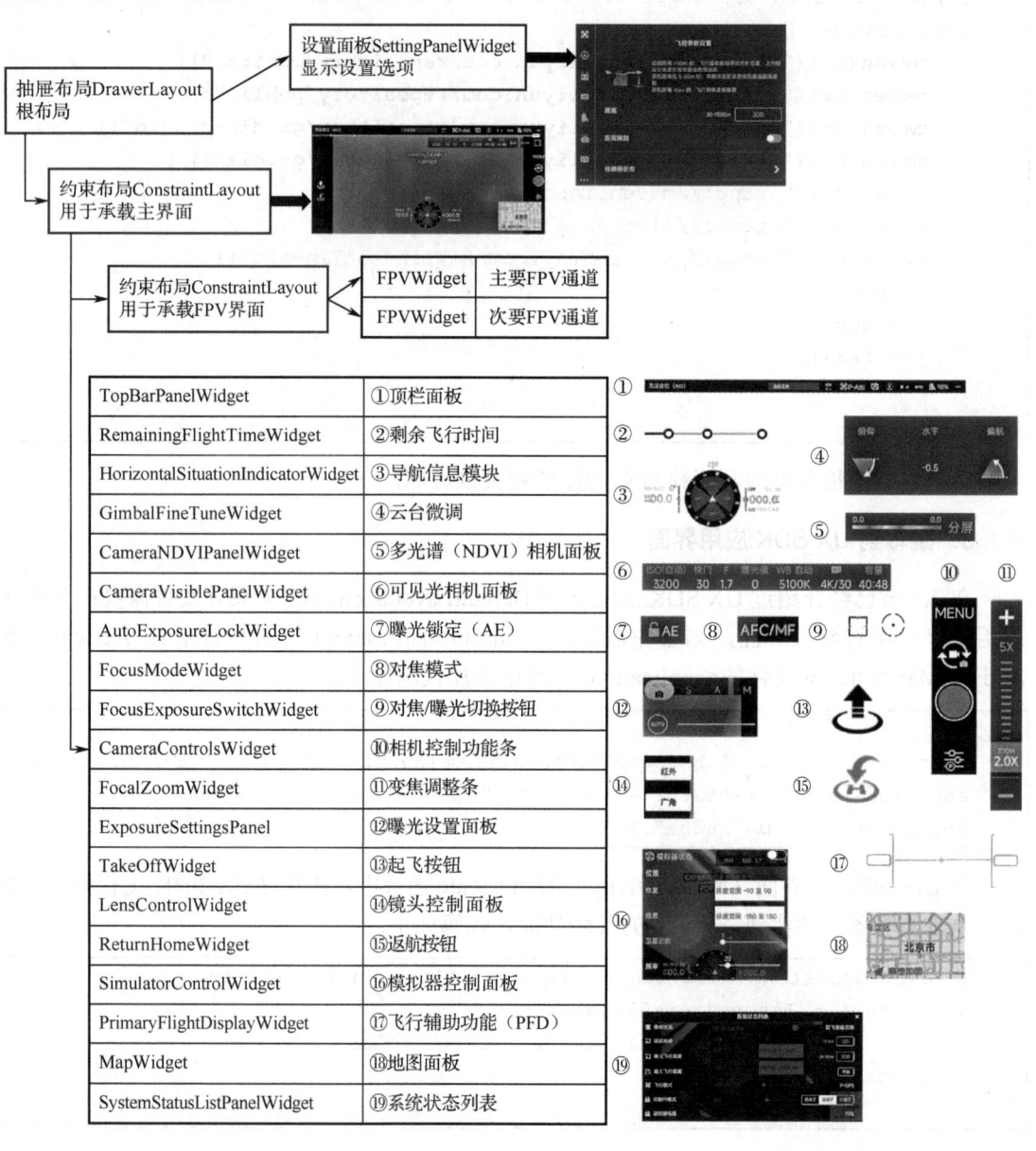

图 4-13

4.2.3 组装 UX SDK 部件

如果开发者希望在不修改 UX SDK 模块本身代码的前提下，创建类似 UX SDK 应用界面（DefaultLayoutActivity）的功能布局，就需要自行创建一个新的 Activity。本小节参考 DefaultLayoutActivity 的布局方式，在 DreamFly 应用程序中创建 UXSDKActivity，组装常用的 UX SDK 部件，形成类似的飞行界面，如图 4-14 所示。

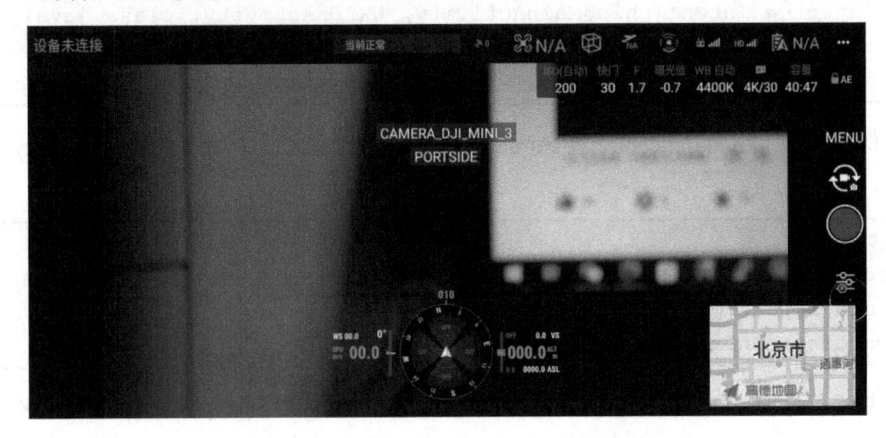

图 4-14

1）创建自定义飞行界面

在主界面中，创建【自定义飞行界面】按钮，并实现单击该按钮，跳转到飞行界面的功能。在 Android Studio 的工程目录面板中，找到 com.msdktest.dreamfly 包名。单击鼠标右键，选择 New→Activity→Empty Views Activity 菜单，创建新的 Activity，如图 4-15 所示。

图 4-15

在该界面中，在【Activity Name】文本框中修改 Activity 名称为 UXSDKActivity，此时布局文件名称（Layout Name）将会自动修改为 activity_uxsdk。单击【Finish】按钮即可完成 Activity 的创建。

在主界面（MainActivity）的 onCreate 函数中，添加【自定义飞行界面】按钮的单击监听器，并实现 Activity 的跳转功能，代码如下：

```
findViewById<Button>(R.id.btn_uxsdk).setOnClickListener {
    val intent = Intent(this@MainActivity, UXSDKActivity::class.java)
    startActivity(intent)
}
```

为了保证界面显示的一致性，在 AndroidManifest.xml 文件中将 UXSDKActivity 也设置为横屏显示，代码如下：

```
<activity
    android:name=".UXSDKActivity"
    android:exported="false"
    android:screenOrientation="landscape"/>
```

编译并运行程序，此时即完成了主界面（MainActivity）到飞行界面（UXSDKActivity）的跳转。

2）实现基本布局框架

在 activity_uxsdk.xml 布局文件中，创建类似于 DefaultLayoutActivity 布局的基本框架，包括 2 个用于显示图传信息的 FPVWidget，以及设置选项面板 SettingPanelWidget，代码如下：

```
<?xml version="1.0" encoding="utf-8"?>
<!-- 根布局：抽屉布局 -->
<androidx.drawerlayout.widget.DrawerLayout
    xmlns:android="http://schemas.android.com/apk/res/android"
    xmlns:app="http://schemas.android.com/apk/res-auto"
    xmlns:tools="http://schemas.android.com/tools"
    android:id="@+id/main"
    android:layout_width="match_parent"
    android:layout_height="match_parent"
    tools:context=".UXSDKActivity">
    <!-- 用于承载主界面 -->
    <androidx.constraintlayout.widget.ConstraintLayout
        android:layout_width="match_parent"
        android:layout_height="match_parent">
        <!-- 用于承载 FPV 界面 -->
        <androidx.constraintlayout.widget.ConstraintLayout
            android:id="@+id/fpv_holder"
            android:layout_width="match_parent"
            android:layout_height="0dp"
            app:layout_constraintBottom_toBottomOf="parent"
            app:layout_constraintEnd_toEndOf="parent"
```

```xml
        app:layout_constraintTop_toTopOf="parent">
    <!-- 主要 FPV 通道 -->
    <dji.v5.ux.core.widget.fpv.FPVWidget
        android:id="@+id/widget_primary_fpv"
        android:layout_width="0dp"
        android:layout_height="0dp"
        app:layout_constraintBottom_toBottomOf="parent"
        app:layout_constraintEnd_toEndOf="parent"
        app:layout_constraintStart_toStartOf="parent"
        app:layout_constraintTop_toTopOf="parent"
        app:uxsdk_cameraNameTextSize="14dp"
        app:uxsdk_cameraSideTextSize="14dp"
        app:uxsdk_videoChannelType="primaryStreamChannel">
        <!-- FPV 交互部件 -->
        <dji.v5.ux.cameracore.widget.
                    fpvinteraction.FPVInteractionWidget
            android:id="@+id/widget_fpv_interaction"
            android:layout_width="0dp"
            android:layout_height="0dp"
            app:layout_constraintBottom_toBottomOf="parent"
            app:layout_constraintEnd_toEndOf="parent"
            app:layout_constraintHeight_percent="0.80"
            app:layout_constraintStart_toStartOf="parent"
            tools:layout_editor_absoluteX="0dp"
            tools:layout_editor_absoluteY="0dp" />
    </dji.v5.ux.core.widget.fpv.FPVWidget>
    <!-- 次要 FPV 通道 -->
    <dji.v5.ux.core.widget.fpv.FPVWidget
        android:id="@+id/widget_secondary_fpv"
        android:layout_width="@dimen/uxsdk_mini_map_width"
        android:layout_height="@dimen/uxsdk_mini_map_height"
        app:layout_constraintBottom_toBottomOf="parent"
        app:layout_constraintEnd_toEndOf="parent"
        app:layout_constraintHorizontal_bias="0.04"
        app:layout_constraintStart_toStartOf="parent"
        app:layout_constraintTop_toTopOf="parent"
        app:layout_constraintVertical_bias="0.18"
        app:uxsdk_cameraNameTextSize="8dp"
        app:uxsdk_cameraSideTextSize="8dp"
        app:uxsdk_interactionEnabled="false"
        app:uxsdk_sourceCameraNameVisibility="true"
        app:uxsdk_videoChannelType="secondaryStreamChannel" />
</androidx.constraintlayout.widget.ConstraintLayout>

<!-- 显示设置选项 -->
<dji.v5.ux.core.widget.setting.SettingPanelWidget
```

```xml
          android:id="@+id/manual_right_nav_setting"
          android:layout_width="@dimen/uxsdk_510_dp"
          android:layout_height="match_parent"
          android:layout_gravity="end"
          android:background="@color/uxsdk_fpv_popover
                              _content_background_color"
          android:descendantFocusability="afterDescendants">

   </dji.v5.ux.core.widget.setting.SettingPanelWidget>


</androidx.drawerlayout.widget.DrawerLayout>
```

从以上代码可以发现，FPV 交互部件是可以嵌入 FPV 部件中的，整合应用更加方便。在 UXSDKActivity 代码文件中添加这些部件的定义，代码如下：

```
// 根布局
private lateinit var mDrawerLayout: DrawerLayout
// 用于承载 FPV 界面的约束布局
private lateinit var fpvParentView: ConstraintLayout
// FPV 部件：主要 FPV 通道
private lateinit var primaryFpvWidget: FPVWidget
// FPV 交互部件
private lateinit var fpvInteractionWidget: FPVInteractionWidget
// FPV 部件：次要 FPV 通道
private lateinit var secondaryFPVWidget: FPVWidget
```

在 onCreate 生命周期函数中，将整个窗口设置为黑色背景，获取这些部件的对象，并确保 secondaryFPVWidget 部件始终在最顶端，代码如下：

```
// 设置背景为纯黑
getWindow().setBackgroundDrawable(ColorDrawable(Color.BLACK));

// 获取部件对象
mDrawerLayout = findViewById(R.id.main)
fpvParentView = findViewById(R.id.fpv_holder)
primaryFpvWidget = findViewById(R.id.widget_primary_fpv)
fpvInteractionWidget = findViewById(R.id.widget_fpv_interaction)
secondaryFPVWidget = findViewById(R.id.widget_secondary_fpv)

// 置顶 secondaryFPVWidget
secondaryFPVWidget.setSurfaceViewZOrderOnTop(true)
secondaryFPVWidget.setSurfaceViewZOrderMediaOverlay(true)
```

3) 实现常用的部件和功能面板

在用于承载主界面的 ConstraintLayout 中添加顶栏面板、剩余飞行时间等各种控件，代码如下：

```xml
<!-- 顶栏 -->
<dji.v5.ux.core.panel.topbar.TopBarPanelWidget
    android:id="@+id/panel_top_bar"
    android:layout_width="0dp"
    android:layout_height="0dp"
    android:background="@color/uxsdk_black"
    android:paddingTop="@dimen/uxsdk_topbar_padding"
    android:paddingBottom="@dimen/uxsdk_topbar_padding"
    app:layout_constraintEnd_toEndOf="parent"
    app:layout_constraintHeight_percent=
                "@dimen/uxsdk_top_bar_percent_height"
    app:layout_constraintStart_toStartOf="parent"
    app:layout_constraintTop_toTopOf="parent"
    app:uxsdk_itemsMarginRight="@dimen/uxsdk_spacing_normal"
    app:uxsdk_itemsSpacing="14dp" />
<!-- 剩余飞行时间 -->
<dji.v5.ux.core.widget.remainingflighttime.RemainingFlightTimeWidget
    android:id="@+id/widget_remaining_flight_time"
    android:layout_width="match_parent"
    android:layout_height="0dp"
    app:layout_constraintBottom_toBottomOf="@+id/panel_top_bar"
    app:layout_constraintEnd_toEndOf="parent"
    app:layout_constraintHeight_percent="0.04"
    app:layout_constraintStart_toStartOf="parent"
    app:layout_constraintTop_toBottomOf="@+id/panel_top_bar" />
<!-- 导航信息模块 -->
<dji.v5.ux.core.widget.hsi.HorizontalSituationIndicatorWidget
    android:id="@+id/widget_horizontal_situation_indicator"
    android:layout_width="350dp"
    android:layout_height="wrap_content"
    app:layout_constraintBottom_toBottomOf="parent"
    app:layout_constraintEnd_toEndOf="parent"
    app:layout_constraintStart_toStartOf="parent"
    app:layout_constraintTop_toBottomOf="@+id/widget_auto_exposure_lock"
    app:layout_constraintVertical_bias="0.95" />
<!-- 可见光相机面板 -->
<dji.v5.ux.visualcamera.CameraVisiblePanelWidget
    android:id="@+id/panel_visual_camera"
    android:layout_width="wrap_content"
    android:layout_height="@dimen/uxsdk_camera_config_height"
    android:paddingLeft="2dp"
    android:paddingRight="2dp"
    app:layout_constraintBottom_toBottomOf=
            "@+id/widget_auto_exposure_lock"
    app:layout_constraintEnd_toStartOf="@+id/widget_auto_exposure_lock"
    app:layout_constraintTop_toTopOf="@+id/widget_auto_exposure_lock" />
```

```xml
<!-- 曝光锁定(AE) -->
<dji.v5.ux.cameracore.widget.autoexposurelock.AutoExposureLockWidget
    android:id="@+id/widget_auto_exposure_lock"
    android:layout_width="@dimen/uxsdk_camera_bar_height"
    android:layout_height="@dimen/uxsdk_camera_bar_height"
    android:layout_marginEnd="8dp"
    android:padding="@dimen/uxsdk_camera_bar_padding"
    app:layout_constraintEnd_toEndOf="parent"
    app:layout_constraintTop_toBottomOf=
            "@+id/widget_remaining_flight_time"
    tools:ignore="TouchTargetSizeCheck" />
<!-- 相机控制功能条 -->
<dji.v5.ux.cameracore.widget.cameracontrols.CameraControlsWidget
    android:id="@+id/widget_camera_controls"
    android:layout_width="0dp"
    android:layout_height="0dp"
    app:layout_constraintBottom_toBottomOf="parent"
    app:layout_constraintDimensionRatio=
            "@string/uxsdk_widget_camera_controls_ratio"
    app:layout_constraintEnd_toEndOf="parent"
    app:layout_constraintHeight_percent="0.45"
    app:layout_constraintTop_toTopOf="parent"
    app:layout_constraintVertical_bias="0.45" />
<!-- 曝光设置面板 -->
<dji.v5.ux.cameracore.widget.cameracontrols.exposuresettings.ExposureSettingsPanel
    android:id="@+id/panel_camera_controls_exposure_settings"
    android:layout_width="180dp"
    android:layout_height="263dp"
    android:gravity="center"
    android:visibility="invisible"
    app:layout_constraintBottom_toBottomOf="parent"
    app:layout_constraintDimensionRatio=
            "@string/uxsdk_widget_camera_controls_ratio"
    app:layout_constraintEnd_toStartOf="@id/widget_camera_controls"
    app:layout_constraintTop_toTopOf="parent" />
<!-- 起飞按钮 -->
<dji.v5.ux.flight.takeoff.TakeOffWidget
    android:id="@+id/widget_take_off"
    android:layout_width="0dp"
    android:layout_height="0dp"
    android:layout_marginStart="12dp"
    android:layout_marginTop="125dp"
    android:layout_marginBottom="5dp"
    android:padding="3dp"
    app:layout_constraintBottom_toBottomOf="parent"
```

```xml
        app:layout_constraintDimensionRatio=
            "@string/uxsdk_widget_default_ratio"
        app:layout_constraintHeight_percent="0.1"
        app:layout_constraintStart_toStartOf="parent"
        app:layout_constraintTop_toTopOf="parent"
        app:layout_constraintVertical_bias="0.3"
        tools:ignore="SpeakableTextPresentCheck,TouchTargetSizeCheck" />
<!-- 返航按钮 -->
<dji.v5.ux.flight.returnhome.ReturnHomeWidget
        android:id="@+id/widget_return_to_home"
        android:layout_width="0dp"
        android:layout_height="0dp"
        android:layout_marginStart="12dp"
        android:layout_marginTop="5dp"
        android:layout_marginBottom="5dp"
        android:padding="3dp"
        app:layout_constraintBottom_toBottomOf="parent"
        app:layout_constraintDimensionRatio=
            "@string/uxsdk_widget_default_ratio"
        app:layout_constraintHeight_percent="0.1"
        app:layout_constraintStart_toStartOf="parent"
        app:layout_constraintTop_toBottomOf="@+id/widget_take_off"
        app:layout_constraintVertical_bias="0"
        tools:ignore="TouchTargetSizeCheck,SpeakableTextPresentCheck" />
<!-- 模拟器控制面板 -->
<dji.v5.ux.training.simulatorcontrol.SimulatorControlWidget
        android:id="@+id/widget_simulator_control"
        android:layout_width="330dp"
        android:layout_height="0dp"
        android:visibility="invisible"
        app:layout_constraintBottom_toBottomOf="parent"
        app:layout_constraintLeft_toLeftOf="parent"
        app:layout_constraintRight_toRightOf="parent"
        app:layout_constraintTop_toBottomOf="@+id/panel_top_bar" />
<!-- 飞行辅助功能（PFD） -->
<dji.v5.ux.core.widget.hsi.PrimaryFlightDisplayWidget
        android:id="@+id/widget_fpv_flight_display_widget"
        android:layout_width="0dp"
        android:layout_height="0dp"
        android:visibility="invisible"
        app:layout_constraintBottom_toBottomOf="parent"
        app:layout_constraintEnd_toEndOf="parent"
        app:layout_constraintStart_toStartOf="parent"
        app:layout_constraintTop_toTopOf="parent" />
<!-- 地图面板 -->
<dji.v5.ux.map.MapWidget
```

```xml
    android:id="@+id/widget_map"
    android:layout_width="@dimen/uxsdk_150_dp"
    android:layout_height="@dimen/uxsdk_100_dp"
    android:layout_marginEnd="12dp"
    android:layout_marginBottom="12dp"
    app:layout_constraintBottom_toBottomOf="parent"
    app:layout_constraintEnd_toEndOf="parent"
    app:uxsdk_djiMap_mapType="normal" />
<!-- 系统状态列表 -->
<dji.v5.ux.core.panel.systemstatus.SystemStatusListPanelWidget
    android:id="@+id/widget_panel_system_status_list"
    android:layout_width="0dp"
    android:layout_height="0dp"
    android:background="@color/uxsdk_black_70_percent"
    android:divider="@color/uxsdk_light_gray_900"
    android:dividerHeight="0.5dp"
    android:paddingStart="@dimen/uxsdk_spacing_normal"
    android:paddingLeft="@dimen/uxsdk_spacing_normal"
    android:paddingEnd="@dimen/uxsdk_spacing_normal"
    android:paddingRight="@dimen/uxsdk_spacing_normal"
    android:visibility="invisible"
    app:layout_constraintBottom_toBottomOf="parent"
    app:layout_constraintLeft_toLeftOf="parent"
    app:layout_constraintTop_toTopOf="parent"
    app:layout_constraintWidth_percent="0.95"
    app:uxsdk_titleBarBackgroundColor="@color/uxsdk_black" />
```

与官方提供的 UX SDK 应用界面不同，这里做出了一些简化，没有布置多光谱相机面板、云台微调面板、变焦调整条和镜头控制面板。如果开发者希望采用类似的界面，可以在官方的样例中寻求帮助，这里不再详细介绍。然后在 UXSDKActivity 代码文件中添加相关的对象变量，代码如下：

```kotlin
// 顶栏面板
private lateinit var topBarPanel: TopBarPanelWidget
// 模拟器控制面板
private lateinit var simulatorControlWidget: SimulatorControlWidget
// 曝光锁定（AE）
private lateinit var autoExposureLockWidget: AutoExposureLockWidget
// 相机控制面板
private lateinit var cameraControlsWidget: CameraControlsWidget
// 导航信息模块
private lateinit var horizontalSituationIndicatorWidget:HorizontalSituationIndicatorWidget
// 曝光设置面板
private lateinit var exposureSettingsPanel: ExposureSettingsPanel
// 飞行辅助功能（FPD）
```

```
private lateinit var pfdFlightDisplayWidget: PrimaryFlightDisplayWidget
// 可见光相机面板
private lateinit var visualCameraPanel: CameraVisiblePanelWidget
// 设置面板
private lateinit var settingWidget: SettingWidget
// 地图面板
private lateinit var mapWidget: MapWidget
// 系统状态列表面板
private lateinit var systemStatusListPanelWidget:
SystemStatusListPanelWidget
```

在 onCreate 生命周期函数中,获取这些对象并将其设置到相对应的成员变量中,代码如下:

```
topBarPanel = findViewById(R.id.panel_top_bar)
settingWidget = topBarPanel.settingWidget!!
systemStatusListPanelWidget = findViewById(R.id.widget_panel_system_status_
list)
simulatorControlWidget = findViewById(R.id.widget_simulator_control)
visualCameraPanel = findViewById(R.id.panel_visual_camera)
autoExposureLockWidget = findViewById(R.id.widget_auto_exposure_lock)
exposureSettingsPanel = findViewById(R.id.panel_camera_controls_exposure_
settings)
pfdFlightDisplayWidget = findViewById(R.id.widget_fpv_flight_display_widget)
cameraControlsWidget = findViewById(R.id.widget_camera_controls)
horizontalSituationIndicatorWidget =
    findViewById(R.id.widget_horizontal_situation_indicator)
mapWidget = findViewById(R.id.widget_map)
```

为了能够顺利打开和关闭各个面板,还需要对常用的按钮设置监听器,并将曝光设置面板关联到相机控制部件的曝光设置按钮上,代码如下:

```
// 单击顶栏的设置按钮,打开设置面板
if (settingWidget != null) {
    settingWidget.setOnClickListener {
        mDrawerLayout.openDrawer(GravityCompat.END)
    }
}
// 系统状态列表面板的关闭
systemStatusListPanelWidget.closeButtonPressed().subscribe {
    systemStatusListPanelWidget.hide()
}
// 系统状态列表面板的打开
topBarPanel.systemStatusWidget?.setOnClickListener {
    systemStatusListPanelWidget.toggleVisibility()
}
// 虚拟机设置面板的打开
```

```
topBarPanel.simulatorIndicatorWidget?.setOnClickListener {
    simulatorControlWidget.toggleVisibility()
}
// 将曝光设置面板关联到相机控制部件的曝光设置按钮上
cameraControlsWidget.exposureSettingsIndicatorWidget
    .setStateChangeResourceId(
        R.id.panel_camera_controls_exposure_settings)
```

当用户单击返回按钮时，判断当前设置面板是否正在呈现给用户。如果正在显示设置面板，则关闭设置面板；否则退出当前 Activity，代码如下：

```
onBackPressedDispatcher.addCallback(object : OnBackPressedCallback(true) {
    override fun handleOnBackPressed() {
        if (mDrawerLayout.isDrawerOpen(GravityCompat.END)) {
            mDrawerLayout.closeDrawers()
        } else {
            finish()
        }
    }
})
```

此时，即完成了常用的 UX SDK 部件的组装。编译并运行程序，即可显示如图 4-14 所示的界面。可以发现，只需要简单的代码即可实现 UX SDK 部件的组装，不仅适合初学者学习，而且也能够帮助行业开发者迅速搭建飞行界面。

4.3 本章小结

本章介绍了 UX SDK 的基本用法，并组装 UX SDK 部件形成了基本的飞行界面。细心的读者可以发现，不同的 UX SDK 部件拥有不同的属性和控制方法。这些相关概念将在后文中详细介绍。从下一章开始，将会针对不同的模块和不同的场景介绍 MSDK 中重要的概念和用法。

4.4 习题

1. 将 UX SDK 导入现有的工程中。
2. 运行 UX SDK 飞行界面。
3. 组装 UX SDK 部件，形成自定义飞行界面。

第 5 章　无人机基本飞行控制

　　键值管理器（KeyManager）是以键值对的方式获取无人机信息、设置参数和传递控制指令的工具，可以实现绝大多数的无人机操控功能。键值管理器可以实现一般飞行中所需要关注的重要飞行参数、飞行状态以及飞行指令，特别是飞行控制器的控制方法。飞行控制器（Flight Controller）是无人机的核心部件，是实现无人机基本飞行控制的重要部件。优秀的飞行控制器可以保证整个机体的平稳飞行，也可以保证在突发情况下能够自动妥善处理危险状况。

　　本章将首先介绍通过键值管理器控制无人机的基本飞行以及设置参数、监控状态的基本方法，然后介绍模拟飞行和虚拟摇杆的概念与基本实现，核心知识点如下：
- 键值管理器
- 常用的飞行参数和飞行状态
- 起飞和降落
- 模拟飞行
- 虚拟摇杆

5.1　键值管理器

　　MSDK V4 及以前的版本采用面向对象编程思想（OOP）将无人机的飞行控制器、云台相机等各个部件抽象为 FlightController、Camera 等不同的类；开发者可以通过这些类对各个部件进行操控。但是 MSDK V5 抛弃了典型的 OOP 思想，而是采用键值观察（Key-Value Observing，KVO）设计模式对无人机的各个部件进行操控，通过键值管理器（KeyManager）对独立的信息进行获取、设置和监听操作。

　　实际上，MSDK V4 中的 FlightController、Camera、Gimbal 等类就是对键值管理器操作的封装，只不过 MSDK V5 中取消了这些类，而是采用最为原始的程序接口。更小的程序粒度，更精准的控制方式，不仅可以让开发更加高效便捷，提升应用程序的稳定性，而且与 PSDK 传输控制指令和消息订阅的基本方式相匹配，形成统一的开发范式。键值管理器具有以下几个方面的特征。

　　（1）最小程序粒度：在键值管理器中，获取、设置和监听无人机信息需要依赖不同的键（DJIKey），而每一个键对应于特定的参数或信息。对于开发者来说，只需要关注所需要的参数或信息，并找到对应的键即可通过几行代码轻松实现信息的获取或设置功能。在程序的不同位置，还可以为同一个键设置多个监听器，但代码之间是相互隔离、互不影响的。

　　（2）缓存机制屏蔽用户对链路的影响（见图 5-1）：键值管理器通过内部的缓存机制将所

有的状态信息保存在内存当中。这些状态信息的更新频率是 MSDK 自行确定的。当用户需要获取状态值时，只需要访问相应的缓存数据即可，而不需要直接请求无人机访问数据，实现了无人机到 MSDK 应用程序以及 MSDK 应用程序到用户之间的隔离，减少了不必要的信息传递，能够保证链路数据的高效性和稳定性。

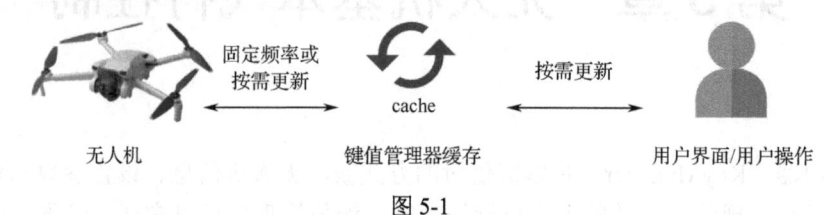

图 5-1

5.1.1 键值管理器的相关概念

键值管理器可以实现设置参数、获取或监听状态和执行动作等功能，如图 5-2 所示。这些功能对应于键值管理器的 4 个基本函数：获取状态（get）、设置参数（set）、监听状态（listen）和执行动作（action）。

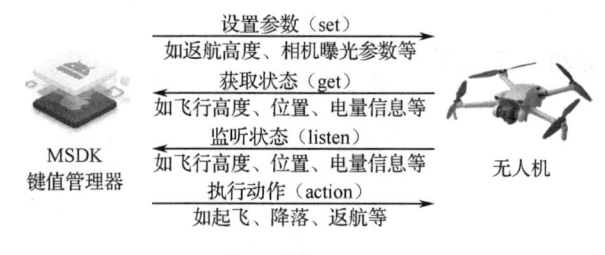

图 5-2

本小节将介绍键值管理器的基本用法和相关的概念。键值管理器通过键（DJIKey）获得状态信息以及传输指令，其具体的操作流程如下所述。

（1）创建键信息（DJIKeyInfo）对象。

（2）通过键工具（KeyTools）创建键（DJIKey）对象。

（3）通过键值管理器（KeyManager）的 get/set 函数获取状态/设置参数；通过键值管理器的 action 函数执行指令；通过键值管理器的 listen 函数监听状态信息。

1. 创建键信息（DJIKeyInfo）对象

键信息类（DJIKeyInfo）是一种泛型 DJIKeyInfo< ParamType >，其泛型参数 ParamType 表示设置、获取、监听参数、执行动作的具体类型。例如，表示飞行高度的键信息 KeyAltitude 类型为 DJIKeyInfo<Double>；表示飞行模式的键信息 KeyFlightMode 类型为 DJIKeyInfo<FlightMode>等。

键动作信息类（DJIActionKeyInfo）是键信息类的子类，同样也是一种泛型 DJIActionKeyInfo <ParamType, ResultType>（见图 5-3），其定义如下：

```
public class DJIActionKeyInfo<ParamType, ResultType>
        extends DJIKeyInfo<ParamType>
```

键信息类
DJIKeyInfo<ParamType>   参数类型

键动作信息类
DJIActionKeyInfo<ParamType, ResultType>   结果类型

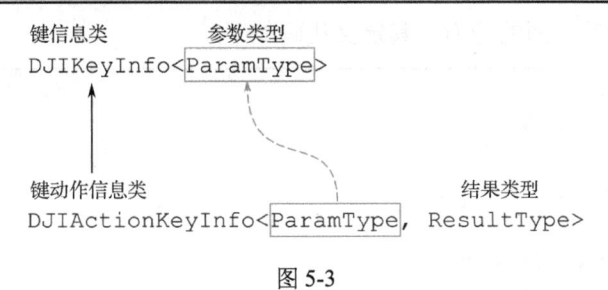

图 5-3

其中，第一个参数 ParamType 与键信息类的 ParamType 参数含义相同，是执行动作时需要传入的具体参数类型；第二个参数 ResultType 表示动作结束后返回结果的类型，用于动作执行成功回调时返回具体的结果。

按照无人机系统的组成，键信息类被封装为 7 个不同的类，包括 ProductKey、AirLinkKey、CameraKey、GimbalKey 等，如表 5-1 所示。

表 5-1 键信息类的封装类

类 型	描 述
ProductKey	硬件产品信息，主要用于获取无人机的类型、连接状态和固件版本
AirLinkKey	图传信息，主要用于获取和设置图传的工作频段、信道模式、信号状态和带宽等信息
CameraKey	相机信息，主要用于获取和设置相机参数，以及实现相机的拍照、录像等功能
GimbalKey	云台信息，主要用于获取云台模式，并实现云台重置、校准、微调等操作
FlightControllerKey	飞行控制器信息，主要用于获取无人机的基本姿态信息、位置信息等，并实现起飞、降落、返航的功能
RemoteControllerKey	遥控器信息，主要用于获取遥控器电量、控制模式等信息，实现对各个物理按键的监听，以及对频、重启等操作
BatteryKey	电池信息，主要用于获取电池电量、电压、电流、充放次数等基本信息，实现自放电有关参数的设置

键信息类（键动作信息类）以属性的方式存于这些封装类中，并且名称均以 Key 开头。例如，无人机的连接状态、图传码率等相关信息的键信息类的代码如下：

```
// 无人机的连接状态
ProductKey.KeyConnection
// 图传码率
AirLinkKey.KeyDynamicDataRate
// 相机模式
CameraKey.KeyCameraMode
// 电池剩余电量
BatteryKey.KeyChargeRemainingInPercent
```

注意：开发者可以通过查阅 API Reference 或者通过 getKeyList 函数获取键信息类列表（返回类型为 List<DJIKeyInfo<?>>），了解各类键信息类的基本信息。

键信息类并不承载数据,也不直接用于获取信息和执行指令,仅用于承载键的基本信息,创建对应的键。例如,可以通过键信息类的 canListen、canPerformAction 等属性判断是否具有对应的监听、执行等方面的能力,其定义代码如下:

```
// 是否可以获取信息
protected boolean canGet;
// 是否可以设置参数
protected boolean canSet;
// 是否可以监听信息
protected boolean canListen;
// 是否可以执行动作
protected boolean canPerformAction;
```

2. 通过键工具类(KeyTools)创建键(DJIKey)对象

与键信息类类似,键类(DJIKey)和键动作类(DJIKey.ActionKey)同样是泛型类型,其定义如下:

```
// 键类
public class DJIKey<ParamType> {
  …
  // 键动作类
  public static class ActionKey<ParamType, ResultType> extends DJIKey<T>
  …
}
```

注意:可以发现,键动作类不仅是键类的子类,而且是键类的内部类。

键类和键信息类是一一对应的。同样,键动作类和键动作信息类也是一一对应的。通过键工具类(KeyTools)可以创建键(DJIKey)实例,其常用的函数如下:

```
// 创建与云台负载和相机无关的 Key 实例
createKey(DJIKeyInfo<T> mKeyInfo)
// 创建与云台负载相关的 Key 实例
createKey(DJIKeyInfo<T> mKeyInfo, ComponentIndexType componentIndexType)
// 创建与相机相关的 Key 实例
createCameraKey(DJIKeyInfo<T> mKeyInfo,
          ComponentIndexType componentIndexType,
          CameraLensType cameraLensType)
// 默认方法(不常用)
createKey(DJIKeyInfo<T> mKeyInfo, int componentIndex)
createKey(DJIKeyInfo<T> mKeyInfo, int productId,
      int componentIndex, int subComponentType,
      int subComponentIndex)
```

这些函数均需要键信息类(DJIKeyInfo)作为参数,并且返回类型均为 DJIKey。创建键动作类时,上述 createKey 和 createCameraKey 函数还拥有一套以 DJIActionKeyInfo 类作为参数的函数版本。这些函数所涉及的其他参数的解释说明如下。
- productId：设备 ID。在注册应用程序时 onProductConnect 回调函数返回的设备标识，默认为 0。
- componentIndex（componentIndexType）：云台负载位置，由 ComponentIndexType 枚举类型定义，包括主云台或左侧云台（LEFT_OR_MAIN）、右侧云台（RIGHT）、上方云台（UP）和 FPV 位置（FPV）。
- subComponentType（cameraLensType）：相机镜头类型，由 CameraLensType 枚举类型定义，如表 5-2 所示。
- subComponentIndex：预留参数，暂无用途，可以传入任意值。

表 5-2 相机镜头类型 CameraLensType

类 型	描 述
CAMERA_LENS_DEFAULT	默认镜头
CAMERA_LENS_ZOOM	变焦镜头
CAMERA_LENS_WIDE	广角镜头
CAMERA_LENS_THERMAL	热红外镜头
CAMERA_LENS_RGB	多光谱 RGB（可见光）
CAMERA_LENS_MS_NDVI	多光谱 NDVI（归一化植被指数）
CAMERA_LENS_MS_G	多光谱 G 波段（绿波段）
CAMERA_LENS_MS_R	多光谱 R 波段（红波段）
CAMERA_LENS_MS_RE	多光谱 RE 波段（红边波段）
CAMERA_LENS_MS_NIR	多光谱 NIR 波段（近红外波段）

对于多光谱相机，各个波段的显示效果如图 5-4 所示。

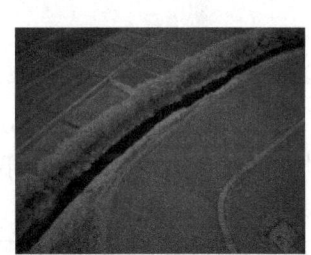

图 5-4

例如，通过 KeyTools 创建返航点键对象的代码如下：

```
val key = KeyTools.createKey(FlightControllerKey.KeyHomeLocation)
```

键类（DJIKey）与键信息类（DJIKeyInfo）类似，也可以通过 canGet、canSet、canListen、canPerformAction 属性判断其基本能力。

3. 键值管理器（KeyManager）的基本用法

键值管理器（KeyManager）可以获取、设置、监听和执行键对象（DJIKey）所定义的信息、参数或动作，其常用函数如表 5-3 所示。

表 5-3 键值管理器的常用函数

函数	描述
getValue	获取 Value 值（当前无人机状态或者参数值）
setValue	设置 Value 值（设置参数）
listen	监听 Value 值（监听无人机状态或者参数值）
cancelListen	取消监听 Value 值
performAction	执行飞行动作

与其他类型的管理器类似，键值管理器也是一个单例类，需要通过 getInstance 函数获取其实例。随后，即可通过该实例的常用函数（见表 5-3）对具体的键做出处理，典型用法如下：

```
KeyManager.getInstance().listen(
    KeyTools.createKey(FlightControllerKey.KeyConnection),   // 键
    this,                                                     // 上下文对象
    CommonCallbacks.KeyListener { t, t1 ->                    // 监听器
    …
})
```

在上述代码中，使用 CommonCallbacks 的 KeyListener 对连接键（KeyConnection）进行监听，包括 2 个参数。其中，第 1 个参数 t 表示旧值，第 2 个参数 t1 表示新值。监听器 KeyListener 的定义如下：

```
public interface KeyListener<T> {
    void onValueChange(@Nullable T var1, @Nullable T var2);
}
```

除可以用 Kotlin 基本数据类型表达信息外，许多参数类型都是 DJIValue。这些类型可以是枚举类型（Enum），也可以是类（Class），并且通常都以 Mode、Type、Range 或 Status 结尾。另外，对于执行飞行动作以及部分用于获取无人机状态的键（Key），其参数可能为空。此时则需要使用 EmptyMsg 类型（空消息类型），它可以在不需要参数或者返回结果时使用。

注意：EmptyMsg 类型继承于 DJIValue。

4. 键值管理器的简化用法

针对实际需求，MSDK 对键值管理器进行了简化和封装，包括对键创建方式的简化和对键操作的简化。

1) 对键创建方式的简化

dji.v5.et 包中定义了用于创建键的 create 函数和 createCamera 函数，分别对应于键工具类（KeyTools）的 createKey 函数和 createCameraKey 函数。例如，设备类型键的创建方法可以简化如下：

```
ProductKey.KeyProductType.create()
```

该语句等价于：

```
KeyTools.createKey(ProductKey.KeyProductType)
```

2) 对键操作的简化

dji.v5.et 包中定义了直接将键对象（DJIKey）用于获取、设置、监听和执行的函数，对键值管理器的 getValue、setValue 函数等进行了封装，如表 5-4 所示。

表 5-4 对键操作的简化

函　　数	键值管理器函数	描　　述
get	getValue	获取 Value 值
set	setValue	设置 Value 值
listen	listen	监听 Value 值
cancelListen	cancelListen	取消监听 Value 值
action	performAction	执行飞行动作

例如，对设备对象进行监听的代码可以简化如下：

```
ProductKey.KeyProductType.create().listen(this) {
  ...
}
```

通过以上简化，不再需要键工具类（KeyTools）和键值管理器（KeyManager）的参与，直接通过键信息类和键对应的函数即可完成信息获取、监听和动作执行功能。在后文中，将会统一采用此类方法完成各类功能。

5.1.2 监听飞行状态

无论是在无人机起飞前，还是在无人机飞行过程中，用户都需要时刻了解无人机的基本信息，包括飞行模式、遥控器和无人机的电量信息，以及无人机的位置、距离和速度等信息。本小节设计了飞行控制界面（FlightControlActivity），如图 5-5 所示。

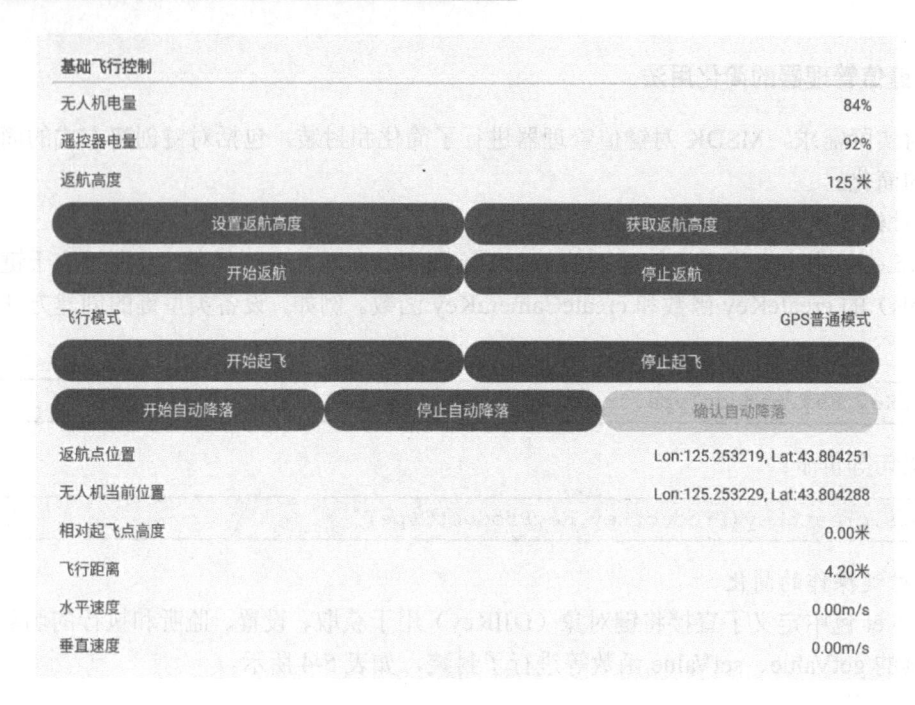

基础飞行控制	
无人机电量	84%
遥控器电量	92%
返航高度	125 米
设置返航高度	获取返航高度
开始返航	停止返航
飞行模式	GPS 普通模式
开始起飞	停止起飞
开始自动降落	停止自动降落	确认自动降落
返航点位置	Lon:125.253219, Lat:43.804251
无人机当前位置	Lon:125.253229, Lat:43.804288
相对起飞点高度	0.00 米
飞行距离	4.20 米
水平速度	0.00m/s
垂直速度	0.00m/s

图 5-5

本小节将介绍如何通过键值管理器监听飞行模式、电量信息和各项飞行状态，详细介绍键值管理器的 get 和 listen 函数。

1. 飞行模式

飞行模式通过飞行模式键（KeyFlightMode）获取。在 FlightControlActivity 入口位置（如 onCreate 生命周期函数）处对飞行模式进行监听，并将结果显示出来，代码如下：

```
// 创建飞行模式键
val keyFlightMode = FlightControllerKey.KeyFlightMode.create()
// 判断是否可以监听
if (keyFlightMode.canListen()) {
    // 监听飞行模式键
    keyFlightMode.listen(this@FlightControlActivity, false, onChange = {
        // 显示飞行模式
        it?.let { showFligthMode(it) }
    })
}
```

其中，实现显示飞行模式的代码如下：

```
// 将 FlightMode 对象转换为字符串，并显示在界面上
fun showFligthMode(flightMode: FlightMode) {
    runOnUiThread {
        tvFlightMode.text = when (flightMode) {
            FlightMode.MANUAL-> "手动模式"
```

```
            FlightMode.ATTI-> "姿态模式"
            FlightMode.GPS_NORMAL-> "GPS 普通模式"
            FlightMode.GPS_SPORT-> "GPS 运动模式"
            FlightMode.GPS_TRIPOD-> "GPS 稳定模式"
            FlightMode.GPS_NOVICE-> "新手模式"

            FlightMode.MOTOR_START-> "电机启动"
            FlightMode.TAKE_OFF_READY-> "起飞准备完毕"
            FlightMode.AUTO_TAKE_OFF-> "自动起飞"
            FlightMode.GO_HOME-> "返航"
            FlightMode.AUTO_LANDING-> "自动降落"
            FlightMode.FORCE_LANDING-> "强制降落"
            FlightMode.ATTI_LANDING-> "姿态降落"

            FlightMode.POI-> "兴趣点环绕"
            FlightMode.WAYPOINT-> "航点飞行"
            FlightMode.APAS-> "高级辅助飞行"
            FlightMode.AUTO_AVOIDANCE-> "自动避障"
            FlightMode.VIRTUAL_STICK-> "虚拟摇杆"

            FlightMode.SMART_FLIGHT-> "智能飞行"
            FlightMode.FOLLOW_ME-> "焦点跟随"
            FlightMode.PANO-> "全景模式"
            FlightMode.TAP_FLY-> "TapFly 模式"
            FlightMode.MASTER_SHOT-> "大师镜头"
            FlightMode.TIME_LAPSE-> "延时摄影"

            FlightMode.UNKNOWN-> "未知"
            else -> "其他模式"
        }
    }
}
```

对于飞行模式键的监听，还可以通过 Kotlin 的 apply 作用域函数进行简化，代码如下：

```
// 监听飞行模式
FlightControllerKey.KeyFlightMode.create().apply {
    if (canListen()) {
        listen(this@FlightControlActivity, false, onChange = {
            it?.let { showFligthMode(it) }
        })
    }
}
```

监听函数包括 3 个参数：第 1 个参数表示监听器持有者（Holder），可以是当前 Activity 对象；第 2 个参数表示是否仅监听 1 次变化，false 参数值表示长期监听，true 参数值表示仅监听 1 次变化；第 3 个参数表示监听回调 onChange 函数，其返回的参数值 it 表示变化的值。

编译并运行程序，如果飞行模式没有发生变化，界面中将不会显示当前的飞行模式。这是因为当飞行模式没有发生变化时，上述监听函数并不会回调，也不会做出界面更新。因此，在监听飞行模式之前，可以通过 get 函数获取最新的值，并更新到界面中，代码如下：

```
FlightControllerKey.KeyFlightMode.create().apply {
    // 获取最新的飞行模式
    if (canGet()){
        showFligthMode(get()!!)
    }
    // 监听飞行模式
    if (canListen()) {
        listen(this@FlightControlActivity, false, onChange = {
            it?.let { showFligthMode(it) }
        })
    }
}
```

函数 get 包括 3 个重构函数，如下所示。

- get()：获取当前值，并返回 Result?结果。
- get(defaultValue: Result)：获取当前值，如果无法正常获取值，则返回 defaultValue 结果。因此，该函数的返回类型是 Result。
- get(onSuccess: ((Result?) -> kotlin.Unit)? = COMPILED_CODE, onFailure: ((dji.v5.common.error.IDJIError) -> kotlin.Unit)? = COMPILED_CODE)：获取当前值，并通过 onSuccess 和 onFailure 回调函数获取返回结果。

再次编译运行程序，以 Mini 3 为例切换遥控器中央的飞行模式按钮，此时飞行模式显示文本将会在"GPS 稳定模式""GPS 普通模式""GPS 运动模式"之间切换。

2. 遥控器和无人机的电量信息

遥控器和无人机的电量信息也是非常重要的信息。无人机的电量信息通过 BatteryKey 的 KeyChargeRemainingInPercent 键获取；遥控器的电量信息通过 RemoteControllerKey 的 KeyBatteryInfo 键获取。获取遥控器和无人机的电量信息，并实时更新文本的代码如下：

```
// 获取剩余电量（百分比）
BatteryKey.KeyChargeRemainingInPercent.create().apply {
    if (canGet()) {
        runOnUiThread {
            tvProductBatteryRemaining.text = "${get()} 米"
        }
    }
    if (canListen()) {
        listen(this@FlightControlActivity, false, onChange = {
            runOnUiThread {
                tvProductBatteryRemaining.text = "${it}%"
            }
```

```
        })
    }
}
// 获取遥控器电量信息
RemoteControllerKey.KeyBatteryInfo.create().apply {
    if (canGet()) {
    runOnUiThread {
        tvRCBatteryRemaining.text = "${get()?.batteryPercent}%"
    }
}
    if (canListen()) {
        listen(this@FlightControlActivity, false, onChange = {
            runOnUiThread {
                tvRCBatteryRemaining.text = "${it?.batteryPercent}%"
            }
        })
    }
}
```

3. 无人机位置、高度、距离、速度等信息

下文将详细介绍无人机的位置、高度、距离、速度等信息的获取和监听方法。

1) 无人机的位置和高度

通过 FlightControllerKey 的 KeyAircraftLocation3D 键即可获取无人机的经纬度位置和高度信息，其返回类型为 LocationCoordinate3D，定义如下：

```
public class LocationCoordinate3D
        implements DJIValue,
                JNIProguardKeepTag,
                ByteStream {
    Double latitude;        // 纬度
    Double longitude;       // 经度
    Double altitude;        // 高度
    ...
}
```

获取当前的无人机位置和高度信息，并更新相应的文本，代码如下：

```
// 无人机位置
FlightControllerKey.KeyAircraftLocation3D.create().apply {
    if (canListen()) {
        listen(this@FlightControlActivity, false, onChange = {
            runOnUiThread {
                it?.let {
                    findViewById<TextView>(R.id.tv_location).text =
                        "Lon:%.6f, Lat:%.6f"
```

```
                .format(it.longitude, it.latitude)
            findViewById<TextView >(R.id.tv_alt_height).text =
                "%.2f米".format(it.altitude)
        }
    }
    })
}
```

2)无人机的距离

无人机的距离可以通过无人机的当前位置和无人机的返航点位置之间的关系计算得出。无人机返航点的位置可以通过 FlightControllerKey 的 KeyHomeLocation 键获取。定义返航点位置的成员属性,代码如下:

```
// 返航点位置
private var homeLocaiton : LocationCoordinate2D
    = LocationCoordinate2D(-1.0, -1.0)
```

LocationCoordinate2D 类型的定义如下:

```
public class LocationCoordinate2D
        implements DJIValue,
                JNIProguardKeepTag,
                ByteStream {
    Double latitude;     // 维度
    Double longitude;    // 经度
    ...
}
```

注意:LocationCoordinate2D 和 LocationCoordinate3D 类型是 MSDK 中常用的位置信息类型,经常用于表达无人机、遥控器以及其他设备的位置信息。

通过 KeyHomeLocation 更新返航点位置,更新到界面文本并赋值给 homeLocaiton 变量,代码如下:

```
// 返航点位置
FlightControllerKey.KeyHomeLocation.create().apply {
    if (canGet()) {
        homeLocaiton = get()!!
        runOnUiThread {
            findViewById<TextView>(R.id.tv_home_location).text =
                "Lon:%.6f, Lat:%.6f".format(get()?.longitude, get()?.latitude)
        }
    }
    if (canListen()) {
        listen(this@FlightControlActivity, false, onChange = {
            homeLocaiton = it!!
```

```
        runOnUiThread {
            it?.let {
                findViewById<TextView>(R.id.tv_home_location).text =
                    "Lon:%.6f, Lat:%.6f".format(it.longitude, it.latitude)
            }
        }
    })
}
```

返航点位置和无人机的当前位置均为经纬度坐标。计算距离时需要进行投影计算。通过 MSDK 提供的 LocationUtil 的 distanceBetween 函数即可快速计算距离，其函数定义如下：

```
public static float distanceBetween(
    double p1_latitude,    // 位置 1 纬度
    double p1_longitude,   // 位置 1 经度
    double p2_latitude,    // 位置 2 纬度
    double p2_longitude)   // 位置 2 经度
```

为了计算无人机距返航点的距离，可以在更新无人机位置的同时更新距离，代码如下：

```
FlightControllerKey.KeyAircraftLocation3D.create().apply {
    if (canListen()) {
        listen(this@FlightControlActivity, false, onChange = {
            runOnUiThread {
                it?.let {
                    …
                    val distance = LocationUtil.distanceBetween(
                        homeLocaiton.latitude, homeLocaiton.longitude,
                        it.latitude, it.longitude)
                    findViewById<TextView >(R.id.tv_distance).text =
                        "%.2f 米".format(distance)
                }
            }
        })
    }
}
```

关于距离计算的详细用法，可以参考 UX SDK 中 dji.v5.ux.core.widget.distancehome 包的 DistanceHomeWidgetModel.kt 代码文件。

3）无人机的速度

无人机的速度可以通过 FlightControllerKey 的 KeyAircraftVelocity 键获取，其返回类型为 Velocity3D。Velocity3D 包括 x、y 和 z 共 3 个属性，分别代表在 3 个方向上的速度。对于垂直速度来说，只需要读取其 z 属性即可；水平速度是 x 方向和 y 方向上速度的矢量和。将无人机的垂直速度和水平速度更新到界面中的代码如下：

```
// 飞行速度
```

```
FlightControllerKey.KeyAircraftVelocity.create().apply {
    if (canListen()) {
        listen(this@FlightControlActivity, false, onChange = {
            runOnUiThread {
                it?.let {
                    tvHSpeed.text =
                        "%.2fm/s".format(sqrt(it.x * it.x + it.y * it.y))
                    tvVSpeed.text =
                        "%.2fm/s".format(it.z)
                }
            }
        })
    }
}
```

对于其他类型的飞行状态，也可以使用类似的方法完成，这里不再详细赘述。

5.1.3 设置飞行参数

本小节以返航高度为例，介绍飞行参数的设置方法，以及键值管理器的 set 函数的基本用法。返航高度可以通过 FlightControllerKey 的 KeyGoHomeHeight 键获取、设置和监听。首先，需要获取当前的返航高度，代码如下：

```
// 返航高度
FlightControllerKey.KeyGoHomeHeight.create().apply {
    if (canGet()) {
        runOnUiThread {
            tvGoHomeHeight.text = "${get()} 米"
        }
    }
    if (canListen()) {
        listen(this@FlightControlActivity, false, onChange = {
            Log.i(TAG, "返航高度: ${it}")
            runOnUiThread {
                tvGoHomeHeight.text = "${it} 米"
            }
        })
    }
}
```

为【获取返航高度】按钮设置单击监听器，获取返航高度并输出到 Logcat 中，代码如下：

```
// 【获取返航高度】单击监听器
findViewById<Button>(R.id.btn_get_gohome_height).setOnClickListener {
    FlightControllerKey.KeyGoHomeHeight.create().apply {
        if (canGet()) {
            showToast("获取返航高度: ${get()} 米")
```

            }
        }
}
```

通过 KeyGoHomeHeight 的 set 函数即可实现返航高度的设置,其定义如下:

```
set(param: Param,
    onSuccess: (() -> kotlin.Unit)? = COMPILED_CODE,
    onFailure: ((dji.v5.common.error.IDJIError) -> kotlin.Unit)?
                                  = COMPILED_CODE):
```

其中,参数 param 表示设置参数(如返航高度值);参数 onSuccess 和 onFailure 分别为设置操作成功、失败后的回调函数。为【设置返航高度】按钮设置单击监听器,弹出对话框输入整型值后通过 set 函数设置返航高度,代码如下:

```
// 【设置返航高度】按钮单击监听器
findViewById<Button>(R.id.btn_set_gohome_height).setOnClickListener {
    // 返航高度设置文本框
    val editText = EditText(this)
    editText.setInputType(InputType.TYPE_CLASS_NUMBER) // 只能输入纯数字
    // 弹出设置返航高度对话框
    AlertDialog.Builder(this)
        .setTitle("请输入返航高度 (m)")
        .setView(editText)
        .setPositiveButton("确定") { dialog, which ->
            // 获取返航高度设置
            val height = editText.getText().toString().toInt()
            FlightControllerKey.KeyGoHomeHeight.create().apply {
                if (canSet()) {
                    set(height, onSuccess = {
                        Log.i(TAG, "返航高度设置成功: ${height}米")
                        showToast("返航高度设置成功: ${height}米")
                    }, onFailure = {
                        Log.i(TAG, "返航高度设置失败: ${it.description()}")
                        showToast("返航高度设置失败: ${it.description()}")
                    })
                }
            }
        }
        .setNegativeButton("取消", null)
        .show()
}
```

编译并运行程序,单击【设置返航高度】按钮,弹出如图 5-6 所示的对话框。输入具体的高度值后单击【确定】按钮,即可在返航高度文本框中显示最新设置的返航高度值。
```

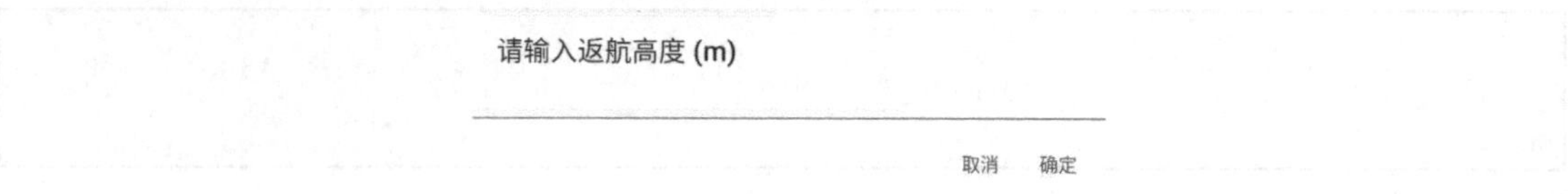

请输入返航高度(m)
_____

取消　确定

图 5-6

5.1.4 起飞、降落和返航

本小节以执行无人机的起飞、降落和返航动作为例,介绍键值管理器的 action 函数的基本用法。

1) 起飞和停止起飞

通过 FlightControllerKey 的 KeyStartTakeoff 和 KeyStopTakeoff 键即可实现无人机的起飞和停止起飞,需要用到动作键的 action 函数,其定义如下:

```
action(
   param: Param,
   onSuccess: ((Result) -> kotlin.Unit)? = COMPILED_CODE,
   onFailure: ((dji.v5.common.error.IDJIError) -> kotlin.Unit)? =
COMPILED_CODE)
```

与 set 函数类似,参数 param 表示设置参数,参数 onSuccess 和 onFailure 分别为动作执行成功、失败后的回调函数。

为【开始起飞】、【停止起飞】按钮设置单击监听器,代码如下:

```
// 【开始起飞】按钮单击监听器
findViewById<Button>(R.id.btn_start_takeoff).setOnClickListener {
    FlightControllerKey.KeyStartTakeoff.create().apply {
        if (canPerformAction()) {
            action(onSuccess = {
                showToast("开始起飞成功!")
            }, onFailure = {
                showToast("开始起飞失败: ${it.description()}")
            })
        }
    }
}

// 【停止起飞】按钮单击监听器
findViewById<Button>(R.id.btn_stop_takeoff).setOnClickListener {
    FlightControllerKey.KeyStopTakeoff.create().apply {
        if (canPerformAction()) {
            action(onSuccess = {
                showToast("停止起飞成功!")
            }, onFailure = {
                showToast("停止起飞失败: ${it.description()}")
```

```
            })
        }
    }
}
```

编译并运行程序,即可通过这两个按钮实现无人机的起飞和降落(建议在虚拟机中测试)。需要注意的是,当无人机的电机解锁后不支持自动起飞动作。

2)降落、停止降落和确认降落

降落、停止降落的操作实现与起飞、停止起飞类似,为【开始自动降落】、【停止自动降落】按钮设置单击监听器,代码如下:

```
// 【开始自动降落】按钮单击监听器
findViewById<Button>(R.id.btn_start_landing).setOnClickListener {
    FlightControllerKey.KeyStartAutoLanding.create().apply {
        if (canPerformAction()) {
            action(onSuccess = {
                showToast("开始自动降落成功!")
            }, onFailure = {
                showToast("开始自动降落失败: ${it.description()}")
            })
        }
    }
}

// 【停止自动降落】按钮单击监听器
findViewById<Button>(R.id.btn_stop_landing).setOnClickListener {
    FlightControllerKey.KeyStopAutoLanding.create().apply {
        if (canPerformAction()) {
            action(onSuccess = {
                showToast("停止自动降落成功!")
            }, onFailure = {
                showToast("停止自动降落失败: ${it.description()}")
            })
        }
    }
}
```

当无人机降落至接近地面时,如果下方避障系统检测到不适合降落的环境,则需要用户进行确认。在程序中,可以通过 FlightControllerKey 的 KeyIsLandingConfirmationNeeded 键判断是否需要降落确认。例如,可以通过该键来设置【确认自动降落】按钮的可用性,代码如下:

```
// 是否需要降落确认
FlightControllerKey.KeyIsLandingConfirmationNeeded.create().apply {
    if (canListen()) {
        listen(this@FlightControlActivity, false, onChange = {
```

```
            runOnUiThread {
                it?.let {
                    findViewById<Button>(R.id.btn_confirm_landing)
                                        .isEnabled = it
                }
            }
        })
    }
}
```

当不需要降落确认时,【确认自动降落】按钮为灰色且处于不可用状态;当需要降落确认时,该按钮可以被用户单击。为【确认自动降落】按钮设置单击监听器,代码如下:

```
// 【确认自动降落】按钮单击监听器
findViewById<Button>(R.id.btn_confirm_landing).setOnClickListener {
    FlightControllerKey.KeyConfirmLanding.create().apply {
        if (canPerformAction()) {
            action(onSuccess = {
                showToast("确认自动降落成功!")
            }, onFailure = {
                showToast("确认自动降落失败: ${it.description()}")
            })
        }
    }
}
```

编译并运行程序,可在虚拟机中调试降落功能。当无人机在空中的情况下,单击【开始自动降落】按钮后,无人机开始降落,遥控器会发出"滴~滴~"的提示音。单击【停止自动降落】按钮后,降落操作会立即停止,遥控器提示音消失。

3)返航和停止返航

为【开始返航】、【停止返航】按钮设置单击监听器,代码如下:

```
// 【开始返航】按钮单击监听器
findViewById<Button>(R.id.btn_start_gohome).setOnClickListener {
    FlightControllerKey.KeyStartGoHome.create().apply {
        if (canPerformAction()) {
            action(onSuccess = {
                showToast("开始返航成功!")
            }, onFailure = {
                showToast("开始返航失败: ${it.description()}")
            })
        }
    }
}
// 【停止返航】按钮单击监听器
findViewById<Button>(R.id.btn_stop_gohome).setOnClickListener {
    FlightControllerKey.KeyStopGoHome.create().apply {
```

```
        if (canPerformAction()) {
            action(onSuccess = {
                showToast("停止返航成功!")
            }, onFailure = {
                showToast("停止返航失败: ${it.description()}")
            })
        }
    }
}
```

当无人机在空中的情况下,单击【开始返航】按钮后,无人机开始返航,遥控器会发出"滴~滴~"的返航提示音。单击【停止返航】按钮后,返航操作会立即停止,无人机悬停,遥控器提示音消失。

5.2 模拟飞行

MSDK 提供了模拟飞行功能,即 MSDK 模拟器(Mobile SDK Simulator)。与第 2 章介绍的模拟器不同,MSDK 模拟器允许开发者在没有上位机的情况下直接测试和调试控制无人机飞行的代码,从而简化了调试过程。然而,MSDK 模拟器不提供无人机飞行的仿真效果,因此调试体验可能不如 DJI Assistant 2 模拟器的飞行仿真直观。开发者可以根据实际需求选择使用。

MSDK 模拟器由模拟器管理器(SimulatorManager)进行操作,通过 getInstance 函数可以获取其单例。其常用函数请参见表 5-5。

表 5-5 模拟器管理器的常用函数

函　　数	描　　述
isSimulatorEnabled	是否开启模拟器
enableSimulator	打开模拟器
disableSimulator	关闭模拟器
addSimulatorStateListener	添加模拟器状态的监听
removeSimulatorStateListener	去除模拟器状态的监听
clearAllSimulatorStateListener	清除模拟器状态的监听

MSDK 官方文档给出了 MSDK 模拟器的常规用法,如图 5-7 所示。

本节将详细介绍模拟器的打开和关闭,以及模拟器打开时无人机模拟器状态信息的监听方法,所涉及的代码均可在 SimulatorActivity 中找到。在主界面(MainActivity)中创建【MSDK 模拟器】按钮,并实现单击该按钮跳转到 SimulatorActivity 的功能,其界面如图 5-8 所示。

图 5-7　　　　　　　　　　　　　　　　图 5-8

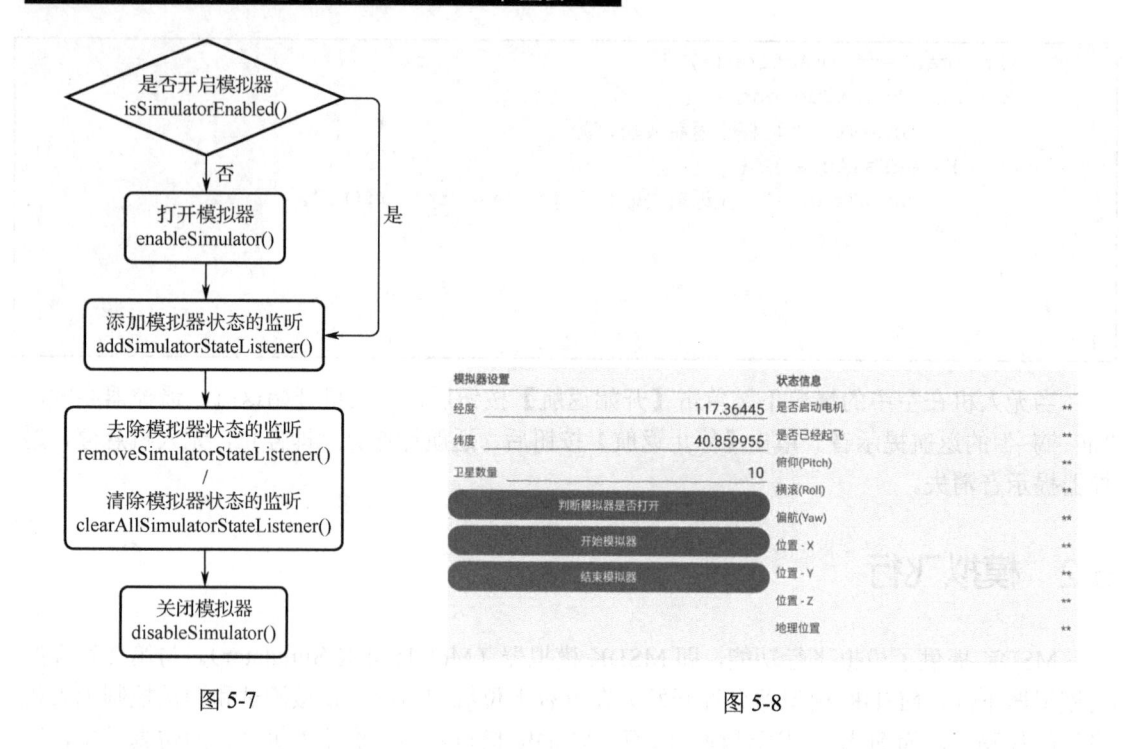

1. 开始和结束模拟器

函数 enableSimulator 包括 2 个参数，分别是用于开启模拟器时指定模拟器的初始值（包括起始坐标位置和卫星数量），以及回调接口 CommonCallbacks.CompletionCallback。

初始值（InitializationSettings）对象可以通过其 createInstance 函数创建。例如，创建起始经度为 117.36445、起始纬度为 40.859955 且卫星数量为 10 的模拟器初始值的代码如下：

```
InitializationSettings.createInstance(
        LocationCoordinate2D(40.859955, 117.36445), // 坐标位置
        10)                                          // 卫星数量
```

实现【开始模拟器】按钮单击监听器，并通过 enableSimulator 函数使能模拟器，代码如下：

```kotlin
// 模拟器初始值设置
val settings = InitializationSettings.createInstance(
    LocationCoordinate2D(
        etSimLongitude.text.toString().toDouble(),
        etSimLatitude.text.toString().toDouble()), // 坐标位置
        etSimSatelliteNum.text.toString().toInt())  // 卫星数量
// 启用模拟器
SimulatorManager.getInstance().enableSimulator(settings,
        object : CompletionCallback {
    override fun onSuccess() {
        showToast("模拟器启动成功!")
    }
```

```
    override fun onFailure(error: IDJIError) {
        showToast("模拟器启动失败:"
                + error.description())
    }
})
```

初始化模拟器坐标位置时,获取经纬度文本框的值,并通过 toDouble 函数将其强制转换为 double 类型;获取卫星数量文本框的值,并通过 toInt 函数将其强制转换为 int 类型。

实现【结束模拟器】按钮单击监听器,并通过 disableSimulator 函数停止模拟器,代码如下:

```
// 停止模拟器
SimulatorManager.getInstance().disableSimulator(
    object : CompletionCallback {
        override fun onSuccess() {
            showToast("模拟器停止成功!")
        }
        override fun onFailure(error: IDJIError) {
            showToast("模拟器停止失败:"
                    + error.description())
        }
    }
)
```

2. 模拟器状态的监听

模拟器监听器(SimulatorStatusListener)的回调函数的参数为模拟器状态(SimulatorState)变量。SimulatorState 用于获取无人机的飞行姿态和位置。SimulatorState 常用函数如表 5-6 所示。

表 5-6 SimulatorState 常用函数

函　　数	返 回 类 型	描　　述
areMotorsOn	boolean	是否启动电机
isFlying	boolean	是否已经起飞
getPitch	float	无人机姿态-俯仰值(单位:°)
getRoll	float	无人机姿态-横滚值(单位:°)
getYaw	float	无人机姿态-偏航值(单位:°)
getPositionX	float	无人机相对起飞位置向东西方向偏移
getPositionY	float	无人机相对起飞位置向南北方向偏移
getPositionZ	float	无人机相对起飞位置向垂直方向偏移
getLocation	LocationCoordinate2D	无人机地理坐标位置

在 onCreate 函数中初始化模拟器监听器,并将实时更新的模拟器状态 SimulatorState 更新到用户界面,代码如下:

```
// 添加虚拟器状态监听器
SimulatorManager.getInstance().addSimulatorStateListener { state ->
    runOnUiThread {
        tvSimMotorsOn.text = state.areMotorsOn().toString()
        tvSimIsFlying.text = state.isFlying.toString()
        tvSimPitch.text = "%.4f°".format(state.pitch)
        tvSimRoll.text = "%.4f°".format(state.roll)
        tvSimYaw.text = "%.4f°".format(state.yaw)
        tvSimPositionX.text = "%.2f米".format(state.positionX)
        tvSimPositionY.text = "%.2f米".format(state.positionY)
        tvSimPositionZ.text = "%.2f米".format(state.positionZ)
        tvSimLocation.text = "Lon:%.6f, Lat:%.6f"
            .format(state.location.longitude, state.location.latitude)
    }
}
```

为了节约内存空间，在 SimulatorActivity 的 onStop 生命周期函数中移除所有的模拟器监听器，代码如下：

```
override fun onStop() {
    // 移除全部监听器
    SimulatorManager.getInstance().clearAllSimulatorStateListener()
    super.onStop()
}
```

从以上内容可以看出，在 MSDK 模拟器开启的情况下，不再通过键值管理器来获取无人机的飞行姿态和位置信息，而是采用最为传统的面向对象的方式。此外，当用户打开模拟器时，应当以显著的提示告知用户当前模拟器的状态，以免操作产生困扰。例如，在 DJI Fly 应用中，模拟器开启时会在飞行器状态指示栏中用红底的方式提示模拟器正在运行；在 DJI Pilot 2 中，将会同时显示"无法起飞：已连接 USB""无法起飞：已运行模拟器，起飞需要重启飞行器"的提示信息，如图 5-9 所示。

在 MSDK 样例程序中，也提供了 MSDK 模拟器的用法示例。选择【测试工具】→【模拟器】菜单，即可出现如图 5-10 所示的模拟器界面。

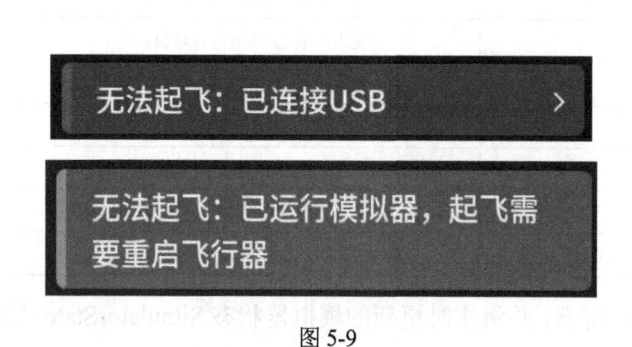

图 5-9

图 5-10

读者可以在该界面测试模拟器的有关功能特性。关于国家（地区）码，可以参考如下代码进行设置，对于不同的国家和地区，其合规要求是不同的，读者可以参考 3.3.2 节的相关内容。

```
AreaCodeManager.getInstance().updateAreaCode(areaCode) // 设置地区码
```

另外，在 UX SDK 中也提供了模拟器控件，可参考第 4 章的相关内容。

5.3 虚拟摇杆

虚拟摇杆用于模拟遥控器的摇杆（Stick）动作，实现无人机的基础性飞行控制。由于虚拟摇杆对无人机的控制处于更加底层的位置，因此摇杆动作能够实现无人机在任何方向、任何角度的飞行控制；但代价是开发上较为复杂，有点类似于 Payload SDK 中的 Joystick 控制方式。通过虚拟摇杆可以精准自定义飞行路径，开发者也可以尝试结合 AI 技术实现自主飞行。本节将介绍虚拟摇杆的基本用法。

5.3.1 虚拟摇杆的控制方法

在 MSDK 中，虚拟摇杆分为摇杆控制和高级控制两种控制方式，前者是对虚拟摇杆的偏移量进行控制，较为简单直观；而后者则是直接对无人机的姿态和飞行进行控制。

1．基本摇杆控制

虚拟摇杆管理类（VirtualStickManager）用于管理虚拟摇杆，通过其 getInstance 函数即可获取其单例。虚拟摇杆管理类（VirtualStickManager）常用函数如表 5-7 所示。

表 5-7 虚拟摇杆管理类（VirtualStickManager）常用函数

函 数	描 述
getSpeedLevel	获取速度等级
setSpeedLevel	设置速度等级
enableVirtualStick	启用虚拟摇杆
disableVirtualStick	停用虚拟摇杆
getLeftStick	获取左侧摇杆
getRightStick	获取右侧摇杆
setVirtualStickAdvancedModeEnabled	设置虚拟摇杆高级模式
sendVirtualStickAdvancedParam	启用虚拟摇杆高级参数
setVirtualStickStateListener	设置虚拟摇杆状态监听器
removeVirtualStickStateListener	移除虚拟摇杆状态监听器
clearAllVirtualStickStateListener	清除所有虚拟摇杆状态监听器

对于基本控制方法来说，主要包括启用或停用虚拟摇杆、获取或设置虚拟摇杆杆量和添加虚拟摇杆状态监听 3 个主要步骤，其控制流程如图 5-11 所示。

```
设置虚拟摇杆状态监听器
setVirtualStickStateListener
        ↓
启用虚拟摇杆
enableVirtualStick
        ↓
设置速度等级
getSpeedLevel
        ↓
获取左、右摇杆            控制摇杆的横向、纵向位置
getLeftStick      →      setVerticalPosition
getRightStick             setHorizontalPosition
        ↓
停用虚拟摇杆
disableVirtualStick
        ↓
移除虚拟摇杆状态监听器
removeVirtualStickStateListener
```

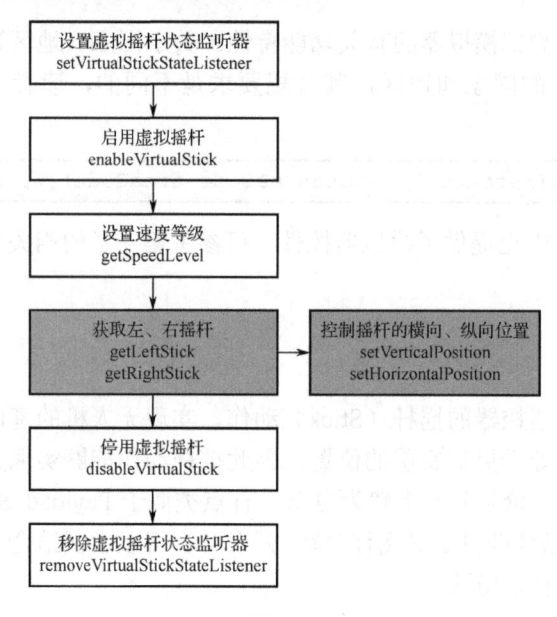

图 5-11

1）启用或停用虚拟摇杆

通过 enableVirtualStick、disableVirtualStick 函数可分别启用和停用虚拟摇杆。为了安全起见，Mobile SDK 中的虚拟摇杆仅支持普通挡下的无人机操控，如 Mini 3 等的 N 挡、M300 RTK 的 P 挡等；不支持运动挡和功能挡，不能在执行飞行任务（如航点任务等）时使用虚拟摇杆。

注意：若 M3E/M3T/M3M 机型的固件版本低于 V7.01.10.03，在启动虚拟摇杆时，视觉避障不生效，建议升级到最新固件版本。

启用虚拟摇杆后，还需要对摇杆的速度等级（SpeedLevel），即摇杆的灵敏度指数曲线（Exponential，EXP）进行控制，以方便进行更为平滑的摇杆控制，如图 5-12 所示。EXP 介于 0～1 之间，EXP 越大，摇杆的灵敏度越强；EXP 越小，摇杆的灵敏度越弱。当 EXP 为 0.5 时，摇杆的杆量是平滑过渡的。

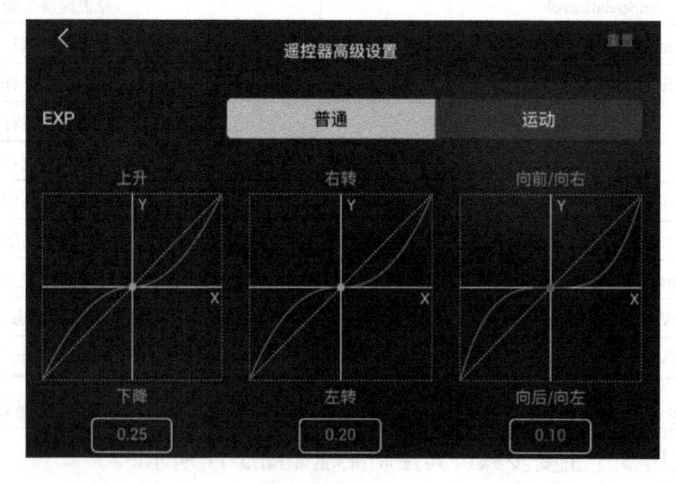

图 5-12

2）获取或设置虚拟摇杆杆量

通过 getLeftStick 和 getRightStick 函数可分别获取左右摇杆的虚拟摇杆类对象。虚拟摇杆类 Stick 继承于 IStick 接口，包括用于控制摇杆位置的 4 个函数，分别为设置纵向位置函数 setVerticalPosition、获取纵向位置函数 getVerticalPosition、设置横向位置函数 setHorizontalPosition、获取横向位置函数 getHorizontalPosition，如图 5-13 所示。

纵向位置
Vertical Position

横向位置
Horizontal Position

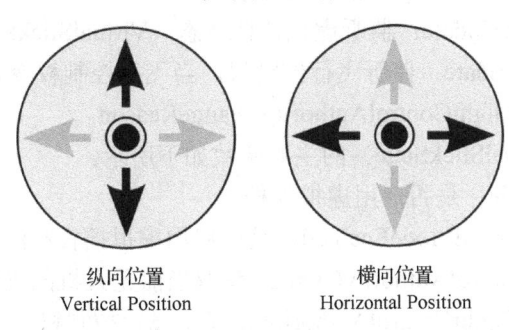

图 5-13

IStick 接口的定义如下：

```
public interface IStick {
  void setVerticalPosition(int position);
  int getVerticalPosition();
  void setHorizontalPosition(int position);
  int getHorizontalPosition();
}
```

左摇杆和右摇杆的横向、纵向位置控制了无人机的 4 个基本运动操作，分别是升降、转向、左右平移和前后平移。不同摇杆模式下各个摇杆的控制操作不同，如表 5-8 所示。

表 5-8 不同摇杆模式下各个摇杆的控制操作

摇杆模式	摇杆	控制操作	
		横向位置	纵向位置
日本手 （Mode 1）	左摇杆	转向	前后平移
	右摇杆	左右平移	升降
美国手 （Mode 2）	左摇杆	转向	升降
	右摇杆	左右平移	前后平移
中国手 （Mode 3）	左摇杆	左右平移	前后平移
	右摇杆	转向	升降

日本手、美国手、中国手的称呼已经很难溯源。一种比较常见的说法是，日本手类似于日本的汽车驾驶习惯（驾驶位在右侧），而美国手符合飞机驾驶习惯（右摇杆和飞机操纵杆的功能类似）。中国手和美国手类似，只是左右摇杆对调。美国手（Mode 2）是默认摇杆模式，也是无人机最常用的操作方式。

遥控器无论是在用户手册中还是在外观设计上，摇杆的控制范围看起来都是一个圆形，但是，实际上遥控器摇杆的控制范围是正方形，杆量范围为-660~660。圆形设计主要是为了让用户了解该摇杆能够在各个方向上自由活动，符合用户对于此类摇杆的直觉。

3）添加虚拟摇杆状态监听

在启用虚拟摇杆时，可以通过 setVirtualStickStateListener 设置虚拟摇杆状态监听器 VirtualStickStateListener，主要包括 2 个回调函数。

- onVirtualStickStateUpdate：监听虚拟摇杆状态（VirtualStickState）。
- onChangeReasonUpdate：监听飞行控制权。当飞行控制权变化时回调，返回飞行控制权变更原因对象 FlightControlAuthorityChangeReason。

虚拟摇杆状态（VirtualStickState）的主要函数如下所示。

- isVirtualStickEnable：是否启用虚拟摇杆。
- isVirtualStickAdvancedModeEnabled：是否启用虚拟摇杆高级模式。
- getCurrentFlightControlAuthorityOwner：获取当前无人机的飞行控制权。无人机的飞行控制权枚举类型 FlightControlAuthority 定义了飞行控制权，包括遥控器（RC）、MSDK 和 OSDK。

注意：这里的 OSDK 是指 PSDK，目前 OSDK 和 PSDK 已经合并。

2. 使用虚拟摇杆的高级模式

在高级模式下，开发者可以对无人机的油门（Throttle）、俯仰（Pitch）、横滚（Roll）和偏航（Yaw）进行更加精准的控制，将这些参数控制在某个角度、某个速度或者某个位置上。在 5.3.3 节将详细介绍如何通过虚拟摇杆的高级模式实现航路任务。

使用虚拟摇杆的高级模式时，首先需要通过 setVirtualStickAdvancedModeEnabled 函数启用虚拟摇杆高级模式。此时，开发者无法再通过 Stick 对象对无人机进行控制了，而是通过 sendVirtualStickAdvancedParam 函数发送控制参数。开发者需要以一定频率调用 sendVirtualStickAdvancedParam 函数，调用频率建议设定在 5Hz 到 50Hz 之间。具体的控制流程如图 5-14 所示。

高级模式控制参数由 VirtualStickFlightControlParam 定义，包括控制模式设置和控制参数值 2 个部分。

1）控制模式设置

在高级模式控制参数中定义了坐标系统模式、横滚俯仰控制模式、偏航控制模式和垂直油门控制模式等模式，下文将详细介绍这些模式的含义。

（1）坐标系统模式：坐标系统模式由枚举类型 FlightCoordinateSystem 定义，包括大地坐标系（GROUND）和机体坐标系（BODY）。大地坐标系使用北东天坐标系（North-East-Up，NEU），即以正北方向为 x 轴方向、以正东方向为 y 轴方向，z 轴垂直于水平面向上；机体坐标系使用前右上坐标系（Front-Right-Up，FRU），即以无人机的重心为原点，

图 5-14

以无人机的前向为 x 轴，前向的右侧为 y 轴，z 轴垂直于无人机重心所在平面向上，如图 5-15 所示。

大地坐标系（North-East-Up，NEU）　　　　机体坐标系（Front-Right-Up，FRU）

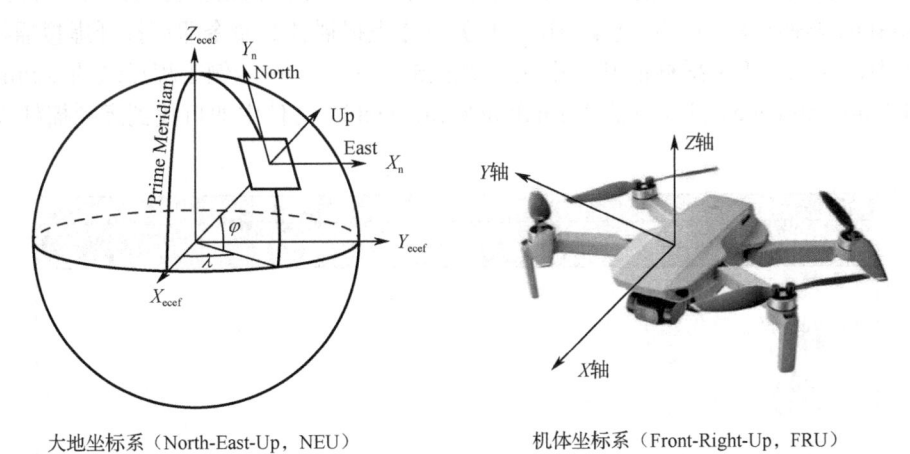

图 5-15

（2）横滚俯仰控制模式由枚举类型 RollPitchControlMode 定义，包括角度模式（ANGLE）和速度模式（VELOCITY）。在角度模式下，横滚和俯仰的设置参数为角度值，可介于-30°到 30°之间；在速度模式下，横滚和俯仰的设置参数为速度值，可介于-23m/s 到 23m/s 之间。在 VirtualStickRange 类中定义了这些参数限制，代码如下：

```
static final float ROLL_PITCH_CONTROL_MIN_VELOCITY = -23
static final float ROLL_PITCH_CONTROL_MAX_VELOCITY = 23
static final float ROLL_PITCH_CONTROL_MIN_ANGLE = -30
static final float ROLL_PITCH_CONTROL_MAX_ANGLE = 30
```

（3）偏航控制模式由枚举类型 YawControlMode 定义，包括角度模式（ANGLE）和角速度模式（ANGULAR_VELOCITY）。在角度模式下，偏航的设置参数为角度值，可介于-180°到 180°之间；在角速度模式下，偏航的设置参数为角速度值，可介于-100°/s 到 100°/s 之间。参数限制的有关定义如下：

```
static final float YAW_CONTROL_MIN_ANGLE = -180
static final float YAW_CONTROL_MAX_ANGLE = 180
static final float YAW_CONTROL_MIN_ANGULAR_VELOCITY = -100
static final float YAW_CONTROL_MAX_ANGULAR_VELOCITY = 100
```

（4）垂直油门控制模式由枚举类型 VerticalControlMode 定义，包括速度模式（VELOCITY）和位置模式（POSITION）。在速度模式下，垂直油门控制参数为速度值，可介于-6m/s 到 6m/s 之间。参数限制的有关定义如下：

```
static final float VERTICAL_CONTROL_MIN_VELOCITY = -6
static final float VERTICAL_CONTROL_MAX_VELOCITY = 6
static final float VERTICAL_CONTROL_MIN_HEIGHT = 0
static final float VERTICAL_CONTROL_MAX_HEIGHT = 5000
```

2）控制参数值

控制参数值包括俯仰、横滚、偏航和垂直油门 4 个部分，其设置值均为 float 浮点型。

在 MSDK 样例程序中，通过【测试工具】→【虚拟摇杆】命令即可打开虚拟摇杆界面。在该界面中，演示了虚拟摇杆的基本用法，如图 5-16 所示。在示例工程目录的 src/main/java/dji.sampleV.aircraft/pages 目录下的 VirtualStickFragment.kt 文件中即可找到虚拟摇杆界面的相关代码。

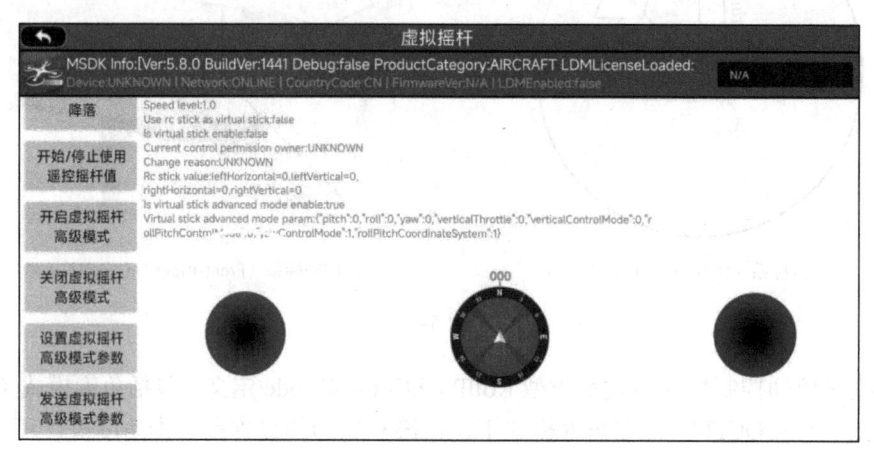

图 5-16

这里的摇杆控件是样例代码中的自定义控件，在 src/main/java/dji.sampleV.aircraft/virtualstick 目录下的 OnScreenJoystick.kt 文件中定义，开发者可直接参考应用。但是，OnScreenJoystick 控件的设计较为复杂。下一节将介绍一种简单的摇杆控件，并演示虚拟摇杆的基本用法。

5.3.2 虚拟摇杆的设计实现

本小节将介绍如何在 DreamFly 应用中创建 SticksActivity，实现简单的虚拟摇杆，如图 5-17 所示。

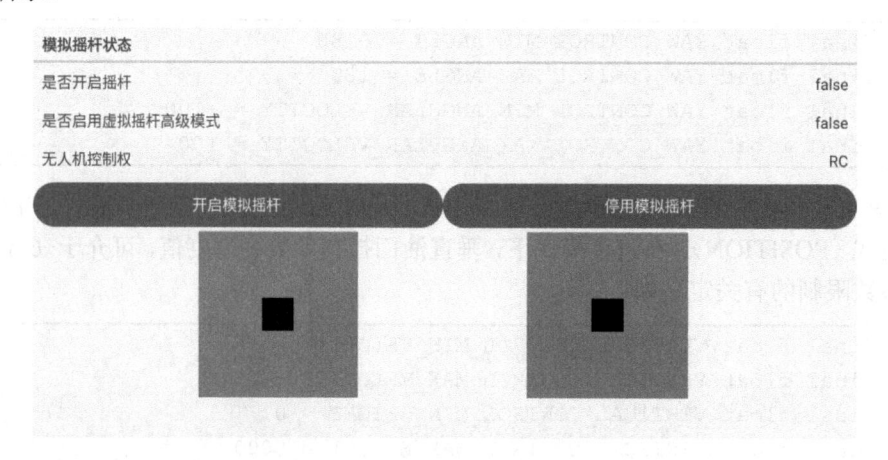

图 5-17

实现图 5-17 所示的界面主要包括以下几个步骤。
- 设计并实现摇杆视图。
- 实现摇杆控制。
- 监听摇杆状态。

下文将分别介绍这些步骤的具体实现。

1. 设计并实现摇杆视图

这里的摇杆采用简单设计,供开发者入门学习。首先,创建摇杆视图布局并创建 2 个子视图,包括摇杆背景(灰色背景)和摇杆方块(黑色方块),代码如下:

```xml
<?xml version="1.0" encoding="utf-8"?>
<androidx.constraintlayout.widget.ConstraintLayout
    xmlns:android="http://schemas.android.com/apk/res/android"
    android:layout_width="match_parent"
    android:layout_height="match_parent"
    xmlns:app="http://schemas.android.com/apk/res-auto">
    <!-- 灰色背景-->
    <View
        android:id="@+id/stick_background_view"
        android:layout_width="0dp"
        android:layout_height="0dp"
        android:background="@color/uxsdk_gray_100"
        app:layout_constraintBottom_toBottomOf="parent"
        app:layout_constraintDimensionRatio="1:1"
        app:layout_constraintEnd_toEndOf="parent"
        app:layout_constraintStart_toStartOf="parent"
        app:layout_constraintTop_toTopOf="parent">
    </View>
    <!-- 摇杆方块-->
    <View
        android:id="@+id/stick_bar"
        android:layout_width="30dp"
        android:layout_height="30dp"
        android:background="@color/black"
        app:layout_constraintBottom_toBottomOf="parent"
        app:layout_constraintEnd_toEndOf="parent"
        app:layout_constraintStart_toStartOf="parent"
        app:layout_constraintTop_toTopOf="parent" />
</androidx.constraintlayout.widget.ConstraintLayout>
```

上述代码的显示效果如图 5-18 所示。

图 5-18

然后创建摇杆视图类（StickView），并继承于相对布局（RelativeLayout），创建默认的构造函数，代码如下：

```kotlin
class StickView : RelativeLayout {

    constructor(context: Context) : super(context) {
        init(null, 0)
    }

    constructor(context: Context, attrs: AttributeSet) : super(context, attrs) {
        init(attrs, 0)
    }

    constructor(context: Context, attrs: AttributeSet, defStyle: Int) : super(
        context,
        attrs,
        defStyle
    ) {
        init(attrs, defStyle)
    }
    ...
}
```

其中，初始化函数 init 的具体实现如下：

```kotlin
// 摇杆方块视图
private lateinit var stickBar : View

// 初始化函数
private fun init(attrs: AttributeSet?, defStyle: Int) {
    // 加载 stick_view 布局文件
    LayoutInflater.from(getContext()).inflate(R.layout.stick_view,
        this, true);
    // 获取摇杆方块对象
    stickBar = findViewById(R.id.stick_bar)
    // 为摇杆背景添加触摸监听器
    findViewById<View>(R.id.stick_background_view).setOnTouchListener
    { view, motionEvent ->
        ...
    }
}
```

在初始化函数 init 中，加载了 stick_view 布局文件，定义了摇杆方块视图 stickBar，并且为摇杆背景添加触摸监听器。当用户触摸并移动摇杆背景时，改变摇杆方块视图的位置，以实现摇杆的功能。因此，OnTouchListener 监听器的实现就尤为重要了，代码如下：

```kotlin
// 之前摇杆位置
private var lastX : Float = 0.0F
private var lastY : Float = 0.0F

// 热流类型 摇杆位置
private var _coordinate = MutableStateFlow<Pair<Int, Int>>(Pair(0, 0))
val coordinate: StateFlow<Pair<Int, Int>> = _coordinate.asStateFlow()

// 初始化函数
private fun init(attrs: AttributeSet?, defStyle: Int) {
    ...
    findViewById<View>(R.id.stick_background_view)
      .setOnTouchListener { view, motionEvent ->
        when (motionEvent.action) {
            // 按下时记录当前的位置
            MotionEvent.ACTION_DOWN -> {
                lastX = stickBar.x
                lastY = stickBar.y
            }
            // 移动时改变 stickBar 视图的位置，并计算当前位置下的摇杆感量
            MotionEvent.ACTION_MOVE -> {
                stickBar.x = motionEvent.x -
                    context.getResources().getDisplayMetrics().density * 15
                stickBar.y = motionEvent.y -
                    context.getResources().getDisplayMetrics().density * 15
                var value_x =
                    ((motionEvent.x / view.width * 2 - 1) * 660).toInt()
                value_x = Math.max(-660, Math.min(value_x, 660))
                var value_y =
                    ((motionEvent.y / view.height * 2 - 1) * 660).toInt()
                value_y = - Math.max(-660, Math.min(value_y, 660))
                _coordinate.value = Pair(value_x, value_y)
            }
            // 抬手后摇杆回中
            MotionEvent.ACTION_UP -> {
                stickBar.x = lastX
                stickBar.y = lastY
                _coordinate.value = Pair(0, 0)
            }
            else -> {
                Log.v("TAG", "NONE")
            }
        }
        view.performClick()
```

```
            true
        }
}
```

　　为了方便开发者对摇杆杆量进行监听，定义了 coordinate 热流类型变量，当用户移动摇杆时，会将摇杆杆量同步到这个变量中。其中，类型_coordinate 是可变类型，为私有变量；而类型 coordinate 则是_coordinate 的"对外接口"。

　　在 OnTouchListener 监听器中，主要实现按下（ACTION_DOWN）、移动（ACTION_MOVE）和抬手（ACTION_UP）3 个动作。当用户按下时，通过 lastX 和 lastY 变量记录当前摇杆的位置，以便于在用户操作结束后实现回中操作。

　　当用户按下并移动摇杆时，通过 motionEvent 中的 x 坐标和 y 坐标计算当前摇杆所处的位置。这里的 x 坐标和 y 坐标值都需要减去 15dp（这是摇杆方块长度的一半），以便于摇杆方块能够处在用户手指的中心位置。另外，由于 MSDK 中摇杆的杆量是介于-660 到 660 之间的，因此还需要将当前摇杆的相对中心位置线性变换到[-660,660]区间内，存储到 value_x 和 value_y 临时变量中，并最终同步到 coordinate 热流类型变量中。

　　注意：针对摇杆位置的纵向坐标（杆量），需要在计算结果上取相反数，这是因为杆量向上为正方向，而屏幕坐标系则是向下为正方向。

　　当用户移开屏幕（抬手）后，将摇杆位置回中，并更新 coordinate 热流类型变量的杆量为（0，0）。此时，即可在 Activity 中对 coordinate 热流类型变量进行监听，获取并使用摇杆的杆量值了，代码如下：

```
GlobalScope.launch {
    // stickView 为摇杆视图
    stickView.coordinate.collect {
        // 输出摇杆杆量
        Log.v("MainActivity", "coordinate：%.4f, %.4f".format(it.first, it.second))
    }
}
```

　　这个摇杆视图是一种简单的实现，便于开发者理解。实际使用时，需要确保摇杆视图的宽度和高度一致，否则在计算摇杆位置和杆量时会出现错误。当然，开发者也可以直接使用 MSDK 样例程序中的 OnScreenJoystick 视图，更加美观和易用。

　　2．实现摇杆控制

　　定义虚拟摇杆管理器成员变量，代码如下：

```
val vsMgr = VirtualStickManager.getInstance()
```

　　为了实现摇杆控制，需要启用虚拟摇杆模式。实现【开启模拟摇杆】按钮的单击监听器，代码如下：

```
findViewById<Button>(R.id.btn_enable_virtual_stick).setOnClickListener {
    // 启用模拟摇杆
```

```
vsMgr.enableVirtualStick(object : CompletionCallback {
    override fun onSuccess() {
        showToast("虚拟摇杆启动成功!")
        // 设置速度等级
        vsMgr.speedLevel = 0.5


    }
    override fun onFailure(error: IDJIError) {
        showToast("虚拟摇杆启动失败:"
            + error.description())
    }
})
}
```

在上述代码中，启动虚拟摇杆成功后，通过虚拟摇杆管理器的 speedLevel 属性设置速度等级为 0.5。类似地，实现【停用模拟摇杆】按钮的单击监听器，代码如下：

```
findViewById<Button>(R.id.btn_disable_virtual_stick).setOnClickListener {
    // 停用模拟摇杆
    vsMgr.disableVirtualStick(object : CompletionCallback {
        override fun onSuccess() {
            showToast("虚拟摇杆停止成功!")
        }
        override fun onFailure(error: IDJIError) {
            showToast("虚拟摇杆停止失败:"
                + error.description())
        }
    })
}
```

最后，监听左、右虚拟摇杆的杆量变化，并同步至左摇杆（leftStick）和右摇杆（rightStick）中，代码如下：

```
// 监听左摇杆
GlobalScope.launch {
    findViewById<StickView>(R.id.stickview_left).coordinate.collect {
        vsMgr.leftStick.verticalPosition = it.second
        vsMgr.leftStick.horizontalPosition = it.first
    }
}
// 监听右摇杆
GlobalScope.launch {
    findViewById<StickView>(R.id.stickview_right).coordinate.collect {
        vsMgr.rightStick.verticalPosition = it.second
        vsMgr.rightStick.horizontalPosition = it.first
    }
}
```

3. 监听摇杆状态

通过虚拟摇杆管理器的 setVirtualStickStateListener 监听器实现监听虚拟摇杆状态的变化情况，代码如下：

```
vsMgr.setVirtualStickStateListener(object : VirtualStickStateListener {
  override fun onVirtualStickStateUpdate(stickState: VirtualStickState) {
        runOnUiThread {
            // 是否启用摇杆
            findViewById<TextView>(R.id.tv_virtual_stick_enabled).text =
                stickState.isVirtualStickEnable.toString()
            // 是否启用虚拟摇杆高级模式
            findViewById<TextView>
                        (R.id.tv_virtual_stick_advanced_mode_enabled).text =
                stickState.isVirtualStickAdvancedModeEnabled.toString()
            // 无人机控制权
            findViewById<TextView>
                        (R.id.tv_virtual_stick_authority_owner).text =
                stickState.currentFlightControlAuthorityOwner.toString()
        }
    }
    // 控制权变化时，弹出控制权变化的原因提示
    override fun onChangeReasonUpdate(
            reason: FlightControlAuthorityChangeReason) {
        showToast("控制权变化：" + reason.toString())
    }
})
```

编译并运行程序，进入 SticksActivity 后，单击【开启模拟摇杆】按钮，此时模拟摇杆的状态发生变化，【是否开启摇杆】文本框中的值为 true 且【无人机控制权】文本框中的值改变为 MSDK。此时，还会在界面中弹出"控制权变化：MSDK_REQUEST"提示，如图 5-19 所示。

控制权变化：MSDK_REQUEST

图 5-19

此时，开发者可以在模拟器中使用虚拟摇杆进行飞行了。

注意：MSDK 控制权和 RC、OSDK（PSDK）控制权是互斥的。因此，当启用虚拟摇杆时，无法通过遥控器控制无人机。

单击【停用模拟摇杆】按钮，【是否开启摇杆】文本框中的值改变为 false 且【无人机控制权】文本框中的值改变为 RC。

5.3.3 航路任务的实现

本小节将介绍如何通过虚拟摇杆的高级模式实现航点的巡航，其设计思路是通过一双"无形的手"控制虚拟摇杆，将无人机移动到指定的位置。本小节要实现的功能类似于航点任务（WaypointMission）（可参考第 7 章的相关内容），为了能够与航点任务清晰地区分开，下文将本小节实现的任务称为航路任务（RouteMission）。大疆的航点任务无法应用于大疆的 Mini 3 和 Mini 3 Pro 无人机，但是航路任务则支持 MSDK 支持的所有无人机机型。

创建 RouteMissionActivity，并在 DreamFly 应用程序的主界面中增加【航路任务】按钮，实现单击该按钮进入 RouteMissionActivity 中。RouteMissionActivity 的界面如图 5-20 所示。

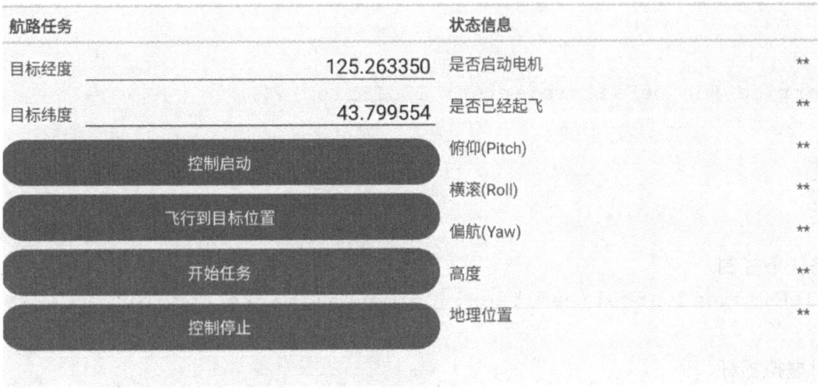

图 5-20

首先，设计航路任务管理器（RouteMissionManager）。由于航路任务是基于虚拟摇杆的，因此该管理器需要持有虚拟摇杆管理器，代码如下：

```
class RouteMissionManager private constructor() {
    // 单例模式
    companion object {
        fun getInstance() = RouteMissionManager()
    }

// 虚拟摇杆管理器
    val vsMgr = VirtualStickManager.getInstance()
}
```

然后，设计 enableMissionControl 和 disableMissionControl 函数，分别用于启用航路任务控制和停止航路任务控制，代码如下：

```
// 启用航路任务控制
fun enableMissionControl(callback: CommonCallbacks.CompletionCallback) {
    // 启用模拟摇杆
    vsMgr.enableVirtualStick(object : CommonCallbacks.CompletionCallback {
```

```
            override fun onSuccess() {
                // 启动高级模式
                vsMgr.setVirtualStickAdvancedModeEnabled(true)

                // 监听摇杆状态
                vsMgr.setVirtualStickStateListener(object :
VirtualStickStateListener {
                    ...
                })

                baseStatus = true
                callback.onSuccess()

            }
            override fun onFailure(error: IDJIError) {
                ...
            }
        })
}
// 停止航路任务控制
fun disableMissionControl(callback: CommonCallbacks.CompletionCallback) {

    // 停用虚拟摇杆
    vsMgr.disableVirtualStick(object : CommonCallbacks.CompletionCallback {
        override fun onSuccess() {

            vsMgr.clearAllVirtualStickStateListener()
            baseStatus = false
            callback.onSuccess()
        }
        override fun onFailure(error: IDJIError) {
            Log.e("RouteMissionManager", "虚拟摇杆停止失败:" + error.description())

            callback.onFailure(error)
        }
    })
}
```

函数 enableMissionControl 依次调用了 VirtualStickManager 的 enableVirtualStick 函数和 setVirtualStickAdvancedModeEnabled 函数，启用虚拟摇杆，并打开其高级模式。函数 disableVirtualStick 调用了 VirtualStickManager 的 disableVirtualStick 函数，用于停用虚拟摇杆。在上述代码中，baseStatus 是 RouteMissionManager 的成员变量，用于标识当前虚拟摇杆的启动状态。当 baseStatus 为 false 时，说明虚拟摇杆未启用，或者出现异常情况，此时应当停止任务。

下文将分别介绍如何通过虚拟摇杆的高级模式实现无人机飞行到目标位置，以及执行航路任务。

1. 实现无人机飞行到指定位置

通过 FlightControllerKey.KeyAircraftLocation3D 可以知晓当前无人机的位置,通过判断当前位置和目标位置之间的距离,不断控制无人机向目标点移动即可。需要注意的是,在无人机移动的过程中,应当逐渐减小无人机的飞行速度,以便于准确悬停到目标位置,而不是因为惯性飞过去。因此,在下面的代码中,设计了 factor_lon 和 factor_lat 缩放变量,当无人机不断靠近目标位置时,这个缩放变量不断减小,从而让无人机能够顺滑地到达目标位置。定义无人机飞行到目标位置的函数 flyTo,其实现代码如下:

```kotlin
// 飞行到目标位置
fun flyTo(location : LocationCoordinate2D, callback: CompletionCallback) {
    // 异步操作
    GlobalScope.launch {
        // 当前无人机位置的 Key
        val keyLocation3D = FlightControllerKey
                            .KeyAircraftLocation3D.create()
        // 临时变量:判断当前无人机的悬停时间(计数)
        var stayCount = 0
        while (true) {
            // 获取当前位置
            val now = keyLocation3D.get()
            if (now != null) {
                // 通过当前位置和目标位置的差异,定义缩放变量
                val factor_lon =
                    (location.longitude - now.longitude) * 10000
                val factor_lat =
                    (location.latitude - now.latitude) * 10000

                // 定义模拟摇杆高级飞行控制参数
                val param = VirtualStickFlightControlParam()
                // 水平控制模式为速度控制
                param.rollPitchControlMode =
                    RollPitchControlMode.VELOCITY
                // 相对坐标系为大地坐标系
                param.rollPitchCoordinateSystem =
                    FlightCoordinateSystem.GROUND
                // 纬度方向移动速度
                param.roll = 10.0 * factor_lat // latitude
                param.roll.coerceIn(
                    VirtualStickRange
                        .ROLL_PITCH_CONTROL_MIN_VELOCITY.toDouble(),
                    VirtualStickRange
                        .ROLL_PITCH_CONTROL_MAX_VELOCITY.toDouble()
                )
```

```
            // 经度方向移动速度
            param.pitch = 10.0 * factor_lon // longitude
            param.pitch.coerceIn(
                VirtualStickRange
                    .ROLL_PITCH_CONTROL_MIN_VELOCITY.toDouble(),
                VirtualStickRange
                    .ROLL_PITCH_CONTROL_MAX_VELOCITY.toDouble()
            )
            // 垂直控制模式为速度控制
            param.verticalControlMode = VerticalControlMode.VELOCITY
            // 不改变高度
            param.verticalThrottle = 0.0

            // 发送虚拟摇杆高级参数
            vsMgr.sendVirtualStickAdvancedParam(param)

            // 暂停
            Thread.sleep(50)

        }
        // 程序异常退出
        if (!baseStatus) {
            callback.onFailure(
                DJICommonError.FACTORY.build("虚拟摇杆管理器异常!"))
            break
        }
    }
    // 程序执行成功
    callback.onSuccess()
}
```

当以大地坐标系为参考时，俯仰角方向即经度方向，横滚角方向即纬度方向。在上面的代码中，分别用 factor_lon 和 factor_lat 缩放变量控制经纬度方向上的移动速度，并且通过 VirtualStickRange 常量将速度限制在最大速度范围内。通过 GlobalScope.launch 函数创建协程进行异步操作：每经过大约 50ms 通过 sendVirtualStickAdvancedParam 函数向无人机发送参数信息，保证无人机移动的连贯性。

在实际测试中，无人机所处的环境（如强阵风）会影响其位置和姿态。因此，在循环中应通过判断将无人机锁定在航点的指定范围内，从而认为无人机已到达航点，具体实现代码如下：

```
// 异步操作
GlobalScope.launch {
    // 当前无人机位置 Key
    val keyLocation3D = FlightControllerKey.KeyAircraftLocation3D.create()
    // 临时变量：判断当前无人机悬停时间（计数）
```

```
var stayCount = 0
while (true) {
    // 当经纬度误差小于 0.000001 时,视为到达目标点
    if ((location.longitude - now.longitude).absoluteValue < 0.000001
      && (location.latitude - now.latitude).absoluteValue < 0.000001 ) {
      break
    }
    // 当经纬度误差小于 0.00001 且超过 1 秒时,视为到达目标点
    if ((location.longitude - now.longitude).absoluteValue < 0.00001
      && (location.latitude - now.latitude).absoluteValue < 0.00001 ) {
      stayCount ++
      if (stayCount > 20) {
        break
      }
    }
    // 当经纬度误差小于 0.0001 且超过 4 秒时,视为到达目标点
    if ((location.longitude - now.longitude).absoluteValue < 0.0001
      && (location.latitude - now.latitude).absoluteValue < 0.0001 ) {
      stayCount ++
      if (stayCount > 80) {
        break
      }
    }
}
// 程序执行成功
callback.onSuccess()
}
```

其中,stayCount 是临时变量,用于计算无人机处于航点一定范围内的时间。实现【飞行到目标位置】按钮的单击监听器,代码如下:

```
// 【飞行到目标位置】按钮单击监听器
findViewById<Button>(R.id.btn_fly_to).setOnClickListener {

    rmManager.flyTo(
        LocationCoordinate2D(etTargetLatitude.text.toString().toDouble(),
            etTargetLongitude.text.toString().toDouble()),
        object : CommonCallbacks.CompletionCallback {
            override fun onSuccess() {
                showToast("任务完成!")
            }
            override fun onFailure(error: IDJIError) {
                showToast("任务失败:"
                    + error.description())
            }
        }
    )
}
```

```
}
```

编译并运行程序，即可实现无人机飞行到目标位置了。

2. 航路任务的设计和实现

有了上述基础，航路任务的设计也就比较简单了。

1）基础设计工作

为了形成完整的任务封装，定义了航路任务 RouteMission 类，代码如下：

```
class RouteMission(
    var name: String,                // 任务名称
    var height : Int,                // 飞行高度
    var routepoints: ArrayList<LocationCoordinate2D>) { // 航点位置
}
```

设计航路任务监听器，代码如下：

```
// 航路任务监听器
interface RouteMissionListener {
    // 监听航路任务状态
    fun onStateChanged(state : RouteMissionState, point_index : Int?)
}
```

其中，RouteMissionState 为枚举类型，定义了航路任务的状态，代码如下：

```
enum class RouteMissionState {
    TAKING_OFF,              // 起飞
    GOTO_THE_HEIGHT,         // 到达指定高度
    GOTO_ROUTE_POINT,        // 飞行至航点
    ROUTE_POINT_REACHED,     // 到达航点
    GO_HOME                  // 返航
}
```

在 RouteMissionManager 中，设计设置和清除航路任务监听器，代码如下：

```
// 航路任务监听器
private var listener : RouteMissionListener? = null

// 设置航路任务监听器
fun setRouteMissionListener(listener: RouteMissionListener) {
    this.listener = listener
}

// 清除航路任务监听器
fun clearRouteMissionLister() {
    this.listener = null
}
```

在 RouteMissionManager 中，定义航路任务变量：

```
var mission : RouteMission? = null
```

2）开始任务 startMission 的实现

任务执行的过程简化如下：
- 起飞
- 飞往指定高度
- 依次飞向各个航点
- 返航

其中，起飞和返航可以通过 FlightControllerKey 键值管理器实现；飞往指定高度和依次飞往各个航点可以通过虚拟摇杆的高级模式实现。具体实现如下：

```
// 开始任务
fun startMission(callback: CommonCallbacks.CompletionCallback) {

    // 判断任务是否存在
    if (mission == null) {
        callback.onFailure(
            DJICommonError.FACTORY.build("不存在任务信息!"))
        return
    }

    GlobalScope.launch {

        callback.onSuccess()
        // 起飞
        takeoff()

        this@RouteMissionManager.listener?
            .onStateChanged(RouteMissionState.TAKING_OFF, null)
        // 判断是否起飞成功
        while (true) {
            if (FlightControllerKey.KeyIsFlying.create().get()) {
                break
            }
        }

        // 飞往指定高度
        mission?.height?.let {
            this@RouteMissionManager.listener?
                .onStateChanged(RouteMissionState.GOTO_THE_HEIGHT, null)
            goToHeight(it)
        }

        // 飞往航点
```

```
    var index = 0
    for (point in mission?.routepoints!!) {
        this@RouteMissionManager.listener?
            .onStateChanged(RouteMissionState.GOTO_ROUTE_POINT, index)
        flyTo(point)
        this@RouteMissionManager.listener?
            .onStateChanged(RouteMissionState.ROUTE_POINT_REACHED, index)
        index ++
    }
    // 返航
    this@RouteMissionManager.listener?
        .onStateChanged(RouteMissionState.GO_HOME, null)
    FlightControllerKey.KeyStartGoHome.create().action()
    }
}
```

每当飞行任务的状态发生变化时，都会调用航路任务监听器的 onStateChanged 函数进行回调，方便开发者进行航点操作，如拍照、录像等。

实现【开始任务】按钮的单击监听器，为航路任务管理器注入 3 个航点的任务，并开始执行任务，代码如下：

```
findViewById<Button>(R.id.btn_start_mission).setOnClickListener {

    rmManager.mission = RouteMission("测试任务", 100,
        arrayListOf(LocationCoordinate2D(43.799554, 125.263350),
            LocationCoordinate2D(43.798792, 125.263277),
            LocationCoordinate2D(43.798437, 125.263410)))

    rmManager.startMission(
        object : CommonCallbacks.CompletionCallback {
        override fun onSuccess() {
            showToast("任务开始成功!")

        }
        override fun onFailure(error: IDJIError) {
            showToast("任务开始失败:"
                + error.description())
        }
    })
}
```

经过测试，无人机可以按照预定程序执行任务，依次到达 3 个航点后返航。

5.4 本章小结

本章介绍了键值管理器、模拟飞行、虚拟摇杆的基本功能和使用方法，涵盖了 KeyManager、SimulatorManager 和 VirtualStickManager 三种管理器。键值管理器可以实现大多数控制功能，与 UX SDK 结合可满足绝大多数业务需求。模拟飞行有助于开发调试，是测试飞行控制功能的良好工具。虚拟摇杆则用于实现复杂的控制功能，完成非常规飞行动作。

5.5 习题

1. 键值管理器的控制方法。
2. 通过键值管理器监听无人机的相机参数。
3. 通过键值管理器实现无人机的起飞、降落和返航。
4. 使用 MSDK 模拟飞行进行调试。
5. 设计并实现虚拟摇杆功能。

第 6 章 相机和云台控制

云台相机是无人机的"眼睛",能够将无人机前方的环境实时展现在操作员面前,支持航拍选景、探查搜寻、巡检航测等。因此,云台相机的管理与应用是每个使用 MSDK 的开发者必备的技能。

对于绝大多数的行业应用来说,都需要通过使用相机采集数据。相机是无人机重要的负载,几乎每台无人机上都能见到相机的身影。从广义上看,FPV 相机、云台相机和视觉避障相机都可以当作无人机的相机,只不过用途并不相同。FPV 相机通常固定在机身上,与无人机姿态保持一致,可以作为飞行辅助功能 PFD 的图传数据源,用于感知无人机姿态和观察周围环境。因此,FPV 相机一般不需要高分辨率,但要求较强的实时性能和夜视能力。M350 RTK、M300 RTK 和 M30/M30T 均配备了强大的 FPV 相机。

对于 M3E/M3T 这种较小的无人机,云台相机可以充当 FPV 相机使用。云台相机有云台增稳,而且相机的规格更高,因此多用于数据采集。M30/M30T 和 M3E/M3T 无人机自带集成度很高的云台相机,可用于航空测量、电力巡检、搜索巡查等行业应用中。当然,虽然 M350 RTK 和 M300 RTK 飞行平台没有自带的云台相机,但是可以安装多个 H20、H20T 及 H20N 等云台相机用于行业应用。视觉避障相机通常成对出现在无人机的一侧,以双目视觉算法的方式判断障碍物的具体位置,从而实现避障和定位功能。

那么,一个无人机上可以有多少个相机呢?以 M30T 无人机为例,在前方布局了 1 个 FPV 相机;在其上、下、左、右、前、后分别布局了 1 对(共 12 个)视觉避障相机;在云台相机上集成了 1 个广角相机、1 个光学变焦相机和 1 个热成像相机。因此,M30T 共有 16 个不同的相机。可见相机对于无人机是十分重要的。

本章将首先介绍图传视频流的获取和处理方法,然后分别介绍云台和相机的控制方法,核心知识点如下:
- 图传视频流和相机码流管理器
- 相机控制
- 云台控制
- 媒体文件管理

6.1 接收图传视频流

视频流(Video Stream)是无人机图传(图像传输)的主要方式。与互联网、广播电视等图传方案不同,无人机图传的实时性需求很高,并且传输带宽可能经常随环境和干扰等情况发生变化,因此需要选择一种可动态调整码率的视频流方案。H.264 和 H.265 视频编解码算法具有极强的兼容性、灵活性，因而被广泛应用。在大疆无人机的图传技术中，采用 H.264 作为视频编解码的方案，如图 6-1 所示。在无人机端，相机视频流数据通过 H.264 技术编码，并通过 OcuSync 链路传递至遥控器端。在 MSDK 应用程序（或官方的 Pilot 2 等应用程序）中，将已经编码的 H.264 数据流进行解码，并显示在 FPVWidget 或者 SurfaceView 等控件中。

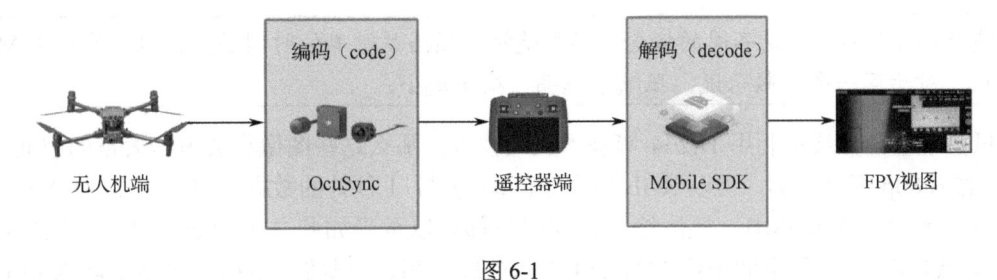

图 6-1

本节将首先介绍 H.264 编解码技术，然后详细介绍如何通过 MSDK 中的相机码流管理器（CameraStreamManager）获取并显示图传视频流。在实际开发中，如果没有特别的需求，推荐开发者使用 UX SDK 中的 FPVWidget 控件作为显示视频流的工具，更加简单、方便。最后将详细介绍 FPVWidget 控件的使用方法。

6.1.1 H.264 编解码

H.264（H.264/AVC）是一种数字视频压缩技术，也是 MPEG-4 标准的一部分。为了节省 OcuSync 带宽和视频文件的存储空间，原始视频数据（RAW）需要通过 H.264 编解码技术进行编码。编码后的 H.264 码流可以高效地存储在硬盘中或在互联网上传播。在播放视频或处理视频数据时，H.264 算法会对码流进行解码。H.264 编解码技术的主要特点如下所述。

- 编码质量高：H.264 采用帧内压缩和帧间压缩相结合的方式压缩视频，具有很高的编码效率，压缩能力强。与 MPEG-2、MPEG-4 ASP 等编码技术相比，在同等带宽下，H.264 能够更加准确清晰地表达运动和图像细节，编码质量更高。另外，H.264 既可以做到无损编码，也可以做到高质量的有损编码，适应不同的码率要求。
- 容错能力强：视频流在网络传递过程中，经常会因网络不稳定而导致丢包。而 H.264 提供了相应的容错工具，以便在丢包的情况下仍然能够显示较为完整的视频流。
- 兼容能力强：H.264 不仅能够在 Internet、GPRS、WCDMA，以及 Lightbridge、OcuSync 图传链路等多种网络环境中应用，而且绝大多数的设备和客户端都能够实现 H.264 的编解码。

注意：除 H.264 编解码技术外，还有 H.265（HEVC），以及 Google 的 VP8、VP9、AV1 等技术。这些编解码技术在性能或压缩效率方面可能优于 H.264，但其流行程度和兼容性仍不及 H.264。此外，更高的压缩效率通常意味着更高的编解码计算量，因而需要更强的硬件支持。

1. 帧和帧率

视频由按照一定顺序排列的图像组成，其中每 1 幅图像称为 1 帧。这些图像是按照一定频率显示出来的。视频中每秒帧的数量称为帧率，单位为 fps（frame per second）。一般来说，视频的帧率要达到 30fps 左右才算基本流畅。

> **注意**：帧率和码率是不同的概念。码率是指视频播放时单位时间的数据位，单位为 Mbps 或 kbps。对于同一个视频来说，压缩率越高，码率越小。

试想一下，如果不利用 H.264 等技术压缩视频，那么这些图像将会占据大量的空间。以 30fpv 的 1080p 视频为例，当以 RGB 色彩空间编码时，1 秒钟的数据量将是 1920×1080×3×30 个字节，大约为 186.6MB。相信绝大多数用户都难以承受如此之大的数据量。相同规格的视频，在 YUV420 色彩空间中经过 H.264 技术的编码后，可以将 1 秒钟的数据量降低到 1MB 甚至更低。

> **注意**：H.264 通常以 YUV420 色彩空间表达图像信息。YUV 包括亮度分量（Y）、蓝色投影分量（U）和红色投影分量（V），UV 分量也统称为色度分量。由于人眼对亮度信息的敏感程度大于色度，因此可以将色度信息（UV）以更小分辨率的方式存储和传输，减少色度分量的采样，从而压缩图像和视频的数据量。在 YUV420 色彩空间中，4 个亮度分量共用 1 个色度分量。

H.264 采用帧内压缩和帧间压缩相结合的方式压缩视频，下面将分别介绍这两种压缩方式，以及 I 帧、P 帧和 B 帧的概念。

2. 帧内压缩

在 H.264 中，采用帧内压缩的帧称为 I 帧（Intra-frame），即帧内编码帧。由于帧内压缩只考虑当前帧，而不考虑与前后帧的关系，因此也称为空间压缩（Spatial Compression）。I 帧包含了一个完整的画面，通常采用 JPEG 编码形式，因此 I 帧可以独立解码。对于前后其他帧来说，I 帧作为关键帧提供完整的画面信息。不过，I 帧本身的压缩率比较有限。

3. 帧间压缩

许多情况下，视频中的许多地方没有变化或者变化不大，或者物体出现了平移、旋转等方式的运动，使得相邻帧之间存在着一定关联。帧间（Inter-frame）压缩就是充分利用相邻帧之间的相似性，记录帧和帧之间的差异的压缩方式。因此，帧间压缩也称为时间压缩（Temporal Compression）。在 H.264 标准中，采用帧间压缩的帧包括 P 帧和 B 帧。

P 帧即前向预测编码帧（Predictive-frame）。在记录数据方面，P 帧只考虑与之前的 I 帧或 P 帧之间的差别，因此也称为差别帧。

B 帧即双向预测内插编码帧（Bi-directional interpolated prediction frame）。B 帧不仅考虑与之前一帧（I 帧或 P 帧）的差别，还会分析其与后方 P 帧的关系，因此 B 帧也称为双向差别帧。相对来说，B 帧的压缩率高，编解码压力更大。

I 帧、P 帧和 B 帧是 H.264 和 H.265 独有的设计。在实际的 H.264 视频流中，这些不同类型的帧以某种规律相间排布，如图 6-2 所示。

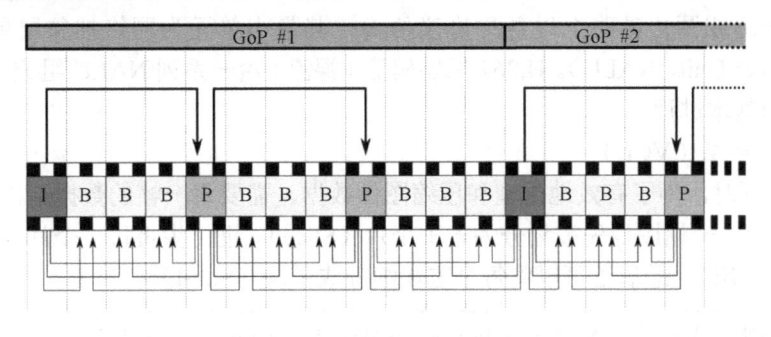

图 6-2

不同类型的帧的解码顺序和播放顺序不一致。比如，由于 B 帧需要依赖前后的 I 帧或 P 帧，所以 B 帧后的 I 帧或 P 帧要先于 B 帧解码。在 H.264 中，分别用 DTS 和 PTS 指示解码时间和播放时间。

❏ DTS（Decoding Timestamp）：解码时间戳，用于标识解码帧的时间。
❏ PTS（Presentation Timestamp）：显示时间戳，用于标识显示帧的时间。

可以发现，由于 I 帧具有完整的图像信息，因此在一段视频中起到了引领的作用。因此，由 I 帧引领的这一段视频称为 1 个画面组（Group of Picture，GoP）。

4．画面组

画面组也称为视频序列，是指两个 I 帧之间的帧序列。GoP 包括 M 和 N 两个参数，其中 M 指 I 帧和 P 帧之间的距离，N 指两个 I 帧之间的距离。比如，当 M 为 4 且 N 为 12 时，一个 GoP 的结构为 IBBBPBBBPBBB。

注意：在某些情况下一个 GoP 中也可能存在多个 I 帧，此时这个定义就不成立了，但是这种情况很少，本书忽略了这种情况。

GoP 之间是相对独立的。一个 GoP 的信息丢包并不会影响其他 GoP，但 GoP 中 I 帧画面的完整性至关重要。GoP 的首个 I 帧也称为即时解码刷新（Instantaneous Decoding Refresh，IDR），可以重置和刷新画面。在 GoP 内部，I 帧损坏将导致整个 GoP 的画面出现错误；而 P 帧作为参考帧，可能会导致错误的扩散；B 帧则是非参考帧，不会造成错误的扩散。

在 OcuSync 图传中传输视频流时，如果用户切换了图传类型或改变了采集设备，需要重启 GoP 并获得一个 IDR，才能进行 B 帧和 P 帧的传输。例如，当用户从 FPV 相机的视频流切换到热红外成像仪的视频流时，系统需要立即进行 IDR 刷新，以更新视频图像信息。

5．原始码流

H.264 的编码算法分为两个主要部分：视频编码层（Video Coding Layer，VCL）和网络抽象层（Network Abstraction Layer，NAL）。VCL 的主要作用是对视频进行压缩编码，也就是上文所介绍的主要内容，而 NAL 则是将编码后的数据打包为 SODB（String Of Data Bits），以便在各种网络或图传链路上以各种协议传输，其最小单元为网络抽象层单元（Network Abstraction Layer Unit，NALU）。H.264 原始码流（裸流）由一系列 NALU 组成。以下是 H.264 编码 NALU 的基本过程。

1）视频编码层（VCL）

在编码视频时，为了有效地处理和压缩图像数据，需要将一帧的数据结构分解成不同的单元。具体而言，一帧图像先被划分为若干个片（Slice），进一步将每一个片分解为多个宏块（MacroBlock，MB），最后还可以将每个宏块细分成子块（Sub-block）。

注意：序列、帧、片、宏块和子块也称为句法元素的 5 个基本单元。

一帧图像由 1 个或者多个片组成，其中每一个片都会被 NAL 打包为 NALU。也就是说，NALU 并不包含 1 个完整的帧数据，而是一个片数据。

宏块是基本的编码单元，是描述图像特征的基本组成。宏块由 1 个 16×16 的亮度像素（Y 分量）和 2 个 8×8 的色度像素（UV 分量）组成。宏块的大小和图像与具体内容相关。如果图像中出现了亮度和色彩相对均匀的区域，就可以将这块区域设定为一个宏块，如图 6-3 所示。

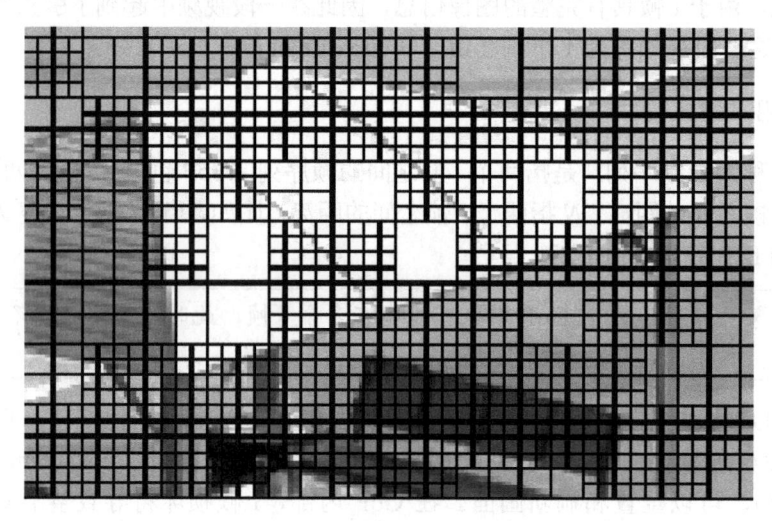

图 6-3

反之，如果图像内容细节丰富，就只能选择相对较小的区域作为宏块范围。如果分块以及宏块类型的选择不合理，图像就会出现明显的"块现象"，即块和块之间的差异明显，出现类似"马赛克"的情况。与帧的分类类似，宏块分为 I 宏块（帧内预测宏块）、P 宏块（帧间预测宏块）和 B 宏块（帧间双向预测宏块）。其中，I 帧只能由 I 宏块组成；P 帧可以由 I 宏块和 P 宏块组成，B 帧可以由 I 宏块、P 宏块和 B 宏块组成。

注意：用 MediaInfo 等软件可以分析视频文件的各种参数，使用 Elecard StreamEye 等软件可以进行逐帧分析，详细检查视频的宏块划分情况。

2）网络抽象层（NAL）

在视频编码中，NAL 将每一个帧（包括 I 帧、P 帧和 B 帧）打包成 RBSP（Raw Byte Sequence Payload），然后将这些 RBSP 数据封装到 NAL 单元（NALU）中。由于网络包的最大传输单元容量通常为 1500 字节，而一帧的大小往往超过这个大小，因此一个片通常会被打包在一个 NALU 中，而多个 NALU 共同组成一个完整的帧。

NALU 分为 NALU 头和 NALU 体。NALU 头部标识符通常是 0x00 00 00 01（或 0x00 00 01）。NALU 体包含了实际的编码数据，具体可以包括多种类型的数据。

- 序列参数集（Sequence Parameter Set，SPS）：包含视频流的全局参数，如视频的画质（Profile）、压缩等级（Level）和视频的分辨率等。
- 图像参数集（Picture Parameter Set，PPS）：包含针对图像序列的参数，如图片的属性等。
- 补充增强信息（Supplemental Enhancement Information，SEI）：SEI 是可选的。

传输视频流之前，通常会先传输包含相关参数信息的 NALU，如 SPS、PPS 和 SEI。然后，传输具体的 VCL（Video Coding Layer）NALU，如图 6-4 所示。

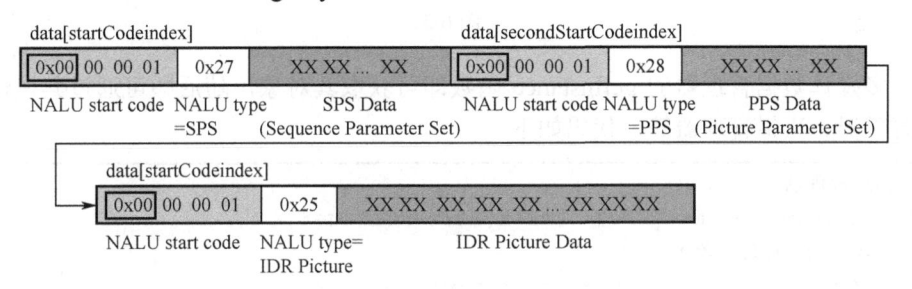

图 6-4

上文对 H.264 做了简单的理论分析。在调取无人机图传数据时，需要通过 FFmpeg 等视频处理库对数据进行处理。下文将分别介绍获取和处理无人机图传数据的基本方法。

6.1.2 获取相机码流

本节先介绍多媒体数据管理器和相机码流管理器的基本用法，然后介绍如何使用相机码流管理器显示图传数据。

1. 多媒体数据管理器

多媒体数据管理器（MediaDataCenter）是用于获取和分析相机、传感器数据的中心。通过的媒体数据管理器可以获取相机码流管理器、多媒体文件管理器、直播管理器等，这些管理器的主要关系如图 6-5 所示。

相机码流管理器、视频流管理器用于获取相机的视频流，既可以获取其解码的数据，也可以获取原始数据。相机码流管理器（CameraStreamManager）是 MSDK 5.8.0 之后引入的获取图传 H.264 编码数据的工具，用于替代之前版本中的视频流管理器（VideoStreamManager）。虽然两者的功能类似，但是推荐开发者使用更加方便的相机码流管理器，视频流管理器已被废弃。

多媒体文件管理器（MediaManager）用于获取、浏览和下载相机存储（内部存储或 SD 卡）中已经获取的数据（如相片、视频等），其用法将在 6.4 节详细介绍。

直播管理器（LiveStreamManager）用于通过 RTMP、RTSP、GB28181 等协议推送视频流，可以用于视频流的直播，有需求、感兴趣的开发者可以参考官方文档，这里不再详细介绍。

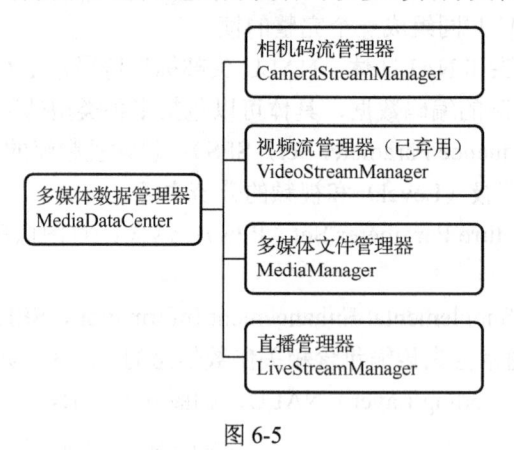

```
多媒体数据管理器              相机码流管理器
MediaDataCenter              CameraStreamManager

                             视频流管理器（已弃用）
                             VideoStreamManager

                             多媒体文件管理器
                             MediaManager

                             直播管理器
                             LiveStreamManager
```

图 6-5

通过多媒体数据管理器的 getInstance 函数即可获取其对象，随后即可通过其属性获取相机码流管理器、直播管理器等，代码如下：

```
// 相机码流管理器
MediaDataCenter.getInstance().cameraStreamManager
// 视频流管理器（已经废弃）
MediaDataCenter.getInstance().videoStreamManager
// 直播管理器
MediaDataCenter.getInstance().liveStreamManager
// 多媒体文件管理器
MediaDataCenter.getInstance().mediaManager
```

当然，开发者也可以通过各自管理器的 getInstance 函数获取对应的单例对象，代码如下：

```
// 相机码流管理器
CameraStreamManager.getInstance()
// 视频流管理器（已经废弃）
VideoStreamManager.getInstance()
// 直播管理器
LiveStreamManager.getInstance()
// 多媒体文件管理器
MediaManager.getInstance()
```

2. 相机码流管理器

根据开发需求，对相机码流管理器进行了重构，现有三种不同的监听方法，以支持图像传输显示、视频流解析和逐帧解析。这些方法简化了开发者使用视频流数据的过程，使集成和处理视频流变得更加高效，具体如图 6-6 所示。

第6章 相机和云台控制

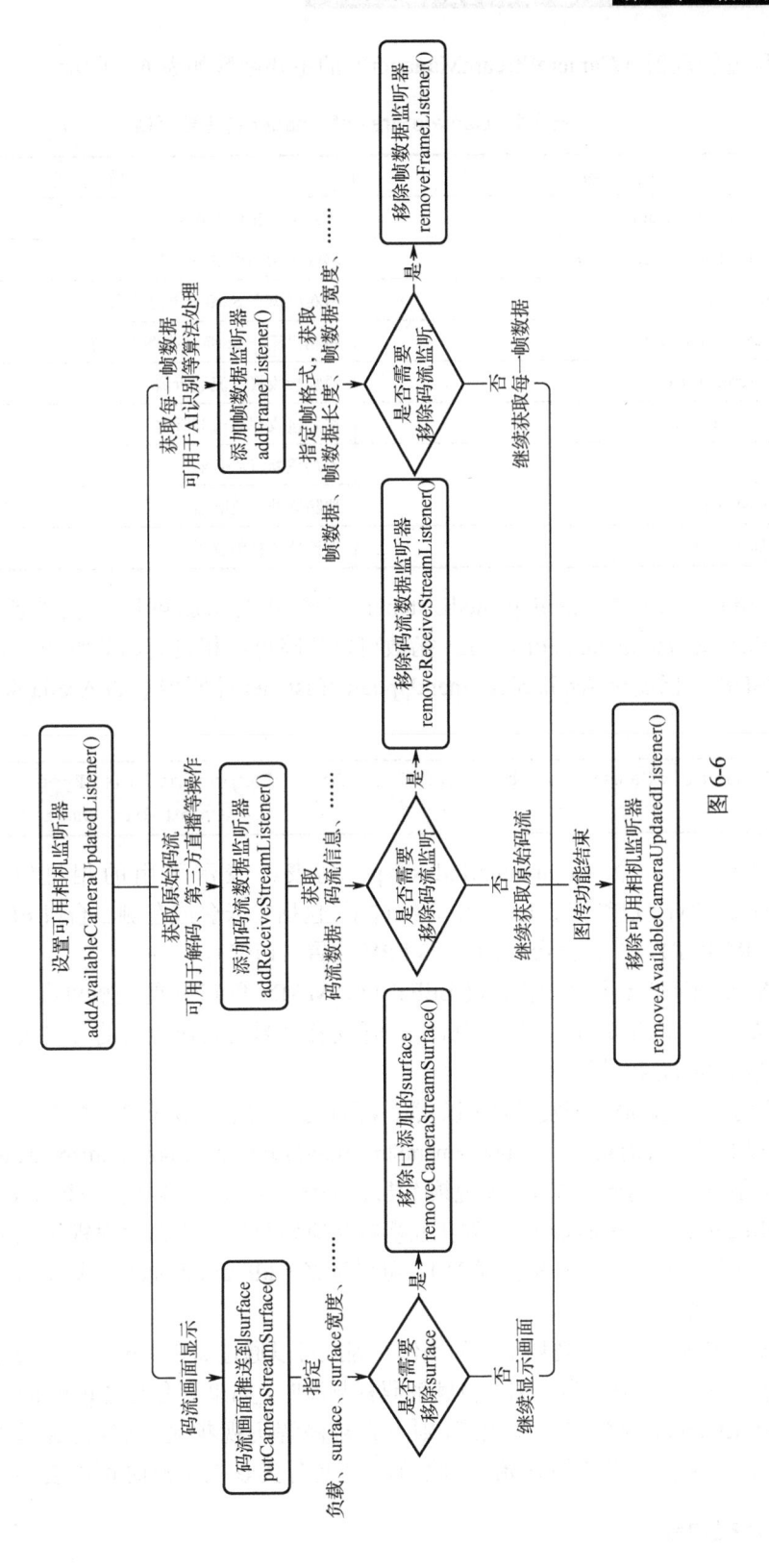

图 6-6

相机码流管理器（CameraStreamManager）的主要函数如表 6-1 所示。

表 6-1　CameraStreamManager 的主要函数

函　　数	描　　述
addAvailableCameraUpdatedListener	添加可用相机更新监听器
removeAvailableCameraUpdatedListener	移除可用相机更新监听器
putCameraStreamSurface	将相机流在 Surface 视图上显示
removeCameraStreamSurface	将相机流在 Surface 视图上移除
addReceiveStreamListener	添加接收视频流监听器
removeReceiveStreamListener	移除接收视频流监听器
addFrameListener	添加逐帧流监听器
removeFrameListener	移除逐帧流监听器
setKeepAliveDecoding	保持持续视频解码

通过 addAvailableCameraUpdatedListener 函数可以添加可用相机更新监听器，通过 removeAvailableCameraUpdatedListener 函数可以移除可用相机更新监听器。当可用相机发生变化时，MSDK 会回调至 AvailableCameraUpdatedListener 监听器的 onAvailableCameraUpdated 函数：

```
void onAvailableCameraUpdated(@NonNull List<ComponentIndexType>
                                            availableCameraList)
```

该函数包括 1 个 ComponentIndexType 列表，表示可用的相机位置。枚举类型 ComponentIndexType 已经在 5.1.1 节中介绍过了，包括主云台或左侧云台（LEFT_OR_MAIN）、右侧云台（RIGHT）、上方云台（UP）和 FPV 位置（FPV）。

对于 M30/M30T 无人机来说，仅 LEFT_OR_MAIN 和 FPV 的相机可用。广角相机、变焦相机和热成像相机均集成在主云台相机中。开发者可通过切换镜头的方式改变这些相机的视频流，下文将详细介绍其用法。

当有可用相机更新时，开发者就可以获取视频流了。对于一般开发者来说，图传信息需要被解码并显示在界面中，此时可以选择 putCameraStreamSurface 或者 removeCameraStreamSurface 函数指定需要显示的控件。当需要直播或者将视频流传递到其他媒介时，可以选择 addReceiveStreamListener 和 removeReceiveStreamListener 函数获取视频流原始数据。当需要对视频流中的每一帧数据进行处理时（如目标识别、自动避障等），可以选择 addFrameListener 和 removeFrameListener 函数获取每一帧的数据。

由于解码视频流是一个功耗很高的操作，因此可以通过 setKeepAliveDecoding 函数控制是否持续对视频流进行解码。当不需要持续解码视频流时，如果没有通过 putCameraStreamSurface 或 addFrameListener 函数监听视频流，则可先暂停解码视频流，这样能够节约一定的电量；不过，解码视频流需要从 I 帧开始，因此当用户重新获取视频流时可能会出现一定的延迟。

3．显示视频流

通过 putCameraStreamSurface 函数可以将视频流显示到 SurfaceView、TextureView 和

MediaCodeC 的 Surface 中。

> **注意**：MSDK 不支持 GLSurfaceView 以及任何与 OpenGL 绑定的 Surface。

在 Android 的原生 API 中，SurfaceView 和 TextureView 不依赖任何第三方库，因此本部分将介绍如何将视频流显示到 SurfaceView 和 TextureView 中。SurfaceView 非常专一，Android 1.5 中就存在，主要用于视频播放。TextureView 的功能更加强大，不仅可以显示视频，还可以通过 OpenGL ES 绘制图形和播放动画，也支持触摸事件，Android 3.0 将其引入。

下面将在创建的 DreamFly 应用程序的基础上，介绍显示视频流的基本方法。创建 CameraStreamActivity 和 CameraGimbalActivity，分别用于将视频流显示到 SurfaceView 和 TextureView 中。其中，CameraGimbalActivity 还将用于实现对相机和云台的控制。

在 MainActivity 中创建【相机和云台】和【图传视频流】按钮，分别用于进入上述的 Activity 中，如图 6-7 所示。

图 6-7

1）在 SurfaceView 中显示视频流

在 CameraStreamActivity 的布局文件中，在 ConstraintLayout 中创建 SurfaceView 视图，代码如下：

```xml
<SurfaceView
    android:id="@+id/surface_view"
    android:layout_width="match_parent"
    android:layout_height="match_parent"
    app:layout_constraintBottom_toBottomOf="parent"
    app:layout_constraintEnd_toEndOf="parent"
    app:layout_constraintStart_toStartOf="parent"
    app:layout_constraintTop_toTopOf="parent" />
```

在 CameraStreamActivity.kt 文件中，获取 SurfaceView 的对象 surfaceView，代码如下：

```kotlin
// SurfaceView 的对象
private lateinit var surfaceView: SurfaceView

override fun onCreate(savedInstanceState: Bundle?) {
    super.onCreate(savedInstanceState)
    setContentView(R.layout.activity_camera_stream)
```

```
    surfaceView = findViewById(R.id.surface_view)
}
```

创建可用相机更新监听器，代码如下：

```
// 可用相机更新监听器
private var listener: AvailableCameraUpdatedListener =
    AvailableCameraUpdatedListener {
        cameraStreamManager.putCameraStreamSurface(
            ComponentIndexType.FPV,         // 相机位置
            surfaceView.holder.surface,     // Surface 对象
            surfaceView.width,              // 宽度
            surfaceView.height,             // 高度
            ScaleType.CENTER_INSIDE         // 缩放类型
        )

}
```

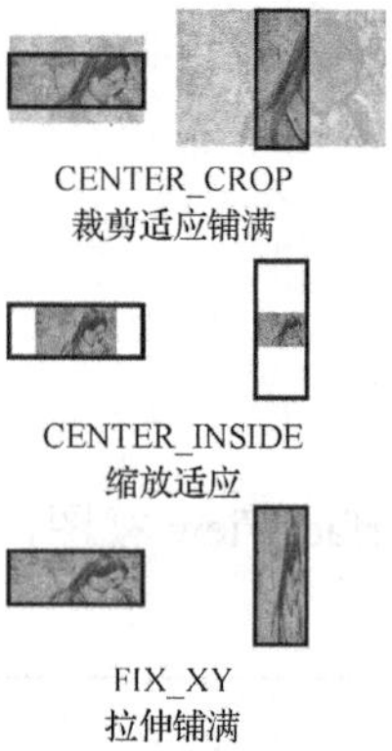

CENTER_CROP
裁剪适应铺满

CENTER_INSIDE
缩放适应

FIX_XY
拉伸铺满

图 6-8

　　putCameraStreamSurface 函数中各参数的含义可以参考注释说明，这里默认显示 FPV 位置相机，并将图传信息显示到 surfaceView 的 Surface 对象中（surfaceView.holder.surface），显示图传信息的高度和宽度与 surfaceView 视图的大小一致。

　　缩放类型可以定义视频显示在 surfaceView 的哪个位置处，以及缩放方式，由 ScaleType 枚举类型定义，包括 CENTER_CROP（裁剪适应铺满）、CENTER_INSIDE（缩放适应）、FIX_XY（拉伸铺满），如图 6-8 所示。

　　FIX_XY 类型可能会导致画面失真，因此不建议使用。建议开发者使用 CENTER_INSIDE 类型，这样可以在保证画面完整呈现的同时避免失真。

　　在 onResume 函数中，为 surfaceView 设置 addOnLayoutChangeListener 监听器，当加载完毕 surfaceView 的布局后（宽度和高度均大于 0 时），为 CameraStreamManager 设置可用相机更新监听器，代码如下：

```
override fun onResume() {
    super.onResume()

    surfaceView.addOnLayoutChangeListener {
            v, left, top, right, bottom,
            oldLeft, oldTop, oldRight, oldBottom ->
        if (v.width > 0 && v.height > 0) {
            // 相机码流管理器
            cameraStreamManager = MediaDataCenter.getInstance().cameraStreamManager
```

```
        // 设置可用相机更新监听器
        cameraStreamManager.addAvailableCameraUpdatedListener(listener)
    }
  }
}
```

注意：直接在 onCreate 或 onResume 等函数中设置可用相机更新监听器时，可能会导致视频流加载失败（实际是 SurfaceView 的高度和宽度为 0，无法正常显示视频流引起的）。

当可用相机更新监听器回调 onAvailableCameraUpdated 函数时，通过相机码流管理器的 putCameraStreamSurface 函数将视频流显示到 surfaceView 中。

最后，还需要在 onPause 函数中停止更新视频流，并移除可用相机更新监听器，代码如下：

```
override fun onPause() {
   // 停止更新视频流
   cameraStreamManager
      .removeCameraStreamSurface(surfaceView.holder.surface)
   // 移除可用相机更新监听器
   cameraStreamManager
      .removeAvailableCameraUpdatedListener(listener)
   super.onPause()
}
```

编译并运行程序，即可在 CameraStreamActivity 中显示 FPV 相机的视频流。

2）在 TextureView 中显示视频流

与 CameraStreamActivity 类似，首先需要在 CameraGimbalActivity 的布局文件中创建 TextureView 视图，并在 CameraGimbalActivity.kt 文件中获取 TextureView 的对象 textureView，然后创建可用相机更新监听器，代码与上文类似，略。

注意：由于 TextrueView 没有黑色背景，建议通过 android:background="@color/black" 将其父布局设置为黑色背景。

与 SurfaceView 不同的是，需要通过 SurfaceTextureListener 监听器监听 TextureView 中 SurfaceTexture 的变化，代码如下：

```
override fun onResume() {
   super.onResume()
   // 监听 SurfaceTexture 的变化
   textureView.surfaceTextureListener = object :
               TextureView.SurfaceTextureListener {
      override fun onSurfaceTextureAvailable(
         surfaceTexture: SurfaceTexture,
         width: Int,
         height: Int
```

```kotlin
) {
    // 创建 Surface 对象
    surface = Surface(surfaceTexture)

    // 获取相机码流管理器
    cameraStreamManager =
            MediaDataCenter.getInstance().cameraStreamManager
    // 设置可用相机更新监听器
    cameraStreamManager.addAvailableCameraUpdatedListener(listener)
}

override fun onSurfaceTextureSizeChanged(
    surfaceTexture: SurfaceTexture,
    width: Int,
    height: Int
) {
}

override fun onSurfaceTextureDestroyed(
        surfaceTexture: SurfaceTexture): Boolean {
    // 停止更新视频流
    cameraStreamManager.removeCameraStreamSurface(surface)
    // 移除可用相机更新监听器
    cameraStreamManager
            .removeAvailableCameraUpdatedListener(listener)
    return true
}

override fun onSurfaceTextureUpdated(
        surfaceTexture: SurfaceTexture) {

}
}
```

在 onSurfaceTextureAvailable 回调函数中，TextureView 加载完成，需要通过 SurfaceTexture 对象创建 Surface 对象，然后为相机码流管理器设置可用相机更新监听器。在 onSurfaceTextureDestroyed 回调函数中，TextureView 被销毁，此时停止更新视频流，并移除可用相机更新监听器。

4．切换相机位置和相机镜头

在 CameraStreamActivity 中创建 1 个下拉框（TextInputLayout）和 2 个按钮（Button），用于切换相机的位置和镜头，如图 6-9 所示。

图 6-9

1）切换相机的位置

在 CameraStreamActivity.kt 中获取下拉框对象 dropDownSelectCamera，并为其设置选项，以及为选项选择监听器，代码如下：

```
// 设置相机位置选项
dropDownSelectCamera.setAdapter(
    ArrayAdapter(
        applicationContext,
        R.layout.item_select_text,
        arrayOf("LEFT_OR_MAIN", "RIGHT", "UP", "FPV",
                "UP_TYPE_C", "AGGREGATION")
    )
)

// 更新并获取视频流
dropDownSelectCamera.setOnItemClickListener {
        parent, view, position, id ->
    // 停止当前视频流
    cameraStreamManager
            .removeCameraStreamSurface(surfaceView.holder.surface)
    // 获取选中的相机位置
    val componentIndex = when (position) {
        0 -> ComponentIndexType.LEFT_OR_MAIN
        1 -> ComponentIndexType.RIGHT
        2 -> ComponentIndexType.UP
        3 -> ComponentIndexType.FPV
        4 -> ComponentIndexType.UP_TYPE_C
        5 -> ComponentIndexType.AGGREGATION
        else -> ComponentIndexType.UNKNOWN
    }
    // 开始新的视频流
    cameraStreamManager.putCameraStreamSurface(
        componentIndex,
        surfaceView.holder.surface,
        surfaceView.width,
```

```
            surfaceView.height,
            ScaleType.CENTER_INSIDE
    )
}
```

在 OnItemClickListener 监听器中,当用户选择了新的相机位置,则停止当前的视频流,并通过 componentIndex 变量指定新的相机位置,再次通过 putCameraStreamSurface 函数开始新的视频流。

2)切换镜头

对于 M30/M30T 等主相机来说,高度集成了变焦、广角等相机类型。对于此类相机,如果需要切换视频流,需要切换镜头。此时,可以通过 CameraKey 的 KeyCameraVideoStreamSource 函数进行切换。例如,将当前镜头切换为广角镜头的代码如下:

```
CameraKey.KeyCameraVideoStreamSource.create()
    .set(CameraVideoStreamSourceType.WIDE_CAMERA,  // 广角镜头
        onSuccess = {
            Log.v("CamreaStreamActivity", "切换至广角镜头成功!")
        },
        onFailure = {
            Log.v("CamreaStreamActivity", "切换至广角镜头失败:${it}")
        })
```

枚举类型 CameraVideoStreamSourceType 定义了各种镜头(视频流来源),其代码主体如下:

```
public enum CameraVideoStreamSourceType {
    DEFAULT_CAMERA,           // 默认镜头
    WIDE_CAMERA,              // 广角镜头
    ZOOM_CAMERA,              // 变焦镜头
    INFRARED_CAMERA,          // 热红外镜头
    NDVI_CAMERA,              // NDVI 镜头
    VISION_CAMERA,            // 可见光镜头
    MS_G_CAMERA,              // 绿色波段镜头
    MS_R_CAMERA,              // 红色波段镜头
    MS_RE_CAMERA,             // 红边波段镜头
    MS_NIR_CAMERA,            // 近红外波段镜头
    POINT_CLOUD_CAMERA,       // 点云镜头
    RGB_CAMERA;               // RGB 波段镜头
    UNKNOWN,                  // 未知镜头
    ...
}
```

类似地,将镜头切换为变焦镜头的代码如下:

```
CameraKey.KeyCameraVideoStreamSource.create()
    .set(CameraVideoStreamSourceType.ZOOM_CAMERA,  // 变焦相机
        onSuccess = {
            Log.v("CamreaStreamActivity", "切换至变焦镜头成功!")
```

```
    },
    onFailure = {
        Log.v("CamreaStreamActivity", "切换至变焦镜头失败:${it}")
    })
```

当然,不同无人机、普通相机所支持的镜头类型有所不同,开发者可以通过 CameraKey 的 KeyCameraVideoStreamSourceRange 获取当前相机支持的镜头类型。

5．获取帧数据和未解码的码流数据

下文将简单介绍获取帧数据和未解码的码流数据的回调函数。

1) 获取帧数据

通过 addFrameListener 和 removeFrameListener 函数可以获取每一帧的数据。监听器 CameraFrameListener 的 onFrame 回调函数如下:

```
void onFrame(
    @NonNull byte[] frameData,       // 帧数据
    int offset,                       // 偏移量
    int length,                       // 数据长度
    int width,                        // 帧的宽度
    int height,                       // 帧的高度
    @NonNull FrameFormat format)      // 帧数据格式
```

FrameFormat 类型定义了支持的帧数据格式,包括 YUV420_888、YUV444_888、YUY2、NV21 和 RGBA_8888 等。

2) 获取未解码的码流数据

通过 addReceiveStreamListener 和 removeReceiveStreamListener 函数可以获取视频流的原始数据。监听器 ReceiveStreamListener 的 onReceiveStream 回调函数如下:

```
void onReceiveStream(
    @NonNull byte[] data,             // 码流数据
    int offset,                       // 偏移量
    int length,                       // 数据长度
    @NonNull StreamInfo info)         // 码流数据信息
```

码流数据信息类 StreamInfo 包括码流的宽度、高度和帧率等,其主要函数如下。

❑ getMimeType:获取媒体类型,包括 H264 和 H265 两类。
❑ getWidth:获取视频宽度。
❑ getHeight:获取视频高度。
❑ getFrameRate:获取帧率。
❑ getPresentationTimeMs:获取时间戳 PTS。
❑ isKeyFrame:判断是否为关键帧。

6．MSDK 官方样例

在 MSDK 官方样例中,通过选择【数据获取】→【多路视频解码】即可打开

CameraStreamManager 的官方样例，如图 6-10 所示。

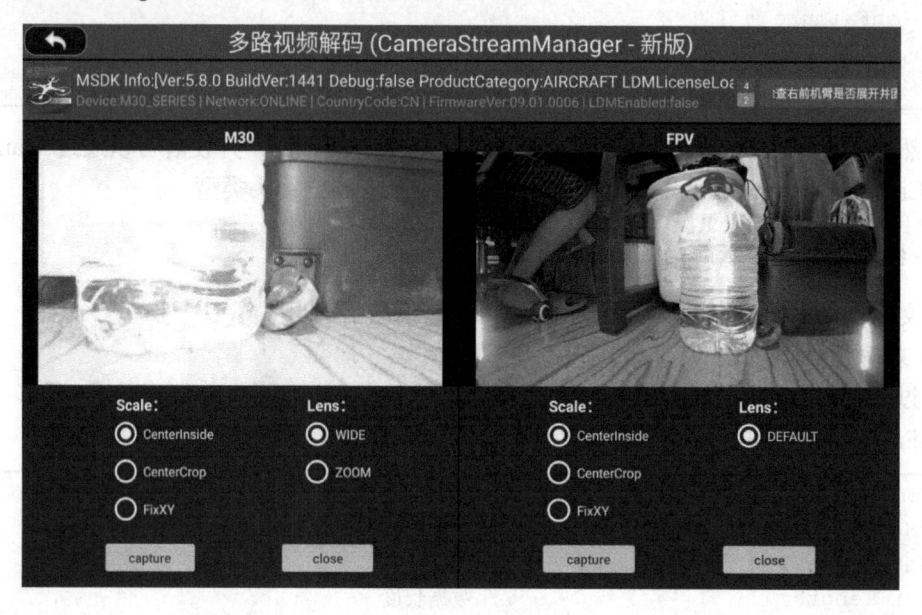

图 6-10

在该样例中，除了通过"Scale"和"Lens"改变缩放模式和镜头，还可以单击【capture】按钮将当前帧存储为不同的数据格式，如图 6-11 所示。

图 6-11

6.1.3　FPVWidget 属性设置

通过 UX SDK 中的 FPVWidget 获取视频流会更加方便。本节将简单介绍 FPVWidget 的常用属性。

1）视频流通道

通过 app:uxsdk_videoChannelType 属性可以设置 FPVWidget 视频流通道，包括 primaryStreamChannel（主通道）、secondaryStreamChannel（次通道）和 extendedStreamChannel（扩展通道）选项。其中，主通道属于优先级最高的码流通道。当传输带宽不足时，将首先保

证主通道中的数据传输。扩展通道的传输优先级最低,当传输带宽不足时,容易发生丢包现象。

2)镜头名称和镜头位置

默认情况下,FPVWidget 会在视图中央显示镜头提示,提示中包括镜头名称和镜头位置,如图 6-12 所示。

```
CAMERA_M30_CAMERA_LENS_WIDE
        PORTSIDE
```

图 6-12

该提示用于测试,开发者发布应用时,可以分别通过 uxsdk_sourceCameraNameVisibility 和 uxsdk_sourceCameraSideVisibility 属性改变镜头提示的可见性。例如,不显示镜头提示,代码如下:

```
<dji.v5.ux.core.widget.fpv.FPVWidget
    …
    app:uxsdk_sourceCameraNameVisibility="false"
    app:uxsdk_sourceCameraSideVisibility="false"/>
```

另外,开发者还可以改变镜头提示的显示效果,常见的属性如表 6-2 所示。

表 6-2 镜头提示的显示效果属性

属 性	描 述
uxsdk_cameraNameTextAppearance	镜头名称文字显示效果引用
uxsdk_cameraNameTextSize	镜头名称文字大小
uxsdk_cameraNameTextColor	镜头名称文字颜色
uxsdk_cameraNameBackgroundDrawable	镜头名称文字背景
uxsdk_cameraSideTextAppearance	镜头位置文字显示效果引用
uxsdk_cameraSideTextSize	镜头位置文字大小
uxsdk_cameraSideTextColor	镜头位置文字颜色
uxsdk_cameraSideBackgroundDrawable	镜头位置文字背景

3)网格线设置

网格线方便构图,使画面的主体能够更和谐地分布在画面中。通过如表 6-3 所示的属性即可设置 FPVWidget 的网格线。

表 6-3 网格线属性

属 性	描 述
uxsdk_gridLinesEnabled	是否启用网格线
uxsdk_gridLineType	网格线类型
uxsdk_gridLineColor	网格线颜色
uxsdk_gridLineWidth	网格线宽度

网格线分为普通网格线（parallel）、网格线和对角线（parallelDiagonal）及无网格线（none）。

4）中心点设置

中心点用于表示相机镜头对准的中心位置，通过如表6-4所示的属性即可设置FPVWidget的中心点。

表6-4 中心点属性

属 性	描 述
uxsdk_centerPointEnabled	是否启用中心点
uxsdk_centerPointType	中心点类型
uxsdk_centerPointColor	中心点颜色

中心点分为标准（standard）、交叉（cross）、方块（square）、方块交叉（squareAndCross）、无中心点（none）等类型。

6.2 相机控制

6.2.1 相机基础知识

相机利用光学成像原理拍摄图像或视频，由镜头、图像传感器、快门、取景器以及外围电路组成。无人机的相机具有以下几个特点。

- 高集成度：为了减轻重量，无人机的相机通常集成了多个功能模块，如广角、变焦、红外等。比如，Mavic 3 Pro 结合了哈苏相机、中长焦相机和长焦相机的功能，而 M3TD 则包括广角相机、长焦相机和红外相机的功能。
- 防抖增稳：无人机的相机使用电子图像稳定（Electronic Image Stabilization，EIS）和光学图像稳定（Optical Image Stabilization，OIS）技术来减少拍摄时的振动。EIS通过算法处理视频画面来稳定图像，而 OIS 通过浮动透镜和陀螺仪来修正光轴偏移。大范围的抖动依然需要无人机的云台来稳定。
- 电子取景：为了配合无人机图传将相机画面实时地传递给用户，无人机的相机一般采用"无反"方式进行电子取景，没有单独的取景机构。

本节将着重介绍相机的图像传感器、镜头、相机模式等基本概念。

1. 图像传感器

图像传感器也称为感光元件，是将光信号转换为电信号的电子元件，也是相机最核心的一部分。常见的图像传感器包括 CMOS 和 CCD 两类。CMOS 的中文全称为互补金属氧化物半导体（Complementary Metal Oxide Semiconductor，CMOS），而 CCD 的中文全称为电荷耦合器（Chagre Couled Device，CCD），两者的制作材料和原理是类似的，但是其结构和制造工艺存在差异，如 CMOS 一般采用循环曝光，CCD 一般采用全局曝光。随着 CMOS 的技术和工艺逐渐发展成熟，CMOS 传感器的画质越来越强，并且具有低成本、低功耗等特征，在手机、无人机等领域得到广泛应用。大疆行业无人机多数采用 CMOS 传感器（见图 6-13）。

图 6-13

相机感光度（ISO）表示图像传感器对光线的敏感程度。在其他条件不变的情况下，ISO 越大，照片越亮。通常，ISO 可分为低感光度（ISO 在 100～400）和高感光度（ISO 在 500 以上），常用的取值有 50、100、200、400、1000 等。

注意：ISO 表示国际标准化组织，由于 ISO200 是最为常用的相机感光度标准，因此 ISO 也约定俗成地被作为相机感光度的代称。

对于一块图像传感器来说，量子效率（光子到电子的转换效率）是固定值，因此图像传感器的感光能力具有不变性。改变 ISO 值并不能真正地改变传感器的曝光能力，而是以增益的方式使相片"变得更亮"。ISO 可以分为基准 ISO（Base ISO）、原生 ISO（Native ISO）和扩展 ISO（Extended ISO）。其中，基准 ISO 是相机支持的最小 ISO；原生 ISO 可以通过模拟增益的方式增强感光能力；扩展 ISO 通过模拟增益叠加数字增益的方式增强感光能力。当进光量过少时，信噪比偏低，增加 ISO 就会使感光元件的测量误差显得非常明显，即出现图像"噪点"，如图 6-14 所示。因此，在光线等条件允许的情况下，应当尽可能提高进光量，而不是选择高 ISO 拍摄照片，这样可以尽可能地提高图像的动态范围，拍摄出高质量的照片。

| 高曝光量，低ISO时，"噪点"不明显 | 低曝光量，高ISO时，"噪点"明显 |

图 6-14

注意：动态范围（Dynamic Range）是一个用于描述可变化信号最大值和最小值之间比值的术语。在摄影领域，动态范围通常用于描述相机捕捉图像影调细节的能力。动态范围越大，相机能够记录的暗部和亮部细节就越丰富，所能表现的层次和色彩空间也越广。

2. 镜头

镜头是由一系列的光学玻璃组成的透镜组，聚焦光线进入相机，将前方的景象清晰地铺满图像传感器。实际上，可以将镜头理解为一个凸透镜，但是为了能够将波长的光线准确一致地成像，并更加精准方便地进行对焦和变焦操作，镜头设计非常复杂。下面介绍有关镜头的基本概念。

1）对焦和变焦

对焦指改变镜头焦距，从而让被拍摄的主体呈现清晰的影像。由于无人机拍摄的场景多为距离很远的事物，因此许多无人机（如大疆精灵 3）直接将对焦点设置为无穷远。对焦模式分为手动对焦（Manual Focus，MF）和自动对焦（Auto Focus，AF）。在自动对焦模式下，定制对焦策略即可自动完成对焦。在手动对焦模式下，需要开发者（用户）自定义对焦点。对焦点的直角坐标系以左下角为原点、以右上角为（1.0，1.0）点，如图 6-15 所示。

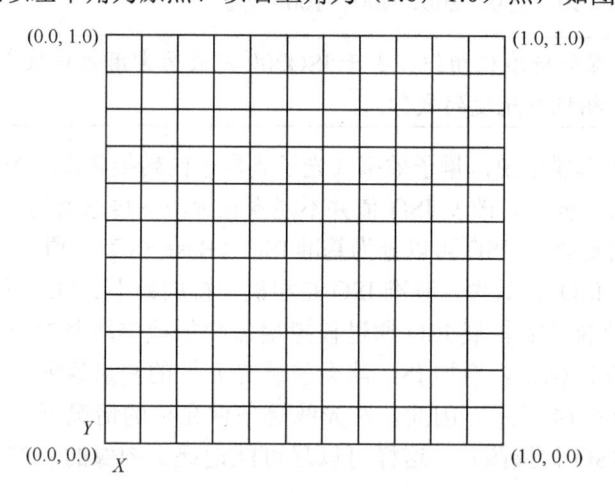

图 6-15

变焦指通过电机改变焦平面与镜头的相对位置，从而改变视野范围，用视场角（Field of View，FOV）表示。变焦的实现一般是通过电机改变镜头与内部镜片之间的距离来实现的。由于焦距决定了视野，因此变焦后还需要进行对焦，保证成像清晰。

变焦分为光学变焦、数码变焦、连续变焦和指点变焦。

- 光学变焦：通过物理方式调整镜头焦距来实现变焦，不损失画质。这种变焦方式能够保证图像质量，但变焦范围相对较小。
- 数码变焦：通过软件算法对图像进行放大和裁切，可能会损失画质。数码变焦操作简单，但只适用于特定范围的放大。
- 连续变焦：能够将光学变焦和数码变焦相结合，实现连续平滑的变焦效果。当变焦倍数较低时，优先使用光学变焦；待光学变焦达到上限，则综合使用光学变焦和数码变焦。
- 指点变焦：选择特定的目标来实现快速变焦，以便能够快速聚焦到所需的细节或区域。

2）相机曝光

快门、光圈和感光度是曝光控制的三要素，相片的明暗程度、成像质量、景深基本由快门时间、光圈大小和感光度决定，如图 6-16 所示。

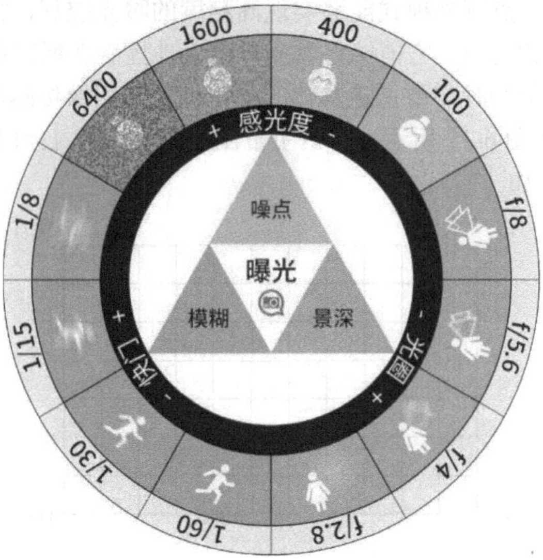

图 6-16

（1）快门和快门时间：快门是控制光线照射感光元件时间的装置。快门时间为感光元件记录光电信号的时间，通常以秒为单位。在其他条件不变的情况下，快门时间越长，相片的曝光量越大。相机快门包括机械快门、电子快门、组合快门等。电子快门设计更加紧凑，而机械快门可以在一定程度上减少画面扭曲，避免拖影现象。

（2）光圈：光圈即相机镜头进光孔的大小。在其他条件不变的情况下，光圈越大，镜头的进光量也越大，通常用 f 值表示光圈大小，如 f/1、f/1.4、f/2 等。另外，光圈大小也影响了景深，更大的光圈意味着更浅的景深。不过，浅景深需要更加精细的对焦控制，才能使主体元素清晰成像。

（3）感光度是图像传感器的固有属性，实际的曝光效果由快门时间和光圈大小共同决定。相机的曝光量过大时，会导致亮部区域泛白，无法显示细节和层次，这种现象称为曝光过度（过曝）。相反，当曝光量过小时，暗部区域会变为黑色，细节和层次无法显现，这种情况称为曝光不足（欠曝）。

测光模式用于调整相机的曝光量，包括手动模式和自动模式。如果使用自动模式调整曝光量，相机会根据用户选定的测光位置自动对环境进行测光，并自动设置拍摄相片时的光圈、快门和感光度等参数，尽可能避免出现过曝和欠曝的情况。因此，狭义的测光模式就是自动测光时测光位置的选择，主要包括平均测光、中央重点测光和点测光。

- 平均测光：这种模式将整个画面作为测光区域，综合画面的亮度和细节，以得到一个平均的曝光值。平均测光模式适合拍摄画面亮度比较均匀的场景，如航测照片等。
- 中央重点测光：这种模式将画面的中央区域作为主要测光区域，同时兼顾其他区域的亮度。中央重点测光模式适合拍摄主体位于画面中央的场景，如人像照片。它能够确保中央区域的曝光准确度，同时适当考虑其他区域的亮度。

❑ 点测光：这种模式将画面中的一个点作为测光区域，通常用于拍摄主体与背景有较大亮度差异的场景。点测光模式能够实现高精度的曝光控制，特别适合拍摄人像、静物等需要精确曝光的场景。它能够将曝光量准确地控制在所需的点上，以获得理想的曝光效果。使用点测光时需要指定具体的测光位置。图像传感器被分为96个点区域，共8行12列，如图6-17所示。行索引范围是[0, 7]，从上到下递增；列索引范围是[0, 11]，从左到右增加。

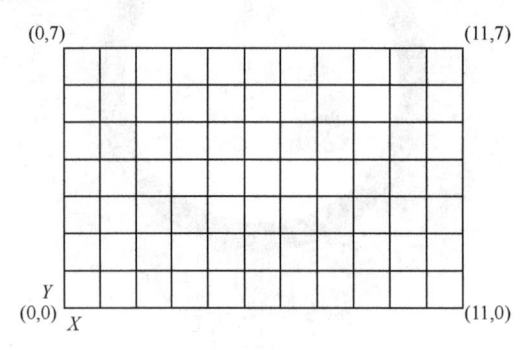

图 6-17

在自动测光模式下，还可以通过调整曝光补偿（Exposure Values，EV）来调整照片的明亮程度。EV 通常仅可设置为-2、-1、0、1、2等几个数值。当 EV 值为负值时，相机会减少曝光量；当 EV 值为正值时，相机会增加曝光量。

3）白平衡

在拍摄过程中，相机可能会受到不同颜色光线的影响，导致被拍摄物体的颜色与其真实颜色有所偏差。物体在不同光照条件下所呈现的颜色被称为条件色，而物体在白色光线下的真实颜色称为固有色。白平衡的作用是还原物体的真实固有色，或对其进行色彩上的艺术加工。白平衡一般通过色温进行设置。色温可以反映一个相片的"冷暖"。日光的色温为5600K左右。当照片的色温低于5500K时，画面会显得偏"冷"；当色温高于5500K时，画面则偏"暖"。白平衡的设置可以根据实际光源的色温进行调整，如蜡烛光（1900K）、荧光灯（3000K）、闪光灯（3800K）、晴朗天空（12000~18000K）等，以尽可能准确地还原物体的固有色。此外，相机还可以设置为自动白平衡（Auto White Balance，AWB）模式，通过创建多种环境色彩模型尽量还原物体的原始色彩。

相片通常以 JPEG、PNG 等格式存储在相机的存储设备中。然而，多数相机也提供了 RAW 格式的存储选项。RAW 格式记录了在特定曝光设置下，各个像素的感光原始数据。由于 RAW 格式的数据记录与白平衡设置无关，因此可以在后期对 RAW 文件进行各种白平衡调整，以达到最佳的色彩效果。

6.2.2 相机控制的基本操作

本节将介绍相机控制的基本操作方法，包括相机模式的切换、拍照、录像、曝光模式的切换以及曝光补偿的设置等。在 CameraGimbalActivity 中设计用户界面，增加【切换相机模式】、【拍照】、【录像】、【曝光模式】、【曝光补偿】等按钮，以及用于显示相机模式的文本框

tvCameraMode、用于显示录像状态的文本框 tvRecordStatus 和用于显示曝光模式的 tvCameraExposureMode，如图 6-18 所示。

图 6-18

1．相机模式

大疆无人机的相机模式包括拍照模式、录像模式和视频回放模式（Playback），分别对应于相机的拍照、录像和视频回放功能。相机负载只能处于某一种相机模式中，无法同时拍照和录像。

> **注意**：在进行具体的相机操作时，开发者一定要检查相机是否处在对应的模式下，否则无法执行相应的功能。不过，对于部分机型来说，支持在普通录像模式下，甚至是录像过程中拍照。

视频回放模式需要通过多媒体文件管理器进入，可以参考 6.4 节的相关内容。这里的相机模式是指拍照模式和录像模式。

1）拍照模式和录像模式

拍照模式又分为单拍模式、连拍模式、自动包围曝光模式、定时拍照模式和全景拍照模式等，具体的功能如下所述。

- 单拍模式：每次拍摄一张照片。
- 连拍模式：每次拍摄连续的多张照片，用于捕捉快速移动的物体或拍摄需要清晰捕捉的瞬间，支持单次拍摄 2、3、5、7、10 或 14 张照片。
- 自动包围曝光模式：AEB（Auto Exposure Bracketing）连拍即自动包围曝光连拍，用于针对拍摄光线复杂或明暗差异较大的场景，自动拍摄多张不同曝光值的照片。
- 定时拍照模式：定时拍摄一张照片，目前支持 2 秒、3 秒、5 秒、7 秒或 10 秒间隔拍摄，最大支持制定拍摄 254 张照片。
- 全景拍照模式：全景拍照指通过拍摄多张照片并将它们拼接在一起，创建出一个连续的、宽广的视野画面。

录像模式分为普通录像模式、低光智能模式和慢动作模式，具体如下所述。

- 普通录像模式：适用于大多数光线条件下的录像。
- 低光智能模式：适用于在低光环境下录像，通过提高感光度和延长曝光时间，获取更清晰的夜景视频。
- 慢动作模式：慢动作模式适用于拍摄快速运动的画面，如赛车、奔跑、动物捕食等。

2）通过 MSDK 改变相机模式

相机模式由枚举类型 CameraMode 定义，包括单拍模式（PHOTO_NORMAL）、普通录像模式（VIDEO_NORMAL）、低光智能模式（PHOTO_HYPER_LIGHT）、自动包围曝光模式（PHOTO_AEB）、连拍模式（PHOTO_BURST）、高分辨率模式（PHOTO_HIGH_RESOLUTION）、定时拍照模式（PHOTO_INTERVAL）、超清矩阵拍照模式（PHOTO_SUPER_RESOLUTION）、全景拍照模式（PHOTO_PANORAMA）等。

另外，CameraMode 包括 isPhotoMode 和 isVideoMode 属性，分别用于判断相机是否处于拍照模式或录像模式。

单拍模式和普通录像模式最为常用。在【切换相机模式】按钮的单击事件监听器中实现切换单拍模式和普通录像模式的功能，代码如下：

```
var cameraMode = CameraMode.UNKNOWN
if (CameraKey.KeyCameraMode.create().get()?.isPhotoMode == true) {
    cameraMode = CameraMode.VIDEO_NORMAL   // 普通录像模式
} else {
    cameraMode = CameraMode.PHOTO_NORMAL   // 单拍模式
}
CameraKey.KeyCameraMode.create().set(cameraMode,
    onSuccess = {
        Log.v("CamreaGimbalActivity", "相机模式切换至 :${cameraMode.name}")
    },
    onFailure = {
        Log.v("CamreaGimbalActivity", "相机模式切换失败:${it}")
    })
```

通过 CameraKey 的 KeyCameraMode 可以获得当前的拍照模式。当判断当前的相机模式为拍照模式时，则切换为普通录像模式；否则切换为单拍模式。

当然，也可以通过 KeyCameraMode 监听当前的相机模式，并将其信息显示到 tvCameraMode 文本框中，代码如下：

```
CameraKey.KeyCameraMode.create().apply {
    get(onSuccess = {
        tvCameraMode.text = "相机模式: ${it?.name}"
    }, onFailure = {
        tvCameraMode.text = "相机模式: ${CameraMode.UNKNOWN.name}"
    })
    listen(this, false, onChange = {
        tvCameraMode.text = "相机模式: ${it?.name}"
    })
}
```

编译并运行程序，单击【切换相机模式】按钮后，相机模式文本框将在"相机模式：VIDEO_NORMAL"和"相机模式：PHOTO_NORMAL"之间切换。

2. 拍照和录像

在 CameraKey 中，常用的键主要如表 6-5 所示。

表 6-5 CameraKey 中常用的键

键（Key）		描 述
拍照	KeyIsShootingPhoto	是否正在拍照
	KeyStartShootPhoto	开始拍照
	KeyStopShootPhoto	停止拍照
录像	KeyIsRecording	是否正在录像
	KeyStartRecord	开始录像
	KeyStopRecord	停止录像
	KeyRecordingTime	录像时间

下文将分别介绍如何实现拍照和录像功能。

1）拍照功能的实现

在【拍照】按钮的单击事件监听器中实现拍照功能，代码如下：

```
CameraKey.KeyStartShootPhoto.create().action(onSuccess = {
    Log.v("CamreaGimbalActivity", "开始拍照!")
},
onFailure = {
    Log.v("CamreaGimbalActivity", "开始拍照失败:${it}")
})
```

为了监听拍照状态，还可以通过 KeyIsShootingPhoto 的监听方法将当前的状态输出至 Logcat，代码如下：

```
// 监听拍照状态
CameraKey.KeyIsShootingPhoto.create().listen(this, false, onChange = {
    if (it == true) {
        Log.v("CamreaGimbalActivity", "正在拍照!")
    }else {
        Log.v("CamreaGimbalActivity", "没有拍照!")
    }
})
```

2）录像功能的实现

录像功能的实现相对复杂，需要先通过 KeyCameraRecordingStatus 获取 CameraRecordingStatus 对象，判断当前相机是否正在录像。相机录像状态（CameraRecordingStatus）主要包括空闲（IDEL）、开始录像（STARTING）、正在录像（RECORDING）和停止录像（STOPPING）4 种状态。

在【录像】按钮的单击事件监听器中获取当前的录像状态。当录像状态为正在录像时，停止录像；否则开始录像，代码如下：

```
if (CameraKey.KeyCameraRecordingStatus.create().get()
== CameraRecordingStatus.RECORDING) {
    CameraKey.KeyStopRecord.create().action(onSuccess = {
```

```
        showToast( "停止录像!")
    }, onFailure = {
        showToast( "停止录像失败:${it}")
    })
} else {
    CameraKey.KeyStartRecord.create().action(onSuccess = {
        showToast("开始录像!")
    }, onFailure = {
        showToast( "开始录像失败:${it}")
    })
}
```

另外，为了在界面中显示当前的录像状态和录像时间，可以在 CameraGimbalActivity 的 onCreate 函数中对相应的键进行监听，并将相应的值赋值给 cameraRecordingStatus 和 recodingTime，代码如下：

```
// 监听录像状态
CameraKey.KeyCameraRecordingStatus.create().listen(this, false, onChange = {
    if (it != null) {
        cameraRecordingStatus = it
        showRecordingStatus()
    }
})
// 录像时间
CameraKey.KeyRecordingTime.create().listen(this, false, onChange = {
    if (it != null) {
        recodingTime = it
        showRecordingStatus()
    }
})
```

cameraRecordingStatus 和 recodingTime 的定义如下：

```
// 录像状态
private var cameraRecordingStatus : CameraRecordingStatus =
CameraRecordingStatus.UNKNOWN
// 录像时间
private var recodingTime : Int = 0
```

函数 showRecordingStatus 用于将 CameraRecordingStatus 枚举类型转换为文本，并显示到 tvRecordStatus 文本框中。当录像状态为正在录像时，则同时显示录像时间（单位为秒），代码如下：

```
private fun showRecordingStatus() {
    tvRecordStatus.text = when (cameraRecordingStatus) {
        CameraRecordingStatus.IDEL -> "不在录像"
```

```
            CameraRecordingStatus.STARTING -> "开始录像"
            CameraRecordingStatus.RECORDING -> "正在录像: ${recodingTime}秒"
            CameraRecordingStatus.STOPPING -> "停止录像"
            else -> "未知"
        }
}
```

编译并运行程序,将相机模式切换至普通录像模式,然后单击【录像】按钮,即可开始录像,并弹出"开始录像!"提示,如图 6-19 所示。

在录像过程中,再次单击【录像】按钮,即可停止录像,并出现"停止录像!"提示。在非录像模式下,单击【录像】按钮会导致开始录像失败,如图 6-20 所示。

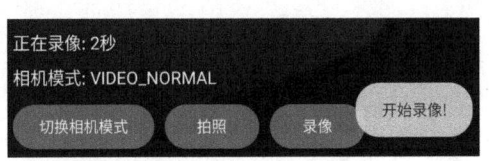

图 6-19

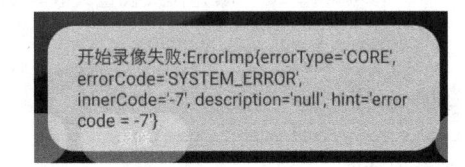

图 6-20

3. 相机的参数设置

下文以曝光模式和曝光补偿为例,介绍设置相机参数的基本方法。

1)切换曝光模式

通过 CameraKey 的 KeyExposureMode 键即可设置相机的曝光模式。曝光模式由 CameraExposureMode 枚举类型定义,其主要枚举值如下所示:

```
enum CameraExposureMode {
    PROGRAM,                    // 自动模式
    SHUTTER_PRIORITY,           // 快门优先
    APERTURE_PRIORITY,          // 光圈优先
    MANUAL,                     // 手动模式
    UNKNOWN;                    // 未知
    ...
}
```

在【曝光模式】按钮的单击事件监听器中实现弹出曝光模式选框,并依据用户选择设置曝光模式,代码如下:

```
// 创建对话框构造器
val builder = AlertDialog.Builder(this@CameraGimbalActivity)
// 设置对话框标题
builder.setTitle("请选择...")
// 为对话框设置列表项,并实现单击后的业务逻辑
builder.setItems(arrayOf("PROGRAM" ,"SHUTTER_PRIORITY" ,
            "APERTURE_PRIORITY", "MANUAL")) {
        dialogInterface, i ->
```

```
    val exposureMode : CameraExposureMode = when (i) {
        0 -> CameraExposureMode.PROGRAM
        1 -> CameraExposureMode.SHUTTER_PRIORITY
        2 -> CameraExposureMode.APERTURE_PRIORITY
        3 -> CameraExposureMode.MANUAL
        else -> CameraExposureMode.UNKNOWN
    }
    CameraKey.KeyExposureMode.create().set(exposureMode,
        onSuccess = {
            showToast("曝光模式设置成功:${exposureMode.name}!")
        }, onFailure = {
            showToast( "曝光模式设置失败:${it}")
        })
}
// 创建对话框
val alert = builder.create()
// 显示对话框
alert.show()
```

编译并运行程序，当用户单击【曝光模式】按钮时，则会弹出如图 6-21 所示的对话框。用户选择对应的曝光模式后，即可观察到切换的效果。

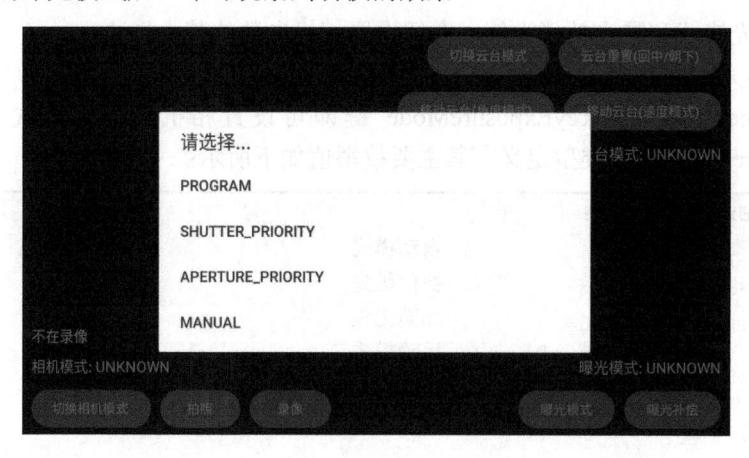

图 6-21

类似地，可以在 CameraGimbalActivity 的 onCreate 函数中，通过 KeyExposureMode 键监听曝光模式，并将相应的值赋值到 tvCameraExposureMode 文本框中，代码如下：

```
CameraKey.KeyExposureMode.create().apply {
    get(onSuccess = {
        tvCameraExposureMode.text = "曝光模式: ${it?.name}"
    }, onFailure = {
        tvCameraExposureMode.text = "曝光模式: ${CameraExposureMode.UNKNOWN.name}"
    })
    listen(this, false , onChange = {
```

```
            tvCameraExposureMode.text = "曝光模式: ${it?.name}"
    })
}
```

开发者可以通过 CameraKey 的 KeyExposureModeRange 键获取当前相机支持的曝光模式。需要注意的是，这里的曝光模式设置是针对当前所选的镜头（通过 KeyCameraVideoStreamSource 键设置）而言的，而不是所有的相机镜头。

2）切换曝光补偿

曝光补偿是在自动曝光模式下调整相机整体曝光的方式。曝光补偿通常用 EV（Exposure Value）值来表示，EV 值每增加 1，表示曝光量增加一倍，每减少 1，表示曝光量减少一半。通过 CameraKey 的 KeyExposureCompensation 键可以设置曝光补偿。曝光补偿值由 CameraExposureCompensation 枚举类型定义，包括相机固定值（FIXED）、NEG_5P0EV、NEG_0EV、POS_5P0EV 等；其中前缀 "NEG_" 表示负值，前缀 "POS_" 表示正值，后缀 mPnEV 表示 EV 值的绝对值为 m.n。例如，POS_4P0EV 表示 EV 值为 4.0，NEG_0EV 表示 EV 值为 0，NEG_2P7EV 表示 EV 值为-2.7。

在【曝光补偿】按钮的单击事件监听器中实现弹出曝光补偿选框，并依据用户选择设置 EV 值，代码如下：

```
// 创建对话框构造器
val builder = AlertDialog.Builder(this@CameraGimbalActivity)
// 设置对话框标题
builder.setTitle("请选择...")
// 为对话框设置列表项，并实现单击后的业务逻辑
builder.setItems(arrayOf("-5.0" ,"-4.0", "-3.0", "-2.0",
        "-1.0", "0.0", "1.0", "2.0",
        "3.0", "4.0", "5.0" )) {
    dialogInterface, i ->
    val ev : CameraExposureCompensation = when (i) {
        0 -> CameraExposureCompensation.NEG_5P0EV
        1 -> CameraExposureCompensation.NEG_4P0EV
        2 -> CameraExposureCompensation.NEG_3P0EV
        3 -> CameraExposureCompensation.NEG_2P0EV
        4 -> CameraExposureCompensation.NEG_1P0EV
        5 -> CameraExposureCompensation.NEG_0EV
        6 -> CameraExposureCompensation.POS_1P0EV
        7 -> CameraExposureCompensation.POS_2P0EV
        8 -> CameraExposureCompensation.POS_3P0EV
        9 -> CameraExposureCompensation.POS_4P0EV
        10 -> CameraExposureCompensation.POS_5P0EV
        else -> CameraExposureCompensation.UNKNOWN
    }
    CameraKey.KeyExposureCompensation.create().set(ev, onSuccess = {
        showToast("曝光补偿设置成功:${ev.name}!")
    }, onFailure = {
        showToast( "曝光补偿设置失败:${it}")
```

```
    })
}
// 创建对话框
val alert = builder.create()
// 显示对话框
alert.show()
```

  编译并运行程序，单击【曝光补偿】按钮即可出现如图 6-22 所示的对话框。开发者可以尝试在 PROGRAM 自动曝光模式下选择不同的 EV 值，观察相机曝光的变化情况（其他曝光模式不支持曝光补偿设置，设置无效）。与曝光模式类似，曝光补偿也是针对当前镜头而言的，因此建议开发者在设置曝光补偿时，通过 KeyCameraVideoStreamSource 键检查是否选择了正确的相机镜头。

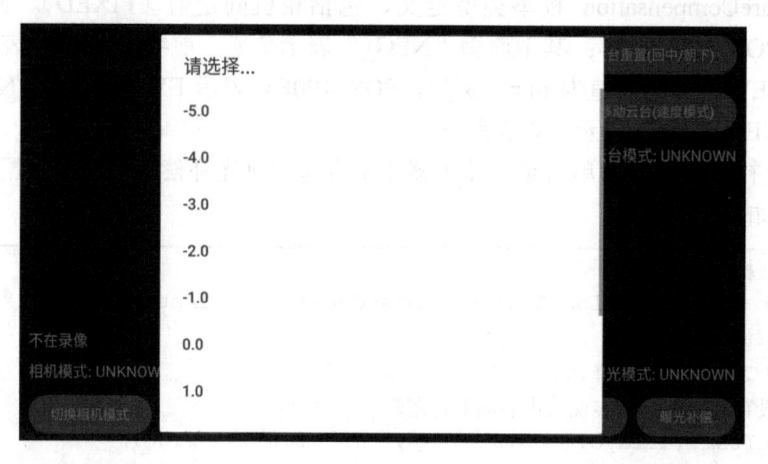

图 6-22

  由于曝光补偿值众多，因此这里预设了-5.0～5.0 范围内的整数 EV 值进行测试。有一些相机无法修改 EV 值，此时曝光补偿需要设置为 FIXED；有一些相机无法覆盖所有的 EV 值，开发者可以通过 CameraKey 的 KeyExposureCompensationRange 键获取当前相机支持的 EV 值。

6.3　云台控制

  无人机云台是现代无人机技术中的关键组件，旨在提供一个高精度的稳定平台，确保摄影摄像设备在飞行过程中画面平稳和清晰。云台通常配备三个轴向的电机，分别控制俯仰（上下）、横滚（左右）和偏航（水平旋转）运动。这些电机实时响应无人机的姿态变化，通过精确调整来抵消飞行中的抖动和振动，从而确保画面的稳定，如图 6-23 所示。

  对于俯仰轴来说，以抬头为正方向，0°时相机位于水平状态，-90°时相机竖直朝下。开启云台俯仰角度扩展后，云台俯仰角度可达到正值（其最大值根据云台的不同而不同）。对于横滚轴来说，以右滚为正方向（朝向相机前方，顺时针方向）。对于偏航轴来说，以右偏为正方向（朝向相机下方，顺时针方向）。

第 6 章 相机和云台控制

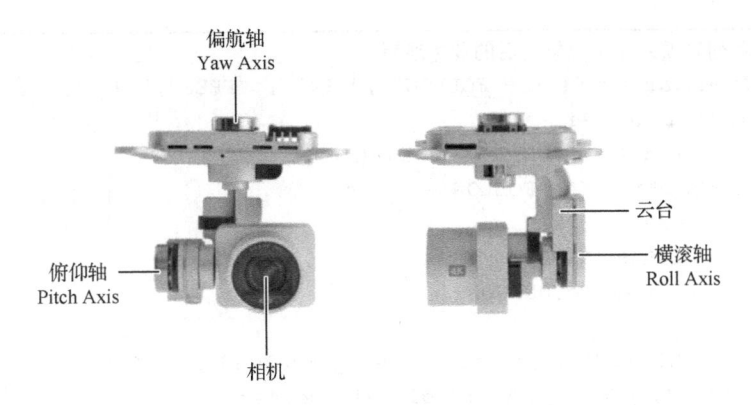

图 6-23 中标注：偏航轴 Yaw Axis、云台、横滚轴 Roll Axis、俯仰轴 Pitch Axis、相机。

图 6-23

本节将介绍控制云台的基本方法，如切换云台模式、重置云台、移动云台等。在 CameraGimbalActivity 中设计用户界面，增加【切换云台模式】、【云台重置（回中/朝下）】、【移动云台（角度模式）】、【移动云台（速度模式）】等按钮，以及用于显示云台模式的 tvGimbalMode，如图 6-24 所示。

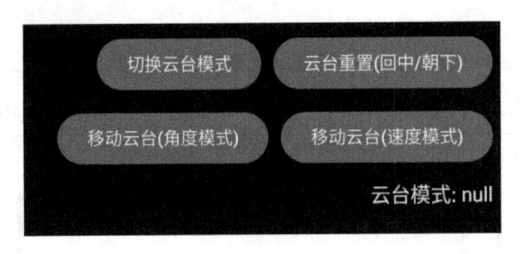

图 6-24

1. 云台模式

大疆无人机的云台模式可以通过 GimbalKey 的 KeyGimbalMode 键进行设置。云台模式由枚举类型 GimbalMode 定义，包括自由模式、跟随模式和 FPV 模式。

- 自由模式（FREE）：云台的俯仰和偏航方向均可以自由控制，云台可自由定义朝向。
- 跟随模式（YAW_FOLLOWFPV）：云台的俯仰可自由控制，偏航方向与无人机的方向保持一致。在跟随模式下，云台会根据无人机的运动状态自动调节其横滚角和偏航角，保持相机稳定，以达到稳定和顺滑的相机拍摄效果。因此，在绝大多数情况下，无人机留给我们的只有横滚角的控制。
- FPV 模式：云台在横滚方向的运动跟随无人机在横滚反向的运动，适用于第一人称视角（FPV）飞行。

在【切换云台模式】按钮的单击事件监听器中实现弹出云台模式选框，并依据用户选择设置云台模式，代码如下：

```
// 创建对话框构造器
val builder = AlertDialog.Builder(this@CameraGimbalActivity)
// 设置对话框标题
builder.setTitle("请选择...")
```

```
// 为对话框设置列表项，并实现单击后的业务逻辑
builder.setItems(arrayOf("YAW_FOLLOW" ,"FPV" , "FREE")) {
    dialogInterface, i ->
    val gimbalMode : GimbalMode = when (i) {
        0 -> GimbalMode.YAW_FOLLOW
        1 -> GimbalMode.FPV
        2 -> GimbalMode.FREE
        else -> GimbalMode.UNKNOWN
    }
    GimbalKey.KeyGimbalMode.create().set(gimbalMode, onSuccess = {
        showToast("云台模式设置成功:${gimbalMode.name}!")
    }, onFailure = {
        showToast( "云台模式设置失败:${it}")
    })
}
// 创建对话框
val alert = builder.create()
// 显示对话框
alert.show()
```

编译并运行程序，单击【切换云台模式】按钮，即可弹出如图 6-25 所示的对话框。当用户单击不同的云台模式时，云台具有不同的控制行为。

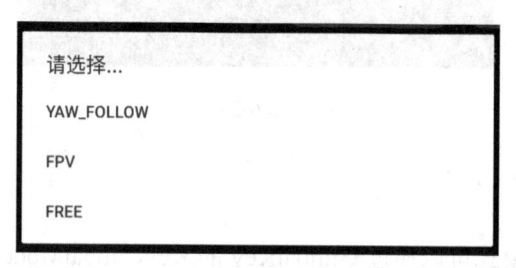

图 6-25

在 CameraGimbalActivity.kt 的 onCreate 函数中监听云台模式，代码如下：

```
GimbalKey.KeyGimbalMode.create().apply {
    get(onSuccess = {
        tvGimbalMode.text = "云台模式: ${it?.name}"
    }, onFailure = {
        tvGimbalMode.text = "云台模式: ${GimbalMode.UNKNOWN.name}"
    })
    listen(this, false , onChange = {
        tvGimbalMode.text = "云台模式: ${it?.name}"
    })
}
```

当云台模式变更时，文本框 tvGimbalMode 中会出现相应的文字提示，如"云台模式：YAW_FOLLOW""云台模式：FPV"等。

2．云台重置

云台重置是非常常见的操作，比如在起飞、降落时，或者进入某个航点时，可能会对云台的方向进行回中或者朝下设置。通过 GimbalKey 的 KeyGimbalReset 键即可实现对云台的重置。

注意：这里的对云台的重置是指对云台朝向的重置。如果开发者想校准云台，则可使用 KeyGimbalCalibrate 键进行操作。

在执行云台重置动作时，需要为其设置重置类型（GimbalResetType），主要包括俯仰和偏航回中、横滚回中、俯仰回中或朝下等，定义如下：

```
enum GimbalResetType {
    PITCH_YAW,                              // 俯仰和偏航回中
    ONLY_PITCH,                             // 俯仰回中
    ONLY_YAW,                               // 偏航回中
    ONLY_ROLL,                              // 横滚回中
    PITCH_UP_OR_DOWN_WITH_YAW_CENTER,       // 俯仰回中或朝下；偏航回中
PITCH_UP_OR_DOWN,                           // 俯仰回中或朝下
TOGGLE_PITCH,                               // 俯仰朝前/朝下切换
    ...
}
```

在【云台重置】按钮的单击事件监听器中实现云台俯仰朝前/朝下切换功能，代码如下：

```
GimbalKey.KeyGimbalReset.create().action(GimbalResetType.TOGGLE_PITCH,
    onSuccess = {
      showToast("云台重置!")
}, onFailure = {
     showToast( "云台重置失败:${it}")
})
```

3．移动云台

根据需求的不同，开发者可以通过 GimbalKey 的 KeyRotateByAngle 或 KeyRotateBySpeed 键移动云台，前者直接将云台移动到某个角度（角度模式），后者则操控云台以一定的速度移动（速度模式）。

1) 移动云台（角度模式）

角度模式包括绝对角度模式（ABSOLUTE_ANGLE）和相对角度模式（RELATIVE_ANGLE），由枚举类型 GimbalAngleRotationMode 定义。在绝对角度模式下，云台会移动到绝对的角度值上，否则将会以当前角度为基准移动云台。

在【移动云台（角度模式）】按钮的单击事件监听器中创建 GimbalAngleRotation 对象，指定角度模式和具体的角度，代码如下：

```
val rotation = GimbalAngleRotation(
    GimbalAngleRotationMode.ABSOLUTE_ANGLE,   // 绝对角度模式
    0.0, 0.0, 0.0,                            // 角度值，单位：度
    false, false, false,
    2.0,                                       // 移动时间
    false,
    10)
```

其中，3 个角度值从前到后依次代表俯仰角度、横滚角度和偏航角度。然后，通过 GimbalKey 的 KeyRotateByAngle 键执行云台移动动作，代码如下：

```
GimbalKey.KeyRotateByAngle.create().action(rotation, onSuccess = {
    showToast("云台移动！")
}, onFailure = {
    showToast( "云台移动失败:${it}")
})
```

2）移动云台（速度模式）

在速度模式下，将以开发者设置的速度移动云台。在【移动云台（速度模式）】按钮的单击事件监听器中创建 GimbalSpeedRotation 对象，指定各个方向上的移动速度，代码如下：

```
val rotation = GimbalSpeedRotation(2.0, 2.0, 2.0,  // 移动速度，单位：度/秒
    CtrlInfo(false, false))
```

类似地，3 个移动速度值依次是俯仰、横滚和偏航方向上的移动速度。然后，通过 GimbalKey 的 KeyRotateBySpeed 键执行云台移动动作，代码如下：

```
GimbalKey.KeyRotateBySpeed.create().action(rotation, onSuccess = {
    showToast("云台移动！")
}, onFailure = {
    showToast( "云台移动失败:${it}")
})
```

开发者可以尝试执行上述代码。在速度模式下，云台移动指令只能够持续 0.2s 左右。如果开发者希望云台能够按照设定的速度持续移动，则需要不断地执行移动云台指令。

6.4 媒体文件管理

通过多媒体文件管理器（MediaManager）可以进入相机的视频回放（Playback）模式，用于管理无人机中的媒体文件，包括已拍摄的相片、已经录制的视频等；并且可以实现相片和视频的在线预览，如表 6-6 所示。由于 OcuSync 链路带宽有限，在视频回放模式下，无人机的实时图传功能将会关闭，以便将带宽留给视频回放，用于照片和视频的传输、预览和管理。因此不能在无人机起飞时使用视频回放模式，否则存在安全风险。

表 6-6 多媒体文件管理器（MediaManager）的主要函数

类型	函数	描述
模式管理	enable	进入 Playback 模式
	disable	退出 Playback 模式
	release	释放资源
媒体文件列表	setMediaFileDataSource	设置媒体文件数据源
	addMediaFileListStateListener	增加媒体文件列表状态监听器
	removeMediaFileListStateListener	移除媒体文件列表状态监听器
	removeAllMediaFileListStateListener	移除所有媒体文件列表状态监听器
	getMediaFileListState	获取媒体文件列表状态
	pullMediaFileListFromCamera	拉取媒体文件列表
	stopPullMediaFileListFromCamera	停止拉取媒体文件列表
	getMediaFileListData	获取媒体文件列表数据
文件管理	deleteMediaFiles	删除媒体文件
	setMediaFileXMPCustomInfo	设置媒体文件 XMP 自定义信息
	getMediaFileXMPCustomInfo	获取媒体文件 XMP 自定义信息
视频播放	playVideo	播放视频
	playVideoToSurface	播放视频，并显示到 Surface 中
	seekVideo	定位视频播放位置
	pauseVideo	暂停播放视频
	resumeVideo	恢复播放视频
	stopVideo	停止播放视频
	addVideoPlayStateListener	增加视频播放状态监听器
	removeVideoPlayStateListener	移除视频播放状态监听器
	removeAllVideoPlayStateListener	移除所有视频播放状态监听器

视频回放模式分为静态预览模式和动态预览模式。

（1）静态预览：浏览照片文件、视频截图或者列表时使用静态预览模式。在静态预览模式下，可以传输照片或者视频的缩略图、预览图和原始文件。

- 缩略图（Thumbnail）：照片或者视频截图的缩略显示。
- 预览图（Preview）：照片或者视频截图的预览显示。
- 原始文件：照片或者视频的原始文件。

（2）动态预览：在动态预览模式下，可以对视频进行播放，并可以控制播放，包括播放、暂停、停止、跳转等。

其中，XMP 用于存储媒体文件的元数据信息。

下文将创建一个新的 MediaActivity，用于读取媒体文件列表，获取图片预览数据并播放视频。

1. 用户界面设计

首先,打开 activity_media.xml 布局文件,在约束布局 ConstrainLayout 中创建列表视图 RecyclerView 和 SurfaceView,如图 6-26 所示。RecyclerView 视图用于显示被读取的媒体文件列表。当用户单击照片时,则将其预览图显示到 SurfaceView 中;当用户单击视频时,则在 SurfaceView 中播放视频。

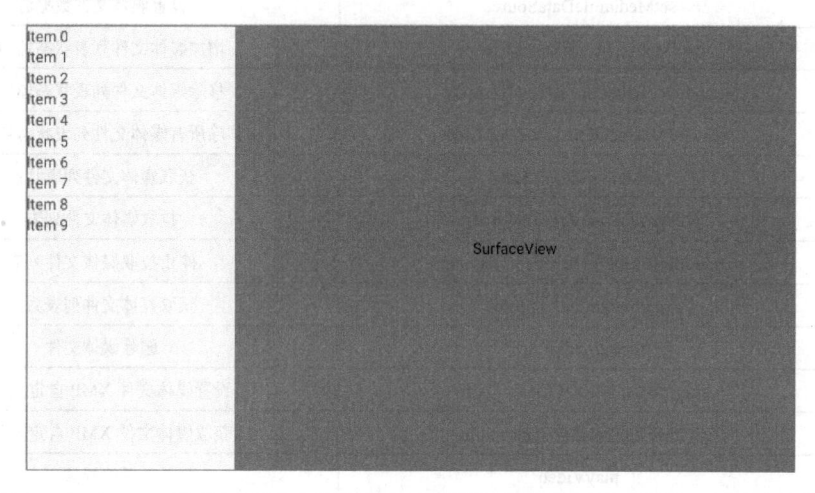

图 6-26

布局文件 activity_media.xml 中的代码如下:

```xml
<androidx.constraintlayout.widget.ConstraintLayout
xmlns:android="http://schemas.android.com/apk/res/android"
    xmlns:app="http://schemas.android.com/apk/res-auto"
    xmlns:tools="http://schemas.android.com/tools"
    android:id="@+id/main"
    android:layout_width="match_parent"
    android:layout_height="match_parent"
    tools:context=".MediaActivity">

    <androidx.recyclerview.widget.RecyclerView
        android:id="@+id/recyclerview"
        android:layout_width="200dp"
        android:layout_height="match_parent"
        app:layout_constraintBottom_toBottomOf="parent"
        app:layout_constraintStart_toStartOf="parent"
        app:layout_constraintTop_toTopOf="parent" />

    <SurfaceView
        android:id="@+id/surface_view"
        android:layout_width="0dp"
        android:layout_height="match_parent"
        app:layout_constraintBottom_toBottomOf="parent"
```

```
        app:layout_constraintEnd_toEndOf="parent"
        app:layout_constraintStart_toEndOf="@+id/recyclerview"
        app:layout_constraintTop_toTopOf="parent" />
</androidx.constraintlayout.widget.ConstraintLayout>
```

RecyclerView 为可复用列表项的列表视图。对于简单的列表视图 ListView 来说，如果列表项过多，那么会占据大量的内存空间。RecyclerView 只会按需创建合适的列表项视图。如果 RecyclerView 只能够容纳显示 6 个列表项视图，就会创建 6 个列表项视图；并且当用户滑动列表时，被划出列表视图之外的列表项会被复用（Reuse），设置新的数据后再次进入列表视图的视野内。如图 6-27 所示，当 Item 1 列表项被划出列表后，该列表项并不会被销毁，而是替换为 Item 7 的数据后再显示到列表视图中。

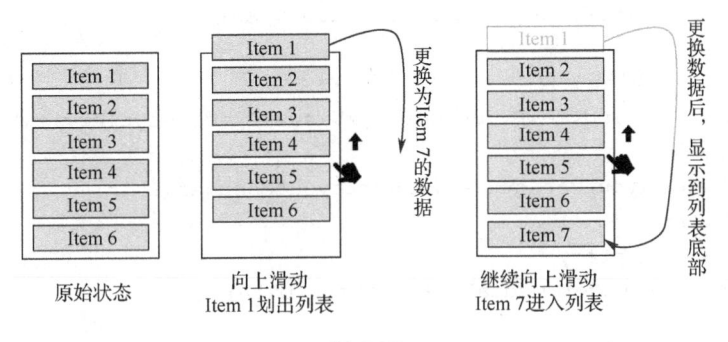

图 6-27

2．初始化媒体列表

RecyclerView 视图需要 ViewHolder 和 Adapter 的帮助。

（1）ViewHolder：用于持有视图对象，即列表视图的列表项。在实际使用中，需要创建 ViewHolder 的子类，并为其设置必要的属性和方法，以改变列表项的内容和样式。例如，创建一个自定义 CustomViewHolder，代码如下：

```
class ListViewHolder(view : View): RecyclerView.ViewHolder(view) {}
```

其中，view 参数即列表中具体的视图对象。

（2）Adapter：适配器，用于管理和复用 ViewHolder，可谓是 RecyclerView 的核心。开发者需要创建 Adapter 的子类，并实现以下函数。

- fun getItemCount()：设置列表项的个数。这里的列表项个数是针对内容而言的，并不是指列表项视图的个数。
- fun onCreateViewHolder(parent: ViewGroup, viewType: Int)：通过该函数创建 ViewHolder 对象。
- fun onBindViewHolder(holder: ListViewHolder, position: Int)：将数据绑定到 ViewHolder 的视图中。每当列表项视图被创建或者复用，都会调用该函数。

在 MediaActivity 中，为实现媒体列表的显示，首先需要获取界面中的 RecyclerView 对象 recyclerView，以及 SurfaceView 对象 surfaceView；然后获取媒体管理器对象 mediaManager；

最后初始化 recyclerView 列表，代码如下：

```
// 列表控件
private lateinit var recyclerView : RecyclerView
// Surface 控件
private lateinit var surfaceView : SurfaceView
// 媒体管理器
private val mediaManager : IMediaManager =
MediaDataCenter.getInstance().mediaManager
override fun onCreate(savedInstanceState: Bundle?) {
    super.onCreate(savedInstanceState)
    setContentView(R.layout.activity_media)

    surfaceView = findViewById(R.id.surface_view)

    // 获取 RecyclerView 对象
    recyclerView = findViewById<RecyclerView>(R.id.recyclerview)
    // 设置线性布局
    recyclerView.layoutManager = LinearLayoutManager(this)
    // 设置 Adapter
    recyclerView.adapter =
ListAdapter(mediaManager.mediaFileListData.data)

}
```

其中，ListAdapter 是自定义的适配器，用于管理列表项，代码如下：

```
// Adapter
inner class ListAdapter(val mediaFiles : List<MediaFile>)
    : RecyclerView.Adapter<ListAdapter.ListViewHolder>() {

    // ViewHolder
    inner class ListViewHolder(view : View)
        : RecyclerView.ViewHolder(view) {
        val view = view
        val textView : TextView = view.findViewById(R.id.item_textview)
        val imageView : ImageView =
            view.findViewById(R.id.item_imageview)

    }

    // 创建 ViewHolder 对象
    override fun onCreateViewHolder(parent: ViewGroup,
                             viewType: Int): ListViewHolder {
        val view = LayoutInflater.from(parent.context)
            .inflate(R.layout.list_item,parent,false)
        return ListViewHolder(view)
```

```
    }
    // 列表项绑定ViewHolder对象
    override fun onBindViewHolder(holder: ListViewHolder,
                        position: Int) {
        // 设置文字内容
        holder.textView.text = mediaFiles[position].fileName
        // 获取小图
        mediaFiles[position].pullThumbnailFromCamera(
            object : CommonCallbacks.CompletionCallbackWithParam<Bitmap> {
                override fun onSuccess(bitmap: Bitmap?) {
                    runOnUiThread {
                        holder.imageView.setImageBitmap(bitmap)
                    }
                }

                override fun onFailure(p0: IDJIError) {
                }
            })

    }
    // 列表项数量
    override fun getItemCount(): Int {
        return mediaFiles.size
    }
}
```

在上述代码中,内部类 ListViewHolder 用于管理列表项,其布局文件 item_textview.xml 中的代码如下:

```
<?xml version="1.0" encoding="utf-8"?>
<LinearLayout xmlns:android="http://schemas.android.com/apk/res/android"
    xmlns:app="http://schemas.android.com/apk/res-auto"
    android:layout_width="match_parent"
    android:layout_height="wrap_content"
    android:orientation="vertical">

    <ImageView
        android:id="@+id/item_imageview"
        android:layout_width="match_parent"
        android:layout_height="160dp"
        android:scaleType="fitCenter"/>

    <TextView
        android:id="@+id/item_textview"
        android:layout_width="match_parent"
        android:layout_height="wrap_content"/>
```

```
</LinearLayout>
```

在 getItemCount 函数中指定列表项的数目与多媒体文件管理器中获取的媒体文件列表的数目相等。在 onBindViewHolder 函数中，通过 mediaFiles[position]表达式获取当前的媒体文件 MediaFile 对象，并显示文件名称，同时通过 pullThumbnailFromCamera 函数获取和显示媒体文件的缩略图。

MediaFile 类定义了媒体文件的基本属性和常用函数，其常用函数如表 6-7 所示。

表 6-7 MediaFile 类的常用函数

函 数	描 述
getFileIndex	获取文件索引
getFileType	获取文件类型（MediaFileType）
getFileName	获取文件名称
getFileSize	获取文件大小
getDate	获取媒体创建时间
getDuration	获取视频播放时长
getFrameRate	获取视频帧率
getResolution	获取视频分辨率
getPhotoRatio	获取照片比例
getThumbNail	获取缩略图
pullThumbnailFromCamera	拉取缩略图
pullPreviewFromCamera	拉取预览图
stopPullPreviewFromCamera	停止拉取预览图
pullOriginalMediaFileFromCamera	拉取原始媒体文件
stopPullOriginalMediaFileFromCamera	停止拉取原始媒体文件
pullXMPFileDataFromCamera	拉取 XMP 元数据文件
getXMPFileData	获取 XMP 元数据
pullXMPCustomInfoFromCamera	拉取 XMP 自定义信息
getXMPCustomInfo	获取 XMP 自定义信息

3．加载媒体文件列表

在 MediaActivity 的 onResume 函数中，通过 mediaManager 的 enable 函数将相机模式切换到 Playback 模式，代码如下：

```
mediaManager.enable(object : CommonCallbacks.CompletionCallback{
    override fun onSuccess() {
        ...
    }
```

```
    override fun onFailure(p0: IDJIError) {
        showToast( "进入媒体文件管理模块失败:${p0}")
    }
})
mediaManager.addVideoPlayStateListener {
    videoPlayState = it.state
}
```

注意：在通过 enable 函数进入媒体文件管理模块时，将无法获取视频流。对于开发者来说，尽可能避免在无人机飞行时启动媒体文件管理模块，以免出现不必要的风险。

当成功切换相机模式到 Playback 模式后，将会回调到 onSuccess 函数。此时需要创建 MediaFileListDataSource 对象，指定相机的位置和存储位置，然后通过 setMediaFileDataSource 函数将其作为参数来设置媒体文件的数据源，代码如下：

```
// 成功进入媒体文件管理模块
val dataSource = MediaFileListDataSource.Builder()
 .setIndexType(ComponentIndexType.LEFT_OR_MAIN)    // 相机的位置
 .setLocation(CameraStorageLocation.SDCARD)        // 存储位置
 .build()
// 设置文件数据源
mediaManager.setMediaFileDataSource(dataSource)
```

定义获取媒体文件列表参数，包括文件的起始位置（从 1 开始计数）、媒体文件类型和媒体文件数量，代码如下：

```
val mediaFileListParam = PullMediaFileListParam.Builder()
 .mediaFileIndex(1)                  // 起始位置
 .count(10)                          // 媒体文件数量
 .filter(MediaFileFilter.ALL)        // 媒体文件类型
 .build()
```

媒体文件过滤器 MediaFileFilter 用于定义获取的媒体文件类型，包括所有文件（ALL）、照片（PHOTO）和视频（VIDEO）。在上述代码中，定义了获取最近的 10 个包括照片和视频的媒体文件基本信息的参数。随后，即可通过 mediaManager 的 pullMediaFileListFromCamera 函数获取媒体文件列表，代码如下：

```
// 获取媒体文件列表
mediaManager.pullMediaFileListFromCamera(mediaFileListParam,
            object : CommonCallbacks.CompletionCallback{
    override fun onSuccess() {
        showToast("获取文件列表成功！ "
            +"文件数量: ${mediaManager.mediaFileListData.data.size}")
        runOnUiThread {
            recyclerView.adapter?.notifyDataSetChanged()
        }
    }
```

```
    }
    override fun onFailure(p0: IDJIError) {
        showToast("获取文件列表失败!")
    }
})
```

在上述代码中，媒体文件列表更新完毕后（回调至 onSuccess 函数），通过适配器的 notifyDataSetChanged 函数更新列表。

对应地，在 MediaActivity 的 onPause 函数中，调用 mediaManager 的 disable 函数使相机退出 Playback 模式，代码如下：

```
mediaManager.disable(object : CommonCallbacks.CompletionCallback{
    override fun onSuccess() {
        showToast("结束媒体文件管理模块!")
    }
    override fun onFailure(p0: IDJIError) {
        showToast("结束媒体文件管理模块失败:${p0}")
    }
})
```

MediaManager 的 enable 和 disable 函数务必成对使用，且退出 MediaActivity 时要确认相机已经退出了 Playback 模式，否则图传视频流将无法正常传输。

编译并运行程序，结果输出如图 6-28 所示，并提示"获取文件列表成功！文件数量：10"。

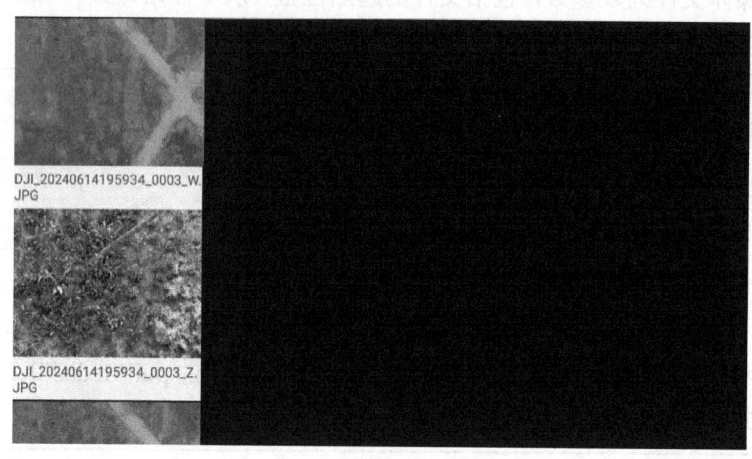

图 6-28

4．预览媒体

在适配器 ListAdapter 的 onBindViewHolder 函数中，为列表项增加单击事件监听器，并判断当前单击的媒体类型是否为视频：若媒体类型为非视频，则获取并显示预览图；若媒体类型为视频，则在 SurfaceView 上播放视频，代码如下：

```
// 设置单击监听器
holder.view.setOnClickListener {

    if (mediaFiles[position].fileType == MediaFileType.MOV
        || mediaFiles[position].fileType == MediaFileType.MP4) {
        // 播放视频
    }else {
        // 获取并显示预览图

    }

}
```

1）预览预览图

通过 MediaFile 对象的 pullPreviewFromCamera 函数获取预览图，代码如下：

```
mediaFiles[position].pullPreviewFromCamera(
        object : CommonCallbacks.CompletionCallbackWithParam<Bitmap> {
    override fun onSuccess(bitmap: Bitmap?) {
        runOnUiThread {
            if (bitmap != null) {
                // 获取画布对象，锁定 SurfaceView
                val canvas = surfaceView.holder.lockCanvas()
                // 通过 Matrix 对象将预览图缩放至 Surface 大小
                val mat = Matrix()
                mat.setScale(canvas.width / bitmap.width.toFloat(),
                        canvas.height / bitmap.height.toFloat())
                // 绘制预览图
                canvas.drawBitmap(bitmap, mat, Paint())
                // 解锁 SurfaceView 并更新画布内容到视图上
                surfaceView.holder.unlockCanvasAndPost(canvas)
            }
        }
    }

    override fun onFailure(p0: IDJIError) {
    }
})
```

执行上述程序，当程序回调至 onSuccess 函数时，预览图获取成功，此时锁定 surfaceView 并获取画布，在画布中绘制预览图 Bitmap 对象，然后解锁 SurfaceView 并更新画布内容到视图上，如图 6-29 所示。

2）预览视频

通过 MediaManager 的 playVideoToSurface 函数实现在 Surface 中播放预览视频，代码如下：

图 6-29

```
// 在 Surface 上播放视频
mediaManager.playVideoToSurface(
    mediaFiles[position],                              // 媒体文件 MediaFile 对象
    surfaceView.holder.surface,                        // 预览视频的 Surface 对象
    surfaceView.width,                                 // 预览视频的宽度
    surfaceView.height,                                // 预览视频的高度
    ICameraStreamManager.ScaleType.CENTER_INSIDE,      // 缩放类型
    null)                                              // 回调函数为 null
```

需要注意到是，如果 SurfaceView 已经显示过 Bitmap，需要重新构建视图才可以播放视频，最简单的方法是隐藏后再显示 SurfaceView 视图，代码如下：

```
// 重新构建 SurfaceView
surfaceView.setVisibility(View.GONE);
surfaceView.setVisibility(View.VISIBLE);
```

另外，在列表项的单击监听器中，如果 SurfaceView 正处在播放频的状态下，则可能无法播放其他视频，无法加载预览图。此时可以通过获取当前视频的播放状态来检查当前是否正在播放视频。在 MediaActivity 的 onResume 函数中，监听视频的播放状态，代码如下：

```
mediaManager.addVideoPlayStateListener {
    videoPlayState = it.state
}
```

其中，videoPlayState 是 VideoPlayState 类型的成员变量。枚举类型 VideoPlayState 定义了视频播放的 4 种状态，分别是空闲状态（IDLE）、正在播放（PLAYING）、结束播放（ENDED）和停止播放（STOPPED）。播放视频完毕后，进入 ENDED 状态；开发者调用 stopVideo 函数后，进入 STOPPED 状态。

在加载预览图和播放视频前检查 videoPlayState 播放视频的状态，如果处在正在播放视频的过程中，则停止播放视频，代码如下：

```
// 设置单击监听器
holder.view.setOnClickListener {

    // 如果正在播放视频,则结束播放视频
    if (videoPlayState == VideoPlayState.PLAYING) {
        mediaManager.stopVideo(null)
    }
    ...
}
```

编译并运行程序,在媒体列表中单击视频后,即可在 SurfaceView 中播放该视频以供预览,如图 6-30 所示。

图 6-30

在 MSDK 官方样例中,通过选择【数据获取】→【多媒体文件】菜单即可打开多媒体文件的官方样例,如图 6-31 所示。

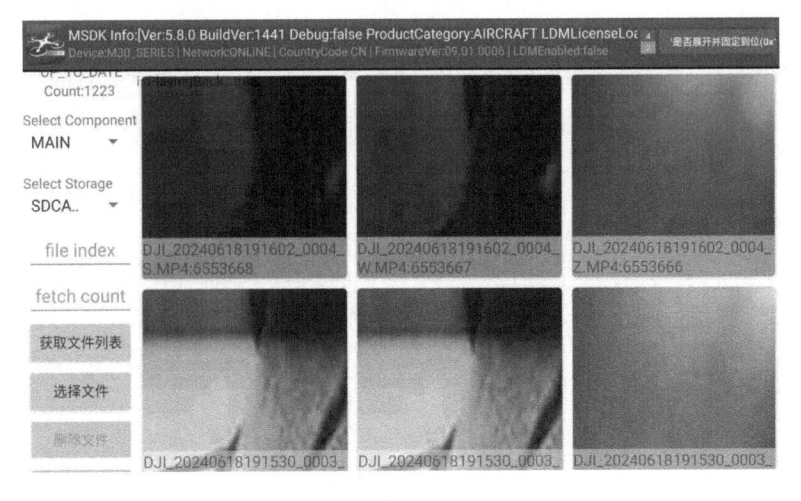

图 6-31

在该样例中，单击【enable】按钮后单击【获取文件列表】按钮即可在右侧的窗格中加载这些多媒体文件。该样例比较复杂，但是功能更加全面，可供开发者学习参考。

6.5 本章小结

本章介绍了"无人机的眼睛"云台相机，包括图传的获取和显示、相机和云台的控制及多媒体文件的管理。大疆的图传技术经历了从 LightBridge 到 OcuSync 的变迁，并经过了 4 代更新；MSDK 图传解码管理器经历了从 CodecMangaer 到 VideoStreamManager，再到 CameraStreamManager 的变迁；MSDK 媒体管理经历了从 PlaybackManager 到 MediaDownloadManager，再到 MediaManager 的变迁。经过层层迭代更新，目前的 MSDK 图传、多媒体管理接口已经趋向于成熟稳定，不仅针对各项应用做了优化，而且用起来非常方便。

相信开发者通过本章的学习基本能够应付绝大多数的行业应用了。如果这些相机负载无法满足开发者的需求，也可以通过设计和开发 PSDK 负载来满足更加专业的需求。

6.6 习题

1. 显示无人机图传视频流。
2. 控制相机的拍照和录像。
3. 通过云台和相机的控制实现全景拍照的照片采集功能。

第 7 章　航点任务飞行与负载控制

在无人机的行业应用中，常常需要无人机执行特定的任务。航点任务是指无人机根据预设的航点进行飞行，每个航点包含经度、纬度和高度等信息，无人机将按照预定的顺序依次飞越这些航点。这种任务方式广泛应用于地形测绘、巡检和搜索等场景，能够实现大范围的覆盖和精确的定位。

通过 MSDK，用户可以规划航点飞行任务，并沿着预定轨迹执行特定的飞行任务，从而提高作业效率和安全性。例如，在航测领域，用户可以设定航向和旁向重叠率，自动生成航线，完成航点任务并采集高质量的航拍图像。需要注意的是，目前在 MSDK 支持的机型中，Mini 3 和 Mini 3 Pro 不支持航点任务飞行及负载控制功能。

本章将介绍航点任务的基本用法，其核心知识点如下：
- 航点任务的设计和创建
- WPWL
- 航点任务编辑管理器
- 航点任务的执行以及航点任务管理器

7.1　设计航点任务

航点任务指通过设置多个航点（Waypoint）来设计无人机的飞行轨迹。开发者或操作员可以在地面上规划这些航点，并将它们上传到无人机系统中。无人机的飞控系统会依次沿着这些航点飞行，直到完成整个任务。在飞行过程中，无人机在到达或接近某个航点时，会执行预定的操作，如悬停、拍照、录像等，从而自动化地实现开发者或操作员设定的任务目标。

7.1.1　设计航点任务的基本概念

航点任务是无人机自动飞行中最具灵活性的功能，广泛应用于多种行业场景。自大疆 SDK 推出以来，航点任务在 MSDK 和 PSDK 中成为开发者学习和使用的核心功能之一。航点任务经历了 3 个版本的迭代。早期的行业机型和消费机型（如 M210 RTK、Mavic Pro 等）使用航点任务 1.0 版本，最高支持 100 个航点，并且飞行路径和动作设计比较固定。M300 RTK 是一个支持航点任务 2.0 的机型，不仅将航点数量提升到了 65535 个，并且可以设计更加灵活的飞行路径。无论是航点任务 1.0 还是航点任务 2.0，都是需要开发者通过 API 自行定义航点、航点动作、飞行速度等基本属性的。航点任务 3.0 则将航点任务的设计和执行分离，通过 KMZ 文件设计任务，通过 PSDK API 执行任务，通用性和兼容性更好。航点任务 1.0、2.0 和 3.0

之间的差异如表 7-1 所示。

表 7-1 航点任务的版本对比

特　点	支持机型	最大航点数	兴趣点数	描　述
航点任务 1.0	M200、M210、M210 RTK 等	100 个	1 个	初代版本，已弃用
航点任务 2.0	M300 RTK M350 RTK	65535 个	多个	更多灵活的航线和航点配置
航点任务 3.0	M3E/M3T、M30/M30T、M3D、M3TD 等	65535 个	多个	航点任务的设计和执行分离

目前，MSDK V5 仅支持航点任务 3.0。相对于航点任务 2.0，其 API 发生了较大的变化，将任务规划和执行分为两个独立的管理器，从而简化了用户操作流程。本节将介绍航点任务 3.0 的常见概念和基本设计方法。

1. 航点任务的基本概念

航点任务 3.0 共细分为航点飞行、建图航拍、倾斜摄影和航带飞行 4 类任务，如图 7-1 所示。这 4 类任务是根据执行的目的进行分类的，但它们的本质是相通的，最终都是由一系列的航点组成。因此，更准确地说，这些航点任务代表了不同航点任务的创建模式。

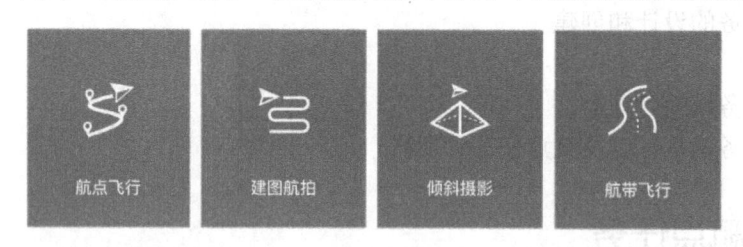

图 7-1

以上几种航点任务类型都是生成航点的方式，在后文的航点标记语言 WSML 中也称为模板类型，用于不同的任务场景。

（1）航点飞行：用户可以自定义绘制航点，设计无人机的飞行路径和任务点。

（2）建图航拍：基于传统航测任务的设计，采用蛇形走线（"弓"字形）方式在目标区域进行航空拍摄。

（3）倾斜摄影：在航测区域进行多角度的倾斜拍摄，以获取更为详尽的图像数据。适用于生成高精度的数字表面模型（DSM）和实景三维数据产品。

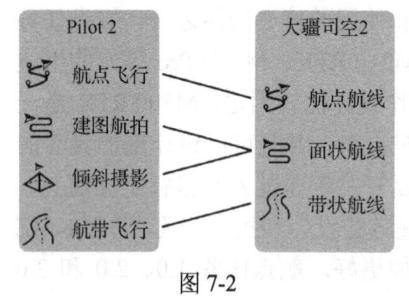

（4）航带飞行：针对条状或带状区域（如河流、道路、输电线等）优化设计的航测任务。

在大疆司空 2 中，航点飞行被称为航点航线，建图航拍和倾斜摄影被称为面状航线，航带飞行被称为带状航线，如图 7-2 所示。

图 7-2

无论是哪种航点任务类型，都需要对航点任务的全局参数和航点参数进行设置。需要注意的是，"全局参数"和

"航点参数"这两个概念并非大疆官方提出的术语。本书引入这两个概念,旨在整体介绍航点任务的框架,帮助开发者更快速地学习和掌握航点任务中关键的参数设置。通过这两个概念的介绍,开发者可以更清晰地理解如何配置任务,以实现最佳的飞行效果。

1) 全局参数

影响航点任务整体的参数即全局参数,包括高度模式、安全起飞高度、飞向首航点模式等,下面介绍几个重要的全局参数。

(1) 高度模式:包括海拔高度(也称为绝对高度)、相对地面高度和相对起飞点高度这3个选项,如图7-3所示。

- 在海拔高度模式(Above Sea Level,ASL)下,航点的高度是以EGM96模型为基准的高度。
- 在相对地面高度模式(Above Ground Level,AGL)下,航点的高度是以地面高度为基准的高度。
- 在相对起飞点高度模式(Altitude,ALT)下,航点的高度是以相对起飞点的高度为基准的高度。

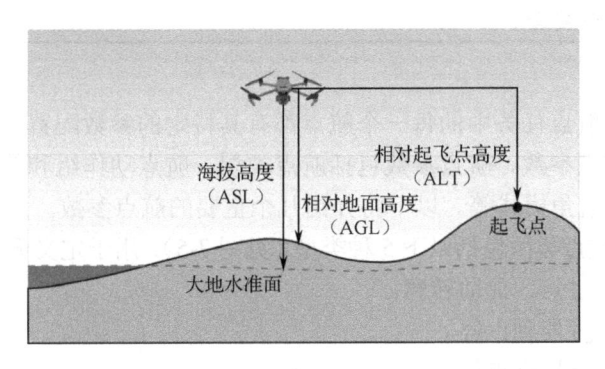

图 7-3

注意:EGM96(Earth Gravity Model 1996)是一种重力场模型,通过在WGS84椭球体上添加重力偏差数据,更精确地拟合大地水准面,从而更好地表达地球的真实形状。目前,有多个版本的地球重力模型,如EGM84、EGM96、EGM2008和EGM2020等。在EGM96模型下测得的高度被称为海拔高度,而在WGS84椭球体上测得的高度则称为椭球高度。

实际上,由于全球导航卫星系统所测量的高度一般都是椭球高度。因此,相对起飞点高度模式更加常用,也更加直观。

(2) 安全起飞高度:它是指无人机执行任务前后必须保持的最低滞空高度,如图7-4所示。在无人机起飞后,它首先会升空至设定的安全起飞高度,然后才能开始执行其他动作。在航点任务的执行过程中,无人机的飞行高度将不会低于这个安全起飞高度,以确保飞行安全,避免与地面障碍物发生碰撞。

(3) 飞向首航点模式:包括安全模式和倾斜飞行模式。在安全模式下,无人机起飞后会升高到起飞安全高度或首航点高度(以较高者为准),然后飞往首航点。相比之下,在倾斜飞行模式下,无人机在达到起飞安全高度后,会以最短路线直接飞往首航点,即倾斜爬升至起始点。尽管倾斜飞行模式可以节省电量,但其安全性不如安全模式。

（4）完成动作：即任务结束后的动作，包括返航、原地降落、飞往首航点和无动作等。

（5）失控后是否继续执行航线：与遥控器断开连接（失控）后继续执行航线或执行失控动作。

（6）失控动作：包括返航、降落和悬停。

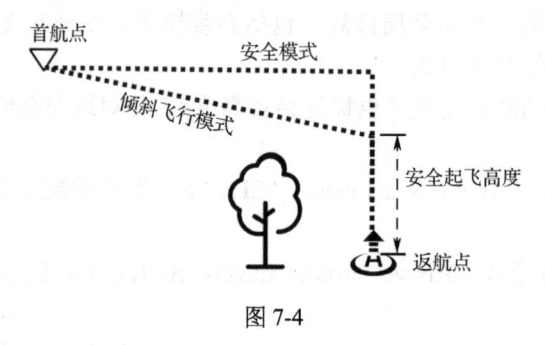

图 7-4

> **注意**：建议开发者慎重选择完成动作及失控动作等配置选项，这会直接影响无人机完成任务的效率，以及飞行安全。

2）航点参数

除了全局参数，航点任务中的每一个航点都有其特定的参数配置，这些参数只影响单个航点，因此被称为航点参数。航点参数包括航点类型、航点动作组和航点动作、航点高度、飞行速度、飞行器偏航角模式等。以下将介绍几个重要的航点参数。

（1）航点类型：航点类型包括以下 5 种类型（见图 7-5），用于定义无人机通过航点的方式。

- 协调转弯，不过点，提前转弯。
- 直线飞行，飞行器到点停。
- 曲线飞行，飞行器到点停。
- 曲线飞行，飞行器过点不停。
- 平滑过点，提前转弯。

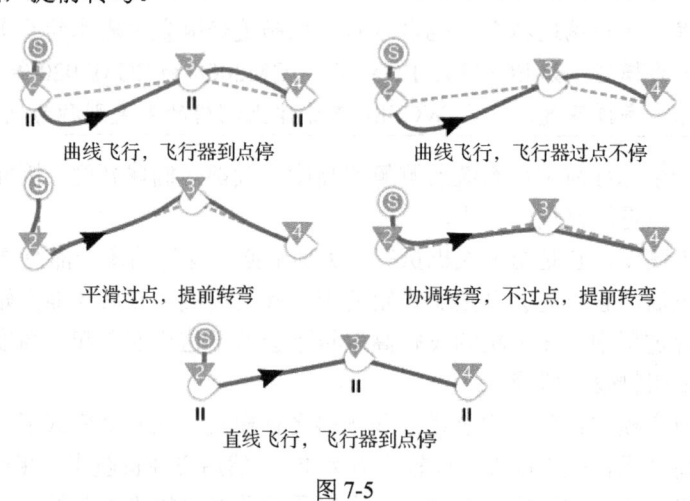

图 7-5

（2）航点动作组和航点动作：航点动作组是最为重要的航点参数，定义了无人机到达航点后执行的一系列动作。航点动作组中的动作是有顺序的,无人机到达航点后会依次执行这些动作。航点动作包括 2 类,分别是飞行动作和负载动作。飞行动作是指无人机飞行平台执行的动作,负载动作指负载(一般为云台相机)执行的动作,具体如下所述。

- 悬停:无人机悬停在航点处。

在航点任务 3.0 中,无人机在每个航点任务中最多执行 65535 个动作。其中,每一个动作由动作 ID、触发器以及执行器组成。触发器用于定义执行动作的时机,常见的触发条件如下所述。

- 定时触发:固定时间结束后执行动作。
- 距离触发:固定具体移动后执行动作。
- 动作串行触发:依次执行动作。
- 动作并行触发:同时执行动作。
- 航点触发:到达航点时执行动作。

一般来说,航点触发使用的频率最大,最为常用。

执行器用于定义动作的内容,常见的执行器如下所述。

- 拍照:负载进入拍照模式,并拍摄一张照片。
- 开始录像:负载进入录像模式,并开始录像。
- 停止录像:停止当前录像。
- 云台俯仰角:改变负载的俯仰角到特定的角度。
- 云台偏航角:改变负载的偏航角到特定的角度。
- 相机变焦:改变变焦相机的角度到特定的倍数。
- 开始等时间间隔拍照:开始每隔一段时间拍摄一张照片。
- 开始等距离间隔拍照:开始每过一段距离拍摄一张照片。
- 结束间隔拍照:结束等时间或等距离间隔拍照。
- 创建文件夹:在负载的存储介质中创建目录。

(3)航点高度:针对所有航点设置的航点高度,即全局航点高度。如果航点没有设置自身的航点高度,那么将以全局航点高度为准。

注意:航点的椭球高度是起飞点高度和相对起飞点高度之和。

(4)飞行速度:航点的飞行速度指从当前航点飞向下一个航点的速度。

(5)飞行器偏航角模式:指无人机的航向控制模式,包括沿航线方向、锁定当前航偏角、手动控制等模式,如图 7-6 所示。

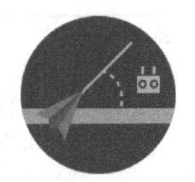

沿航线方向　　锁定当前偏航角　　手动控制

图 7-6

（6）云台俯仰角：在配置过程中，可以为每个航点设置具体的云台俯仰角度，也可以手动控制。在飞行器从一个航点飞向下一个航点的过程中，该航点的云台俯仰角会均匀地过渡到下一个航点的云台俯仰角。

对于航点任务中的其他参数，如航点类型、航点高度、飞行速度和飞行器航向模式等，也有相应的全局参数配置选项，用于统一设置所有航点。然而，航点参数优先于全局参数，航点参数的航点将以其自身的参数为准。

在其他航点任务类型中，这些参数会被直接或间接地（通过软件自动配置）应用。例如，在建图航拍任务中，通过绘制航拍区域、设置航线方向、航向和旁向重叠率、拍摄模式、边距等额外参数，软件会自动生成相应的航点航线。

2．航点标记语言

航点标记语言（WayPoint Markup Language，WSML）是大疆发布的航点任务设计语言规范，具有以下几个特点。

- WSML 是开源的：WSML 的定义是公开的，开发者可以在大疆云 API 的官方文档中查阅关于 WSML 的详细定义和用法。用户和开发者可以根据这些定义自行创建 WSML 文件，并扩展相应的语法。
- WSML 是基于 KML 的：KML（Keyhole Markup Language）是一种基于 XML 的开源标记语言，属于 OGC 标准，被广泛用于标记地理信息。作为一种常用的 GIS 数据交换格式，KML 具有较强的易读性，因此 WSML 定义的航点航线信息不仅易于理解，而且可以被各种编程语言解析。
- WSML 是多平台通用的：WSML 在大疆的产品体系中得到了广泛应用，无论是 Pilot 2 还是大疆司空 2（Flight Hub 2）软件，抑或是 PSDK、MSDK 和云 API，通过 WSML 定义的航点任务都可以在多个设备、多个产品和多个系统中无缝衔接。

注意：DJI Pilot 软件使用旧版 KML 文件格式定义航点，非 WSML 格式。旧版 KML 航线任务可以通过 DJI Pilot 2 软件转换为新的 WSML 格式的航点任务文件，MSDK 中也存在相应的转换接口。

WSML 是标记语言，通过 WSML 定义的航点任务最终是以 KMZ 文件的格式打包的。KMZ 文件格式的本质是 KML（WSML）文件的 ZIP 压缩格式，方便数据交换。因此，对于 waypoint_mission.kmz 航点任务文件来说，可以直接通过解压压缩软件得到一个包含 wpmz 目录的文件结果，如下所示：

```
    waypoints_name.kmz
└── wpmz
    ├── res              // 资源文件目录
    ├── template.kml     // 模板文件
    └── waylines.wpml    // 执行文件
```

可见，在 wpmz 目录中，包括以下几部分。

- res（资源文件目录）：用于存放辅助资源。例如，在航测任务中，可能包括数字表面模型（Digital Surface Model，DSM）文件，用于描述任务工作区的地形情况。

❑ template.kml（模板文件）：用于定义业务属性，方便开发者快速编辑，调整任务。这里的"模板"指的是建图航拍模板，它便于开发者快速编辑和调整任务。模板定义了工作区（测绘区域）及航线重叠率等基本信息，以及无人机和负载的基本信息，但不具体定义航点位置和动作等。

❑ waylines.wpml（执行文件）：用于定义航点执行细节，包含每一个航点的类型、位置，以及所需要执行的动作信息。

下面将详细介绍模板文件 template.kml 和执行文件 waylines.wpml，然后介绍如何在大疆司空 2 和 DJI Pilot 2 软件中创建航点任务文件。

1）模板文件 template.kml

模板文件 template.kml 中包含了任务的基本信息，包括创建人员、创建日期、更新日期、任务配置选项，以及任务模板的类型、ID、坐标系统参数、作业区域、负载参数等，示例代码如下：

```xml
<?xml version="1.0" encoding="UTF-8"?>
<kml xmlns="http://www.opengis.net/kml/2.2"
     xmlns:wpml="http://www.dji.com/wpmz/1.0.4">
  <Document>
    <!-- 创建人员 -->
    <wpml:author>15110090085</wpml:author>
    <!-- 创建日期 -->
    <wpml:createTime>1702181829774</wpml:createTime>
    <!-- 更新日期 -->
    <wpml:updateTime>1702182235827</wpml:updateTime>
    <!-- 任务配置选项 -->
    <wpml:missionConfig>...</wpml:missionConfig>
    <!-- 任务模板 -->
    <Folder>
      <!-- 模板类型 -->
      <wpml:templateType>mapping2d</wpml:templateType>
      <!-- 模板ID -->
      <wpml:templateId>0</wpml:templateId>
      <!-- 坐标系统参数 -->
      <wpml:waylineCoordinateSysParam>...
      </wpml:waylineCoordinateSysParam>
      <!-- 全局飞行速度 -->
      <wpml:autoFlightSpeed>15</wpml:autoFlightSpeed>
      <!-- 作业区域 -->
      <Placemark>...</Placemark>
      <!-- 负载参数 -->
      <wpml:payloadParam>...</wpml:payloadParam>
    </Folder>
  </Document>
</kml>
```

（1）创建日期和更新日期采用 Unix 时间戳（Unix Timestamp）。Unix 时间戳指协调世界时间（UTC）从 1970 年 1 月 1 日 0 时至今以来的秒数。例如，2024 年 1 月 1 日 0 时的 Unix 时间戳是 1704067200。

（2）模板类型包括航点飞行（waypoint）、建图航拍（mapping2d）、倾斜摄影（mapping3d）和航带飞行（mappingStrip），对应 4 种不同的航点任务类型。

（3）模板 ID 则是用于指定任务模板的唯一值，通常从 0 开始计数。

注意：在<Folder>标签中，模板类型不同，所包含的标签类型也不相同。

（4）全局飞行速度则是指在没有指定航点飞行速度的前提下默认的飞行速度，单位为米/秒。

（5）作业区域采用典型的 KML 语法，用于指定任务区域。

（6）坐标系统参数和负载参数分别用于指定任务执行的坐标系统和负载。

任务配置选项<wpml:missionConfig>标签部分定义了执行任务的默认参数，典型的配置如下所示：

```
<wpml:missionConfig>
  <!-- 飞向首航点模式 -->
  <wpml:flyToWaylineMode>safely</wpml:flyToWaylineMode>
  <!-- 任务结束动作 -->
  <wpml:finishAction>goHome</wpml:finishAction>
  <!-- 失控后是否继续执行航线 -->
  <wpml:exitOnRCLost>goContinue</wpml:exitOnRCLost>
  <!-- 失控动作 -->
  <wpml:executeRCLostAction>goBack</wpml:executeRCLostAction>
  <!-- 起飞安全高度 -->
  <wpml:takeOffSecurityHeight>20</wpml:takeOffSecurityHeight>
  <!-- 参考起飞点 -->
  <wpml:takeOffRefPoint>43.8532,125.2971,232.0413</wpml:takeOffRefPoint>
  <!-- 参考起飞点 AGL 高度 -->
  <wpml:takeOffRefPointAGLHeight>0</wpml:takeOffRefPointAGLHeight>
  <!-- 全局航线过渡速度 -->
  <wpml:globalTransitionalSpeed>15</wpml:globalTransitionalSpeed>
  <!-- 全局返航高度 -->
  <wpml:globalRTHHeight>100</wpml:globalRTHHeight>
  <!-- 飞行器信息 -->
  <wpml:droneInfo>...
  </wpml:droneInfo>
  <!-- 负载信息 -->
  <wpml:payloadInfo>...
  </wpml:payloadInfo>
</wpml:missionConfig>
```

（1）飞向首航点模式：无人机起飞后到达首航点的方式，包括安全模式（safely）和倾斜飞行模式（pointToPoint）。

（2）任务结束动作：任务结束后执行的动作，包括返航（goHome）、原地降落（autoLand）、飞往首航点（gotoFirstWaypoint）和无动作（noAction）。

（3）失控后是否继续执行航线：与遥控器断开连接（失控）后继续执行航线（goContinue）或执行失控动作（executeLostAction）。

（4）失控动作：失控动作包括返航（goBack）、降落（landing）和悬停（hover）。

（5）参考起飞点和参考起飞点 AGL 高度：规划航点任务的参考起飞点，以执行实际任务时的起飞点为准。参考起飞点高度指以 WGS1984 坐标系为基准的椭球高度，参考起飞点 AGL 高度则表示海拔高度。

（6）全局航线过渡速度：飞往首航点或任务断点的飞行速度。

（7）全局返航高度：返航高度。

（8）飞行器信息：飞行器类型通过类型编码表示，包括无人机主类型编码 <wpml:droneEnumValue> 和子类型编码 <wpml:droneSubEnumValue>，如表 7-2 所示。

表 7-2 无人机的主类型编码和子类型编码

无 人 机	主类型编码	子类型编码
M300 RTK	60	-
M350 RTK	89	-
M30/M30T	67	0 表示 M30；1 表示 M30T
M3E/M3T/M3M	77	0 表示 M3E；1 表示 M3T；2 表示 M3M
M3D/M3TD	91	0 表示 M3D；1 表示 M3TD

例如，采用 M30T 无人机时，飞行器的信息代码如下：

```
<wpml:droneInfo>
  <wpml:droneEnumValue>67</wpml:droneEnumValue>
  <wpml:droneSubEnumValue>1</wpml:droneSubEnumValue>
</wpml:droneInfo>
```

（9）负载信息：与无人机信息类似，负载类型和挂载位置也是通过编码的方式设置的。常见的负载编码包括 42（H20）、43（H20T）、52（M30 相机）、53（M30T 相机）、61（H20N）、66（M3E 相机）、67（M3T 相机）、68（M3M 相机）、80（M3D 相机）、81（M3TD 相机）、65534（PSDK 负载相机）等。负载的挂载位置编号包括 0（主相机或左前方）、1（右前方）和 2（上方）。

例如，采用 M30T 主相机时，负载的信息代码如下：

```
<wpml:payloadInfo>
  <wpml:payloadEnumValue>53</wpml:payloadEnumValue>
  <wpml:payloadPositionIndex>0</wpml:payloadPositionIndex>
</wpml:payloadInfo>
```

2）执行文件 waylines.wpml

执行文件 waylines.wpml 中包含了任务配置选项以及航线航点的详细定义，其典型的结构代码如下：

```xml
<?xml version="1.0" encoding="UTF-8"?>
<kml xmlns="http://www.opengis.net/kml/2.2"
    xmlns:wpml="http://www.dji.com/wpmz/1.0.4">
  <Document>
      <!-- 任务配置选项 -->
    <wpml:missionConfig>
      ...
    </wpml:missionConfig>
    <Folder>
      <!-- 模板 ID -->
      <wpml:templateId>0</wpml:templateId>
      <!-- 执行高度模式 -->
      <wpml:executeHeightMode>WGS84</wpml:executeHeightMode>
      <!-- 航线 ID -->
      <wpml:waylineId>0</wpml:waylineId>
      <!-- 航线长度 -->
      <wpml:distance>2407.70263671875</wpml:distance>
      <!-- 滞空时间 -->
      <wpml:duration>219.143844604492</wpml:duration>
      <!-- 全局飞行速度 -->
      <wpml:autoFlightSpeed>15</wpml:autoFlightSpeed>
      <!-- 航点 -->
      <Placemark> ...
      </Placemark>
      ...
    </Folder>
  </Document>
</kml>
```

一般情况下，执行文件 waylines.wpml 中的任务配置选项、模板 ID 等均与模板文件 template.kml 中的保持一致。执行高度模式包括 WGS84 椭球高度模式（WGS84）、相对起飞点高度模式（relativeToStartPoint）和实时仿地高度模式（realTimeFollowSurface）。

每一个<Folder>标签对应一个航线，且每一个航线中包含众多航点，对应于<Placemark>标签，定义了航点位置、航点序号、执行高度、飞行速度（m/s）等信息，典型的结构代码如下：

```xml
<Placemark>
  <!-- 航点位置 -->
  <Point> ... </Point>
  <!-- 航点序号 -->
  <wpml:index>0</wpml:index>
  <!-- 执行高度 -->
  <wpml:executeHeight>381.625</wpml:executeHeight>
  <!-- 飞行速度(m/s) -->
  <wpml:waypointSpeed>15</wpml:waypointSpeed>
  <!-- 航向参数 -->
```

```xml
<wpml:waypointHeadingParam>
<wpml:waypointHeadingMode>followWayline</wpml:waypointHeadingMode>
  ...
</wpml:waypointHeadingParam>
<!-- 转弯参数 -->
<wpml:waypointHeadi<wpml:waypointTurnParam>
  <!-- 转弯模式 -->
  <wpml:waypointTurnMode>
    toPointAndStopWithDiscontinuityCurvature
  </wpml:waypointTurnMode>
  <wpml:waypointTurnDampingDist>0</wpml:waypointTurnDampingDist>
</wpml:waypointTurnParam>
<!-- 是否直线飞行 -->
<wpml:useStraightLine>1</wpml:useStraightLine>
<!-- 执行动作组 -->
<wpml:actionGroup>
  <wpml:actionGroupId>0</wpml:actionGroupId>
  <wpml:actionGroupStartIndex>0</wpml:actionGroupStartIndex>
  <wpml:actionGroupEndIndex>12</wpml:actionGroupEndIndex>
  <wpml:actionGroupMode>sequence</wpml:actionGroupMode>
  <wpml:actionTrigger>
    <wpml:actionTriggerType>multipleTiming</wpml:actionTriggerType>
    <wpml:actionTriggerParam>2</wpml:actionTriggerParam>
  </wpml:actionTrigger>
  <!-- 执行动作 -->
  <wpml:action> ... </wpml:action>
  ...
</wpml:actionGroup>
<!-- 云台偏航参数 -->
<wpml:waypointGimbalHeadingParam>
  <wpml:waypointGimbalPitchAngle>0</wpml:waypointGimbalPitchAngle>
  <wpml:waypointGimbalYawAngle>0</wpml:waypointGimbalYawAngle>
</wpml:waypointGimbalHeadingParam>
</Placemark>
```

（1）航点位置：航点的坐标位置，采用 KML 语法定义。

（2）航点序号：航点的顺序，0 表示首航点。

（3）执行高度：航点的高度值。

（4）飞行速度：飞向航点的飞行速度。

（5）航向参数：包括航向模式<wpml:waypointHeadingMode>等选项。航向模式包括面向航点（followWayline）、手动控制（manually）、锁定航偏角（fixed）、平滑过渡（smoothTransition）和朝向兴趣点（towardPOI）。当航向模式选择平滑过渡时，需要使用<wpml:waypointHeadingAngle>配置过渡的目标偏航角。当航向模式选择朝向兴趣点时，需要使用<wpml:waypointPoiPoint>配置兴趣点位置。

（6）转弯参数和转弯模式：航点转弯模式包括以下 4 种类型。

- coordinateTurn：协调转弯，不过点，提前转弯。
- toPointAndStopWithDiscontinuityCurvature：直线飞行，飞行器到点停。
- toPointAndStopWithContinuityCurvature：曲线飞行，飞行器到点停。
- toPointAndPassWithContinuityCurvature：曲线飞行，飞行器过点不停。

如果需要使用"平滑过点，提前转弯"模式，那么需要将航点模式设置为 toPointAndPassWithContinuityCurvature，并且设置<wpml:useStraightLine>为 1。在"平滑过点，提前转弯"模式以及"协调转弯，不过点，提前转弯"模式下，需要设置航点转弯截距<wpml:waypointTurnMode>。

（7）执行动作组和执行动作：执行动作组（<wpml:actionGroup>）包括一个或者多个执行动作（<wpml:action>）。

（8）云台偏航参数：指定云台的俯仰角和偏航角。

一般情况下，每一个任务都只包含 1 个航线，但是在飞行任务中，会自动将一个任务拆分成若干个测区，其中每一个测区就是一个航线。有多少测区，在 waylines.wpml 文件中就可以有多少个<Folder>标签。

7.1.2 通过 Pilot 2 和司空 2 创建航点任务

在 Pilot 2 和大疆司空 2 中均可以创建航点任务，但它们的运行环境和创建航点的方式等有所不同，具体如表 7-3 所示。

表 7-3 Pilot 2 和大疆司空 2 的对比

对比	DJI Pilot 2	大疆司空 2
运行环境	运行在行业无人机遥控器中（Android 平台）	运行在 Web 端（任意桌面设备、移动设备）
创建航点的方式	地图选点（绘制） 在线任务录制	地图选点（绘制） 模拟飞行
基础地图	2 维基础地图	2.5 维基础地图
协作能力	不支持	支持多设备和团队协作
费用	免费	标准版免费 高级功能收费

下文将分别介绍在 Pilot 2 和大疆司空 2 中创建航点任务的基本方法。

1．在 Pilot 2 中创建航点任务

在 Pilot 2 主界面中单击【航线】按钮，进入航线库界面，如图 7-7 所示。

航线库界面中包含【创建航线】、【航线导入(KMZ/KML)】等按钮，以及已经保存的航线任务，如图 7-8 所示。

注意：通过【航线导入(KMZ/KML)】按钮，可以将旧版的 KML 航线任务文件转化为新版的 KMZ 航点任务文件。

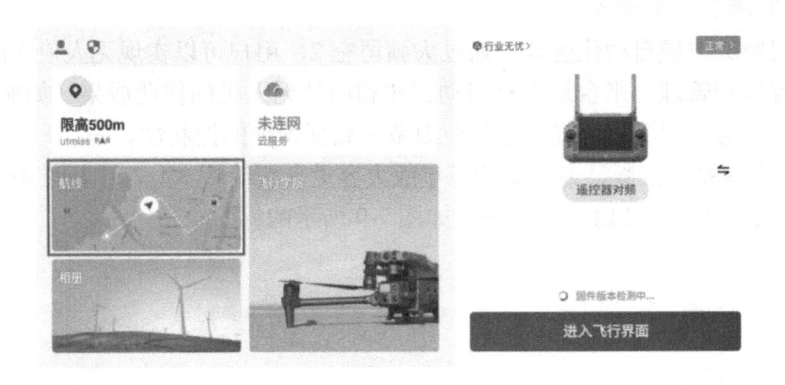

图 7-7

图 7-8

在图 7-8 中,单击【收藏】选项卡,切换到收藏的航点任务界面。在该界面中,单击【创建航线】按钮,即可选择航线类型。单击【航点飞行】中的【地图选点】按钮,即可自定义航点任务。

此时,即可在地图上从首航点(S)开始依次绘制各个航点的位置,并在右侧的窗口中设置和调整相关参数。单击左上角的返回(<)按钮即可保存退出航点任务。

在航线库界面中,单击右上角的【选择】按钮,并选择具体的航点任务,即可对其进行复制、删除或者导出为 KMZ 文件等操作。

2. 在大疆司空 2 中创建航点任务

大疆司空 2 是一站式无人机任务管理云平台,旨在实现团队信息的高效聚合、处理与同步,方便多人、多机协作完成飞行任务。相对于 Pilot 2,大疆司空 2 具有以下几个方面的优势。

- 大疆司空 2 方便多机协作:大疆司空 2 是典型的无人机软件,即服务(SaaS)应用程序,与具体的设备无关。操作人员可以在任何操作系统、任何环境下通过互联网设计并执行飞行任务。大疆司空 2 支持多终端数据标注与实时同步,允许团队成员实时共享标记目标、规划路线等信息。这样,对于同一个飞行任务,可以指派多个设备同时执行,提升了任务完成的效率和协作的灵活性。
- 大疆司空 2 方便设计航线:大疆司空 2 提供了全球 2.5 维的基础地图,使设计复杂的航线变得简单。用户可以根据地形起伏设计飞行路线,尽可能避开障碍物,从而提高无人机飞行的安全性和拍摄成果的准确性。

❑ **大疆司空 2 方便自动化管理**：通过大疆司空 2，用户可以实现无人值守的飞行作业，并进行远程管理。平台还支持自动回传和归档无人机的作业成果（如航拍图片等），简化了任务管理流程，提高了作业效率和数据管理的便利性。

大疆司空 2 包括标准版、专业版和三年版大容量套餐等版本，其中标准版是免费的。当用户第一次登录大疆司空 2 时，将会弹出如图 7-9 所示的界面。

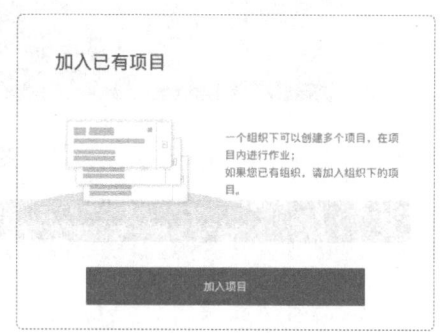

图 7-9

用户必须选择【创建一个新组织】或【加入已有项目】，在私域内创建并管理飞行任务。本节为了测试航点任务，创建了一个测试组织，即单击【创建组织】按钮，进入如图 7-10 所示的界面。在该界面中进行相应的设置，单击【下一步】按钮。

图 7-10

在弹出的对话框中输入组织名称并单击【确认】按钮，进入大疆司空 2 的主界面，如图 7-11 所示。

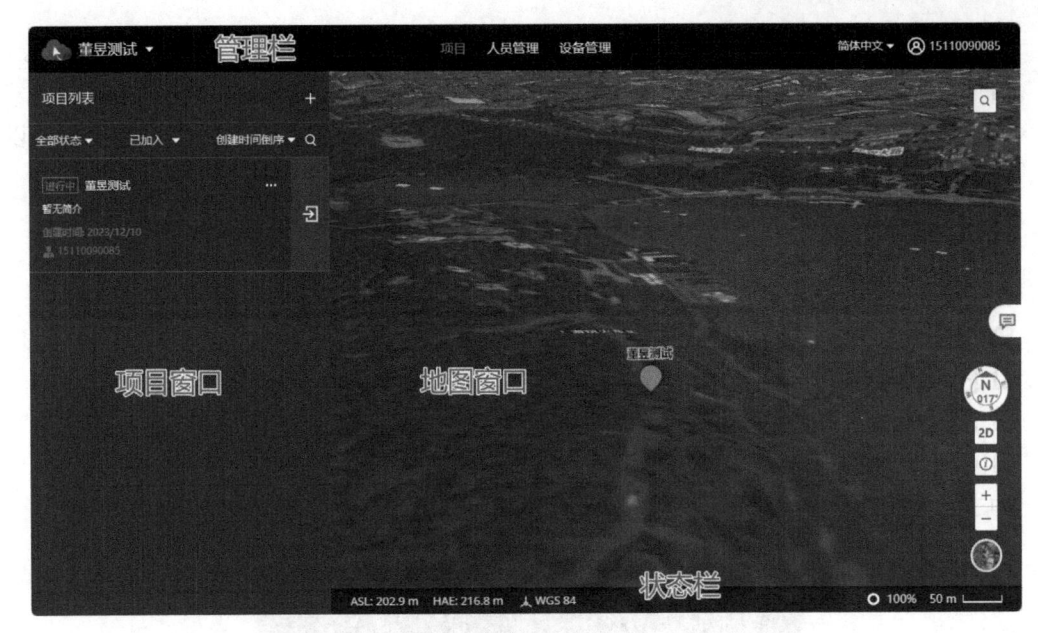

图 7-11

大疆司空 2 的主界面中包含以下几部分。
- 管理栏：在主界面的上方显示，包括项目、人员管理和设备管理等。
- 项目窗口：在左侧侧边栏窗口中显示，显示了当前用户的所有项目。
- 地图窗口：在界面的中央位置显示，显示项目的位置信息。
- 状态栏：在地图窗口下方显示，显示当前地图的比例尺、放大比例、坐标系等信息。

对于新用户而言，需要手动创建项目。项目创建完成后，单击项目右侧的 ➡ 按钮即可进入项目界面，如图 7-12 所示。

图 7-12

在项目界面中,通过左侧侧边栏的按钮可以切换项目管理功能,主要功能如下所述。
- ⛺(团队):管理团队内的设备和成员。
- 📍(地图标注):在地图上进行标注。例如,可以标注关键点、障碍物等信息,以便于规划航线时参考。
- 🖼(地图照片):管理地图照片,方便了解相应区域的实际信息。
- ⛰(地图模型):管理或查看已有的地图模型,方便设计航线。
- ⛰(地图作业区域):自定义飞行区和地形障碍物。
- ⚓(航线库):设计航线。
- 📅(计划库):设计自动执行的飞行任务。
- 📥(媒体库):管理已经采集的照片和视频。
- 📦(模型库):管理通过航测建模方式得到的二维或三维模型。

为了设计航点任务,单击【⚓】按钮并新建航线,如图 7-13 所示。

图 7-13

输入航线名称、选择飞行器与负载,单击【航线类型】后即可进入航线编辑界面,如 7-14 所示。在该界面中,左侧菜单中列出了航线的基本属性和航点列表;中央的地图显示了无人机飞行的地图模拟界面;右侧下方的窗口模拟了无人机飞行的 FPV 界面,包括无人机的姿态、航向、高度以及飞行视角模拟图像。

图 7-14

此时，即可编辑航线的基本信息，并通过模拟飞行的方式创建航点，常见的操作方法（见图 7-15）如下所述。

（1）通过键盘上的 W、S、A、D 键可以移动无人机，功能等同于遥控器的右手摇杆（美国手），通过 Q、E、Z、C 键可以分别控制无人机向左旋转、向右旋转、下降和上升，相当于遥控器的左手摇杆功能（美国手）。

（2）移动无人机到合适的位置后，按下 Space 键新增航点；如果需要切换航点和执行航点动作，可以通过方向键操作。

（3）通过数字键可以切换相机镜头。

（4）通过~键可以切换显示视角。

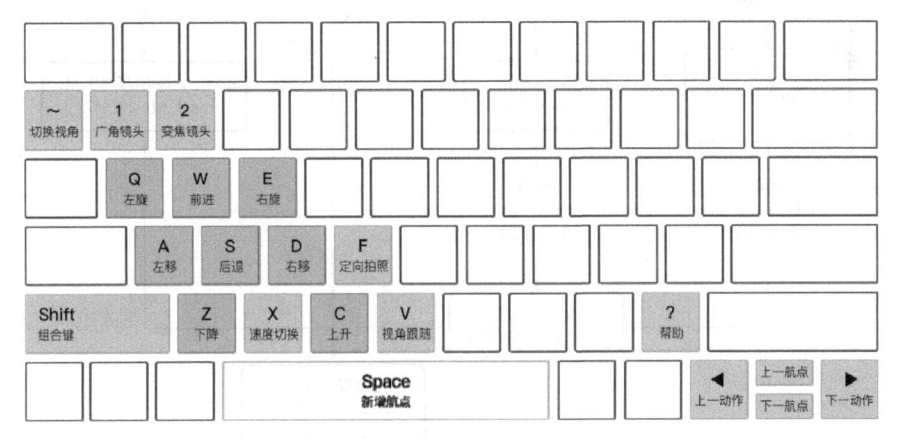

图 7-15

创建并保存航线后，即可在航线库界面中将航线导出为 KMZ 航点任务文件。

7.1.3 通过 MSDK 创建和编辑航点任务

在 MSDK 中，航点任务编辑管理器（WPMZManager）用于管理 KMZ 文件，其主要函数如表 7-4 所示。

表 7-4 航点任务编辑管理器（WPMZManager）的主要函数

函　数	描　述
getKMZInfo	获取 KMZ 信息
generateKMZFile	生成 KMZ 文件
transKMLtoKMZ	将 KML 文件转换为 KMZ 文件
checkValidation	检查 KMZ 文件是否可用

在实际使用中，主要有对航点任务操作的 4 种情形（见图 7-16）。

（1）已有 KMZ 文件，直接加载并使用：无须 WPMZManager 对 KMZ 文件继续进行读取、编辑。

（2）已有 KMZ 文件，需要对其进行编辑后再使用：通过 WPMZManager 的 getKMZInfo 函数读取 KMZ 文件，获取其 KMZInfo 对象。经过编辑后再通过 generateKMZFile 函数生成新的 KMZ 文件。

（3）已有 KML 文件，需要将其转换为 KMZ 文件：通过 transKMLtoKMZ 函数即可将旧版的 KML 文件转换为新版的 KMZ 文件。

（4）没有 KMZ 文件和 KML 文件，需要创建 KMZ 文件：通过 generateKMZFile 函数即可创建新的 KMZ 文件。

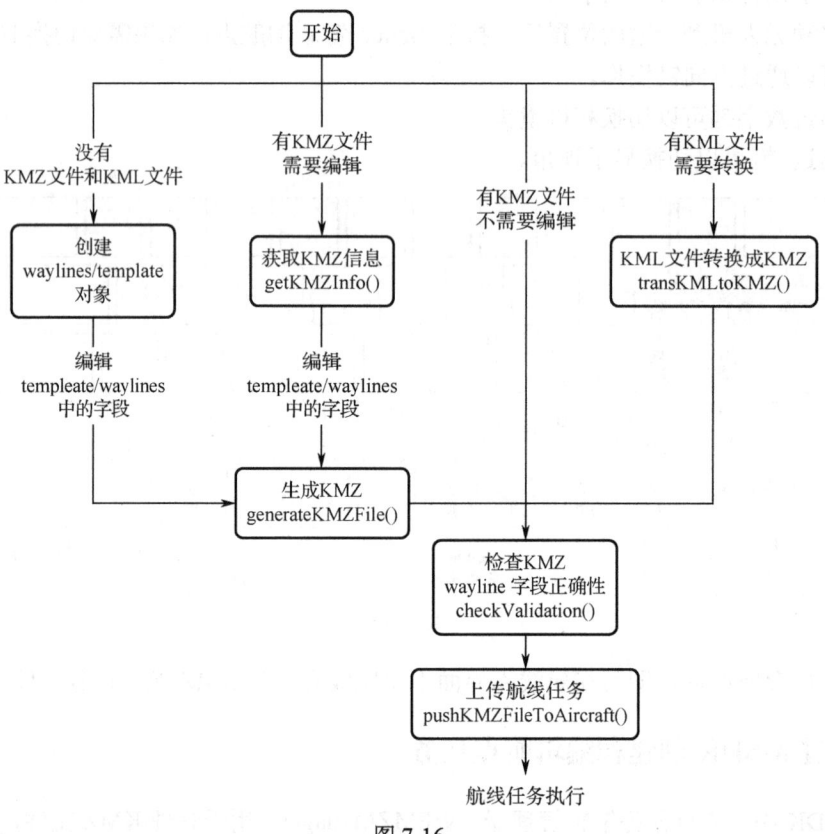

图 7-16

在使用 KMZ 文件执行航点任务前，建议开发者使用 checkValidation 函数检查 KMZ 文件的可用性，然后通过 WaypointMissionManager 的 pushKMZFileToAircraft 函数将航点任务上传到无人机中。

本小节将介绍如何通过 WPMZManager 创建和编辑航点任务，以及如何将 KMZ 文件转换为 KMZ 文件。

1. 创建航点任务

为了方便介绍各项功能，本小节创建了航点任务界面（WaypointMissionActivity），然后在主界面（MainActivity）中增加了【航点任务飞行】按钮；用户单击【航点任务飞行】按钮即可跳转到航点任务界面，如图 7-17 所示。

图 7-17

在 WaypointMissionActivity 中增加【生成 KMZ 文件】、【开始任务】、【暂停任务】、【恢复任务】、【停止任务】等按钮，用于相应功能的实现与测试，如图 7-18 所示。

1）将 KMZ 文件存储在哪里

在 Android 中，应用程序的文件可以存储在 2 个目录位置：内部存储和外部存储。

（1）内部存储（Internal Dir）：按照 Android 系统的设计，该目录通常是无法被用户感知和访问的，相当于应用程序沙盒，其中的文件只能被当前应用程序所读写，其他任何应用程序都无法干涉，连接计算机后也无法查看到沙盒中的内容。内部存储的目录为 /data/data/ 或者 /data/user/0，两者实际上是同一个目录，只不过挂载到不同位置。

（2）外部存储（External Dir）：各个应用程序的公共区域。目录为 /storage/emulated/0 或者 /sdcard/，这一部分数据是共享的，当用户通过 USB 线缆连接计算机且选择文件传输时，可以浏览到这些目录中的文

图 7-18

件。不过，在外部存储中，也有一块属于应用程序的私有目录，各个应用之间彼此隔离，但是用户的访问是不受限制的。

注意：为了方便于开发者进行 KMZ 文件的读取和分享，建议开发者将 KMZ 文件存储在外部存储中，主要包括外部存储的私有目录（/storage/emulated/0/Android/data/<bundle_name>/）和 DJI 目录（/storage/emulated/0/DJI/）。

在 MSDK 中，建议开发者通过 DiskUtil 获取目录位置，主要包括以下函数。
- getDiskCacheDir：获取内部存储缓存目录对象（File 对象）。
- getDiskCacheDirPath：获取内部存储缓存目录路径（String 对象）。
- getExternalCacheDir：获取外部存储缓存目录对象（File 对象）。
- getExternalCacheDirPath：获取外部存储缓存目录对象（String 对象）。

磁盘缓存目录（DiskCacheDir）位于内部存储的 cache 目录（/data/user/0/<bundle_name>）中，主要用于存放临时对象。外部缓存目录（ExternalCacheDir）位于外部存储的私有目录（/storage/emulated/0/Android/data/<bundle_name>/）中，主要用于放置长期存放的文件。

在本例中，将 KMZ 文件存放到 ExternalCacheDir 的 waypoint 子目录中。此时，需要在 WaypointMissionActivity 的 onCreate 函数中检查 waypoint 目录是否存在，如果不存在，则创建该目录，代码如下：

```
// 创建 waypoint 目录对象
val dir = File(DiskUtil.getExternalCacheDirPath(ContextUtil.getContext(),
"waypoint"))
// 创建 waypoint 目录
if (!dir.exists()) {
    dir.mkdirs()
}
```

另外，在 Android 10 及以前版本中（当前绝大多数的大疆遥控器均采用 Android 10 版本），为了能够顺利读取外部存储中的数据，还需要在 AndroidManifest.xml 中的<application>标签中增加 requestLegacyExternalStorage 属性，并设置为 true，代码如下：

```
<application
    ...
    android:requestLegacyExternalStorage="true">
```

若开发者没有设置该属性，那么将导致应用程序没有访问外部存储的权限，从而在运行时出现"闪退"问题。

2）创建航点任务

在使用 WPMZManager 之前，需要对其进行初始化操作，代码如下：

```
WPMZManager.getInstance().init(ContextUtil.getContext())
```

通过 ContextUtil 的 getContext 函数即可获取当前应用的上下文对象，并将其作为参数传递到 WPMZManager 的初始化函数 init 中。

随后，即可在【生成 KMZ 文件】按钮的单击监听器中实现 KMZ 文件的创建。前文已述，通过 generateKMZFile 函数即可创建 KMZ 文件，而该函数包括 2 个重载函数，代码如下：

```
void generateKMZFile(String kmzPath , WaylineMission waylineMission ,
WaylineMissionConfig config , Template waylineTemplate )
    void generateKMZFile(String kmzPath , WaylineMission waylineMission ,
WaylineMissionConfig config , Wayline wayline)
```

其中，kmzPath 为 KMZ 文件的存储位置，waylineMission 为航线任务对象，config 为航线任务配置对象，waylineTemplate 和 wayline 分别为航线模板和航线对象。接下来通过 waylineMission 对象、config 对象和 waylineTemplate 对象来创建航点任务，而这些对象需要分别创建。

（1）创建航线任务（WaylineMission）。航线任务对象包括创建时间、更新时间和创建者等基本信息，代码如下：

```
// 航线任务 WaylineMission
val waylineMission = WaylineMission().apply {
    // 创建时间
    createTime = System.currentTimeMillis().toDouble()
    // 更新时间
    updateTime = System.currentTimeMillis().toDouble()
    // 创建者
    author = "董昱"
}
```

（2）创建任务配置（MissionConfig）。任务配置对象包括无人机信息、负载信息、安全配置信息等，代码如下：

```
// 任务配置 MissionConfig
val config = WaylineMissionConfig().apply {
    // 飞向首航点模式
    flyToWaylineMode = WaylineFlyToWaylineMode.SAFELY
    // 任务结束动作
    finishAction = WaylineFinishedAction.GO_HOME
    // 无人机信息
    droneInfo = WaylineDroneInfo().apply {
        droneType = WaylineDroneType.PM320  // M30/M30T
        droneSubType = 0                    // M30
    }
    // 起飞安全高度
    securityTakeOffHeight = 20.0
    // 是否启用起飞安全高度
    isSecurityTakeOffHeightSet = true
    // 失控后是否继续执行航线
    exitOnRCLostBehavior =
            WaylineExitOnRCLostBehavior.EXCUTE_RC_LOST_ACTION
    // 失控动作
    exitOnRCLostType = WaylineExitOnRCLostAction.GO_BACK
```

```
    // 全局航线过渡速度
    globalTransitionalSpeed = 10.0
    // 负载信息
    payloadInfo = ArrayList() // List<WaylinePayloadInfo>

}
```

这里的 PM320 无人机类型代表 M30/M30T 无人机。枚举类型 WaylineDroneType 定义了无人机的类型参数，代码如下：

```
enum WaylineDroneType {
    Phantom4 (11),                  // Phantom 4
    Phantom4Pro (18),               // Phantom 4 Pro
    Phantom4Advanced (27),          // Phantom 4 Advanced
    Phantom4RTK (59),               // Phantom 4 RTK
    PM430 (60),                     // M300 RTK
    PM320 (67),                     // M30/M30T
    WM260 (68),                     //
    WM630 (76),                     //
    WM265 (77),                     // M3E/M3T/M3M
    TA101 (78),                     //
    WM2605 (86),                    //
    PM431 (89),                     // M350 RTK
    UNKNOWN (0xFFFF);
    …
}
```

当然，对于 PM320、WM265 类型的无人机，还需要通过子类型明确其具体类型，可参见 7.1.1 节的相关内容。

（3）创建航线模板（Template）。航线模板定义了具体航线、航点信息，包括坐标参数、负载参数和各个航点的信息等，代码如下：

```
    // 模板 Template
var template = Template().apply {
    // 航点信息
    waypointInfo = waypointInf
    // 坐标参数
    coordinateParam = WaylineCoordinateParam().apply {
        // 坐标系
        coordinateMode = WaylineCoordinateMode.WGS84
        // 航线坐标来源类型
        positioningType = WaylinePositioningType.GPS
        // 是否设置航线坐标来源类型
        isWaylinePositioningTypeSet = true
        // 高度模式
        altitudeMode = WaylineAltitudeMode.RELATIVE_TO_START_POINT
```

```
    }
    // 是否使用全局航线过渡速度
    useGlobalTransitionalSpeed = true
    // 自动飞行速度
    autoFlightSpeed = 5.0
    // 负载参数
    payloadParam = ArrayList()
}
```

航点信息 waypointInf 的定义如下:

```
    // 航点信息
var waypointInf = WaylineTemplateWaypointInfo().apply {
    // 航点列表
    waypoints = ArrayList<WaylineWaypoint>().apply {
        add(waypoint(0, 125.264045286958,43.8031883129482))
        add(waypoint(1, 125.264095601172,43.79983607431473))
        add(waypoint(2, 125.264627240434,43.7904679396506))
        add(waypoint(3, 125.268526708734,43.7849841483600))
    }

    // 全局飞行高度
    globalFlightHeight = 120.0
    // 全局飞行高度设置
    isGlobalFlightHeightSet = true
    // 全局航点类型（转弯通过类型）

    globalTurnMode =
WaylineWaypointTurnMode.TO_POINT_AND_STOP_WITH_DISCONTINUITY_CURVATURE
    // 是否直线飞行
    useStraightLine = true
    // 是否使用全局航点类型（转弯通过类型）
    isTemplateGlobalTurnModeSet = true
    // 云台偏航参数
    globalYawParam = WaylineWaypointYawParam().apply {
        yawMode = WaylineWaypointYawMode.FOLLOW_WAYLINE
    }
    // 是否使用全局云台偏航参数
    isTemplateGlobalYawParamSet = true
    // 云台俯仰参数
    pitchMode = WaylineWaypointPitchMode.MANUALLY
}
```

在上述代码中，通过 waypoint 函数创建了 4 个航点，其函数定义如下:

```kotlin
    // 创建航点
fun waypoint(index : Int, longitude : Double, latitude : Double): WaylineWaypoint
{
    // 创建航点
    return WaylineWaypoint().apply {
        // 航点索引
        waypointIndex = index
        // 航点位置
        location = WaylineLocationCoordinate2D(latitude, longitude)
        // 高度
        height = 100.0
        // 椭球高度
        ellipsoidHeight = 100.0
        // 使用全局飞行高度
        useGlobalFlightHeight = true
        // 使用全局自动飞行速度
        useGlobalAutoFlightSpeed = true
        // 使用全局云台朝向参数
        useGlobalGimbalHeadingParam = true
        // 使用全局转弯参数
        useGlobalTurnParam = true
        // 直线飞行
        useStraightLine = false
        // 不可向上返航点
        isRisky = false
    }
}
```

最后，通过 WPMZManager 的 generateKMZFile 函数创建 KMZ 文件，代码如下：

```kotlin
    // 定义存储文件位置
val filename = DiskUtil.getExternalCacheDirPath(
        ContextUtil.getContext(), "waypoint") + "/mission.kmz"
// 创建 KMZ 文件
WPMZManager.getInstance()
    .generateKMZFile(filename,          // 文件位置
            waylineMission,             // 航线任务 WaylineMission
            config,                     // 任务配置 MissionConfig
            template)                   // 模板 Template
```

编译并运行程序，单击【生成 KMZ 文件】按钮，即可生成航线文件，存储位置为 /storage/emulated/0/Android/data/com.msdktest.dreamfly/files/DJI/waypoint/mission.kmz。

在 Pilot 2 程序中打开航线库界面，先单击【+】按钮，然后单击【航线导入（KMZ/KML）】按钮，在弹出的界面中找到并加载上述 KMZ 文件，即可在界面中出现 mission 任务，如图 7-19 所示。

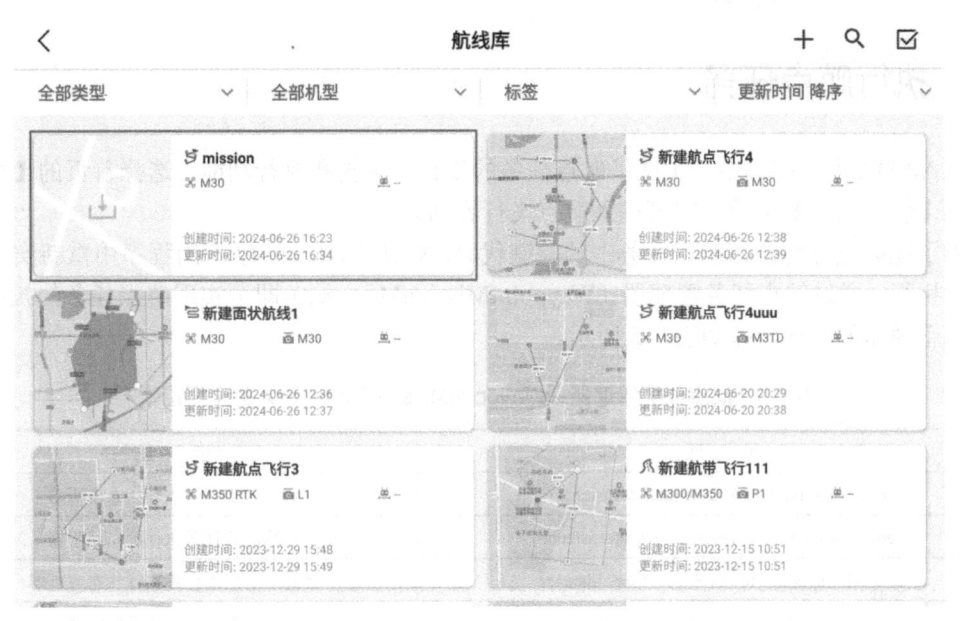

图 7-19

2. 加载航点任务

通过 WPMZManager 的 getKMZInfo 函数即可获得 KMZ 信息（KMZInfo）对象。KMZInfo 包括 4 个重要的属性：

```
// 航线任务信息
private WaylineMissionParseInfo waylineMissionParseInfo;
// 航线任务配置信息
private WaylineMissionConfigParseInfo waylineMissionConfigParseInfo;
// 航线模板信息
private TemplateParseInfo waylineTemplatesParseInfo;
// 详细航线航点信息
private WaylineWaylinesParseInfo waylineWaylinesParseInfo;
```

例如，获取航点任务的创建者信息，代码如下：

```
    val info = WPMZManager.getInstance()
   .getKMZInfo(filename)
Log.v("WaypointMissionActivity",
   "航线创建者：" + info.waylineMissionParseInfo.mission.author)
```

3. 将旧版 KML 文件转换为新版 KMZ 文件

MSDK 中集成了 KML 文件和 KMZ 文件转换的 API。将旧版 KML 文件转换为新版 KMZ 文件的代码如下：

```
WPMZManager.getInstance()
   .transKMLtoKMZ(kmlfilename, kmzfilename)
```

7.2 执行航点任务

在 MSDK 官方样例中,实现了航点任务的设计、编辑和执行功能。选择首页的【数据获取】→【航点飞行】菜单,即可进入航点飞行界面。

为了能够更好地介绍航点任务中的关键代码,本节在 DreamFly 应用程序中重新实现航点任务的执行。通过航点任务管理器(WaypointMissionManager)即可实现航点任务的执行。航点任务管理器的主要函数如表 7-5 所示。

表 7-5 航点任务管理器(WaypointMissionManager)的主要函数

函 数	描 述
addWaypointMissionExecuteStateListener	添加航点任务执行状态监听器
removeWaypointMissionExecuteStateListener	移除航点任务执行状态监听器
clearAllWaypointMissionExecuteStateListener	清除所有航点任务执行状态监听器
addWaylineExecutingInfoListener	添加航线执行信息监听器
removeWaylineExecutingInfoListener	移除航线执行信息监听器
clearAllWaylineExecutingInfoListener	清除所有航线执行信息监听器
addWaypointActionListener	添加航线执行监听器
removeWaypointActionListener	移除航线执行监听器
clearAllWaypointActionListener	清除所有航线执行监听器
pushKMZFileToAircraft	将 KMZ 航点任务上传到无人机
getAvailableWaylineIDs	获取可用的航线 ID
startMission	开始任务
pauseMission	暂停任务
resumeMission	恢复任务
stopMission	结束任务
queryBreakPointInfoFromAircraft	从无人机中查找中断点信息

和 WPMZManager 管理器类似,使用 WaypointMissionManager 之前需要对其进行初始化操作,代码如下:

```
WaypointMissionManager.getInstance().init()
```

7.2.1 监听航点任务执行状态

在航点任务中,经常会用到 3 种常用的监听器。
- 航点任务执行状态监听器:WaypointMissionExecuteStateListener。
- 航点动作监听器:WaypointActionListener。
- 航线执行信息监听器:WaylineExecutingInfoListener。

下文将简单介绍这些监听器的基本用法。

1. 航点任务执行状态监听器

航点任务的执行状态由枚举类型 WaypointMissionExecuteState 定义，代码如下：

```
enum WaypointMissionExecuteState {
    DISCONNECTED,              // 断开连接
    IDLE,                      // 空闲
    READY,                     // 准备完毕
    UPLOADING,                 // 上传中
    PREPARING,                 // 准备中
    ENTER_WAYLINE,             // 进入航线中
    EXECUTING,                 // 任务执行中
    INTERRUPTED,               // 任务中断
    RECOVERING,                // 任务恢复中
    FINISHED,                  // 任务结束
    RETURN_TO_START_POINT,     // 返回起始点
    NOT_SUPPORTED,             // 不支持
    UNKNOWN;                   // 未知
    ...
}
```

该枚举类型列举了航点任务执行中的基本状态。在 OnCreate 函数中，实现对状态的监听，并将监听结果输出到 Logcat 中，代码如下：

```
// 监听任务的执行状态
WaypointMissionManager.getInstance()
    .addWaypointMissionExecuteStateListener {
    Log.v("WaypointMissionActivity",
        "WaypointMissionExecuteState : " + it.toString())
}
```

对应地，需要在 onDestroy 函数中移除该监听器，代码如下：

```
override fun onDestroy() {
    // 取消监听任务的执行状态
    WaypointMissionManager.getInstance()
        .clearAllWaypointMissionExecuteStateListener()
    super.onDestroy()
}
```

2. 航点动作监听器

航点动作监听器主要用于监听航点动作（Action），其实现的基本代码如下：

```
// 监听航点动作
WaypointMissionManager.getInstance().addWaypointActionListener(
    object : WaypointActionListener{
```

```
    override fun onExecutionStart(actionId: Int) {
        TODO("Not yet implemented")
    }

    override fun onExecutionStart(actionGroup: Int, actionId: Int) {
        TODO("Not yet implemented")
    }

    override fun onExecutionFinish(actionId: Int, error: IDJIError?) {
        TODO("Not yet implemented")
    }

    override fun onExecutionFinish(actionGroup: Int, actionId: Int, error: IDJIError?) {
        TODO("Not yet implemented")
    }
})
```

onExecutionStart 函数和 onExecutionFinish 函数分别在动作执行开始和结束时被调用，用于开发者观察航点动作是否正确执行，并做相应的处理。

3. 航线执行信息监听器

航线执行信息监听器主要用于监听航线执行的进度。航线执行信息对象（WaylineExecutingInfo）包括 3 个主要属性，如下所示。

- missionFileName：任务文件名（当前任务）。
- waylineID：航线 ID（当前航线）。
- currentWaypointIndex：航点索引（当前航点）。

通过该监听器可以帮助开发者了解航线执行的进度，其实现的基本代码如下：

```
// 监听航线
WaypointMissionManager.getInstance()
        .addWaylineExecutingInfoListener(
            object : WaylineExecutingInfoListener{
    override fun onWaylineExecutingInfoUpdate(
            excutingWaylineInfo: WaylineExecutingInfo?) {
        TODO("Not yet implemented")
    }

    override fun onWaylineExecutingInterruptReasonUpdate(
            error: IDJIError?) {
        TODO("Not yet implemented")
    }
})
```

7.2.2 执行航点任务

1. 上传任务

在执行具体的航点任务之前，需要通过 WaypointMissionManager 的 pushKMZFileToAircraft 函数将 KMZ 文件上传到无人机中。在上传之前，建议开发者调用 checkValidation 函数检查 KMZ 文件是否存在问题，代码如下：

```
// 判断KMZ文件是否存在错误
if (WPMZManager.getInstance().checkValidation(filename).value.size == 0) {
    // 上传KMZ文件
    WaypointMissionManager.getInstance().pushKMZFileToAircraft(
        filename,
        object : CompletionCallbackWithProgress<Double> {
            override fun onProgressUpdate(p0: Double?) {
                Log.v("WaypointMissionActivity", "上传任务进度：$p0!")
            }

            override fun onSuccess() {
                showToast("上传任务成功!")
            }

            override fun onFailure(error: IDJIError) {
                showToast("上传任务失败：$error")
            }
        })
}
```

开发者可以多次调用此接口上传多个 KMZ 航线任务文件，也可以对同一个 KMZ 文件进行多次上传。如果上传相同文件名的 KMZ 文件，将会覆盖上一次上传的同名文件。

2. 开始和停止任务

通过 WaypointMissionManager 的 startMission 函数即可开始执行航点任务。开始执行航点任务时，需要指定具体的任务文件名，这里的文件名为不带后缀名的文件名格式。例如，在上传任务时，上传的文件是"mission.kmz"，那么这里需要指定"mission"作为文件名。执行 mission 航点任务，代码如下：

```
    val waylines = ArrayList<Int>()
waylines.add(0)
// 开始任务
WaypointMissionManager.getInstance().startMission(
    "mission",    // KMZ文件位置
    waylines,
    object : CompletionCallback {
```

```
    override fun onSuccess() {
        showToast("开始任务成功!")
    }

    override fun onFailure(error: IDJIError) {
        showToast("开始任务失败: $error")
    }
})
```

类似地,停止执行航点任务时也需要指定对应的文件名,其操作方法与开始执行航点任务类似,代码如下:

```
WaypointMissionManager.getInstance().stopMission(
    "mission",    // KMZ 文件位置
    object : CompletionCallback {
        override fun onSuccess() {
            showToast("停止任务成功!")
        }

        override fun onFailure(error: IDJIError) {
            showToast("停止任务失败: $error")
        }
    })
```

3. 暂停和恢复任务

在执行航点任务的过程中,可以通过 WaypointMissionManager 的 pauseMission 函数和 resumeMission 函数实现任务的暂停和恢复。例如,暂停执行航点任务的实现代码如下:

```
WaypointMissionManager.getInstance().pauseMission(
    object : CompletionCallback {
        override fun onSuccess() {
            showToast("暂停任务成功!")
        }

        override fun onFailure(error: IDJIError) {
            showToast("暂停任务失败: $error")
        }
    })
```

继续执行航点任务与暂停执行航点任务非常类似,只需要调用 WaypointMissionManager 的 resumeMission 函数即可,代码如下:

```
WaypointMissionManager.getInstance().resumeMission( … )
```

编译并运行程序后,开发者可以在 DJI Assistant 2 的虚拟机中测试航点任务的执行。例如,可以选择距离上述样例较近的位置(如经度为 125.275718、纬度为 43.816037 等),然后单击

WaypointMissionActivity 中的【开始任务】、【暂停任务】、【继续任务】、【停止任务】按钮实现相应的功能。

7.3　负载控制

本节将介绍如何实现 MSDK 与 Payload SDK（PSDK）负载通信，以市面上常用的 Payload SDK 开发板为例（见图 7-20），介绍负载控制的基本方法。

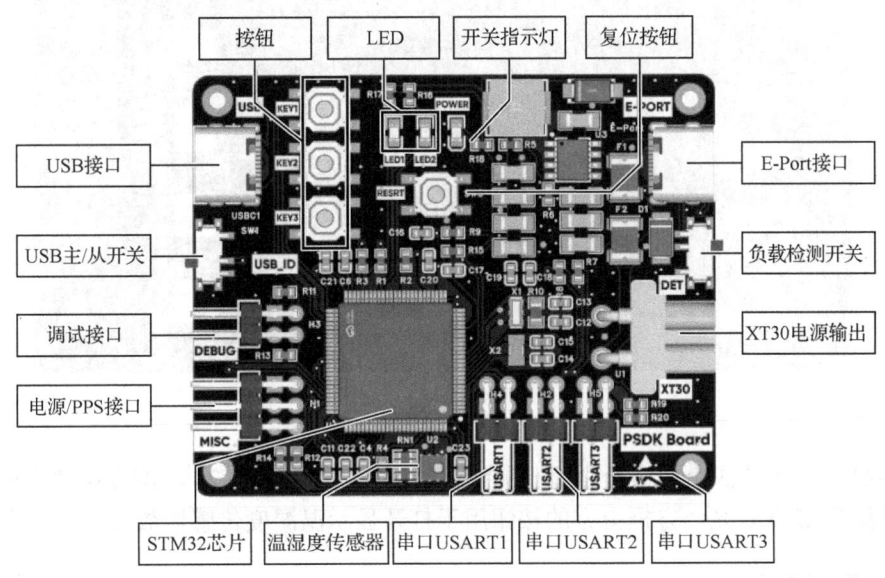

图 7-20

首先需要将 PSDK 开发板与无人机正确连接，如图 7-21 所示。

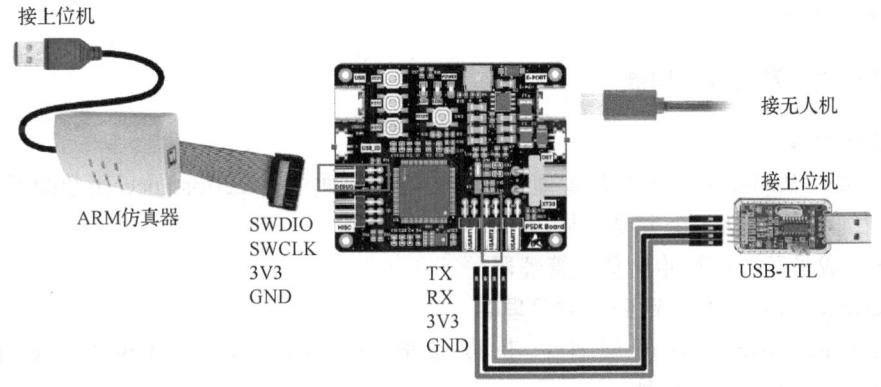

图 7-21

烧录并运行 PSDK 开发板的样例程序（可在本书的配套资源中找到），即可在 Pilot 2 软件中获取开发板上的温湿度信息，并可以在航点任务中将开发板的预定义功能作为航点动作，如图 7-22 所示。读者可以参考《无人机应用开发指南：基于大疆 Payload SDK》书籍了解更多信息。

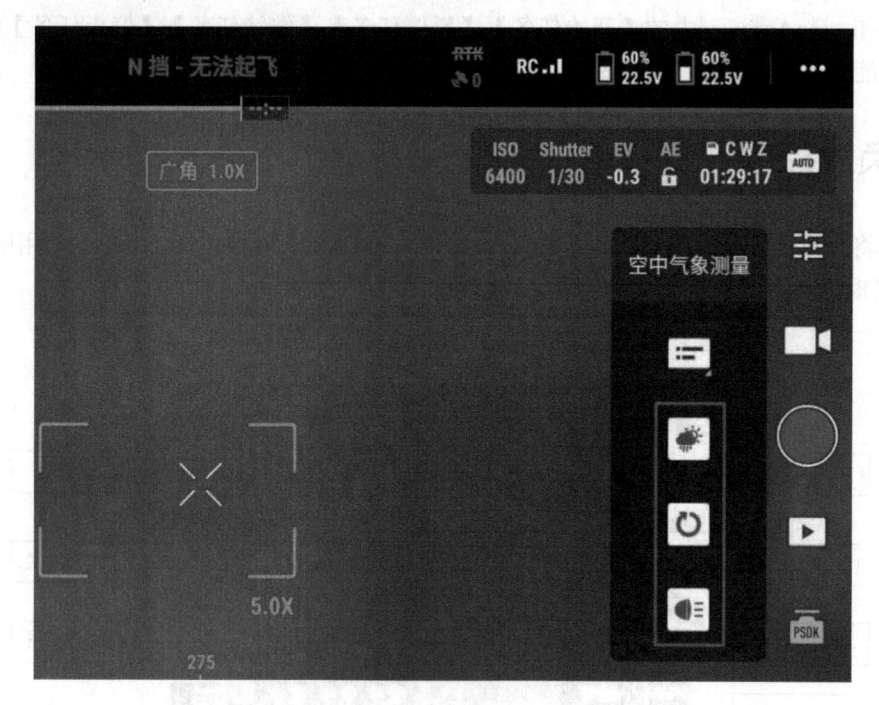

图 7-22

图 7-22 方框中的 3 个按钮分别用于测量温湿度、初始化 AHT20 温湿度传感器和打开（或关闭）开发板 LED 灯光。方框上方的按钮用于打开显示温湿度传感器数据的悬浮窗口。

7.3.1 负载管理器

本小节将首先介绍负载中心（PayloadCenter）和负载管理器（PayloadManager），然后介绍如何实现负载的控制。

1．负载中心和负载管理器

1）负载中心

负载中心（PayloadCenter）是管理负载的中心类，通过其 getInstance 函数即可获取其单例，负载中心主要包括 3 个主要成员。

- init()成员函数：初始化负载管理器。
- destroy()成员函数：销毁负载管理器。
- payloadManager 成员属性：获取负载管理器列表，Map<PayloadIndexType, IPayloadManager>类型。

通常，无人机的负载可能不止一个，所以可以通过负载索引 PayloadIndexType 获取具体位置的负载管理器。枚举类型 PayloadIndexType 的定义如下：

```
public enum PayloadIndexType {
    LEFT_OR_MAIN,       // 主要或左侧负载（相机）
    RIGHT,              // 右侧负载（相机）
```

```
    UP,                    // 上方负载（相机）
    EXTERNAL,              // 外部负载（相机）
    UNKNOWN;               // 未知
    …
}
```

通常，在 M30/M30T、M3E/M3T 无人机上，通过 E-Port 接口连接的负载为上方负载（UP）。例如，获取 E-Port 接口负载的代码如下：

```
PayloadCenter.getInstance().payloadManager.get(PayloadIndexType.UP)
```

不过，由于该负载可能存在未连接的情况，因此其返回类型为 IPayloadManager。

2）负载管理器

负载管理器（PayloadManager）是用于管理特定负载的单例类，主要包括监听基本信息、控件信息和数据信息的监听函数，如图 7-23 所示。

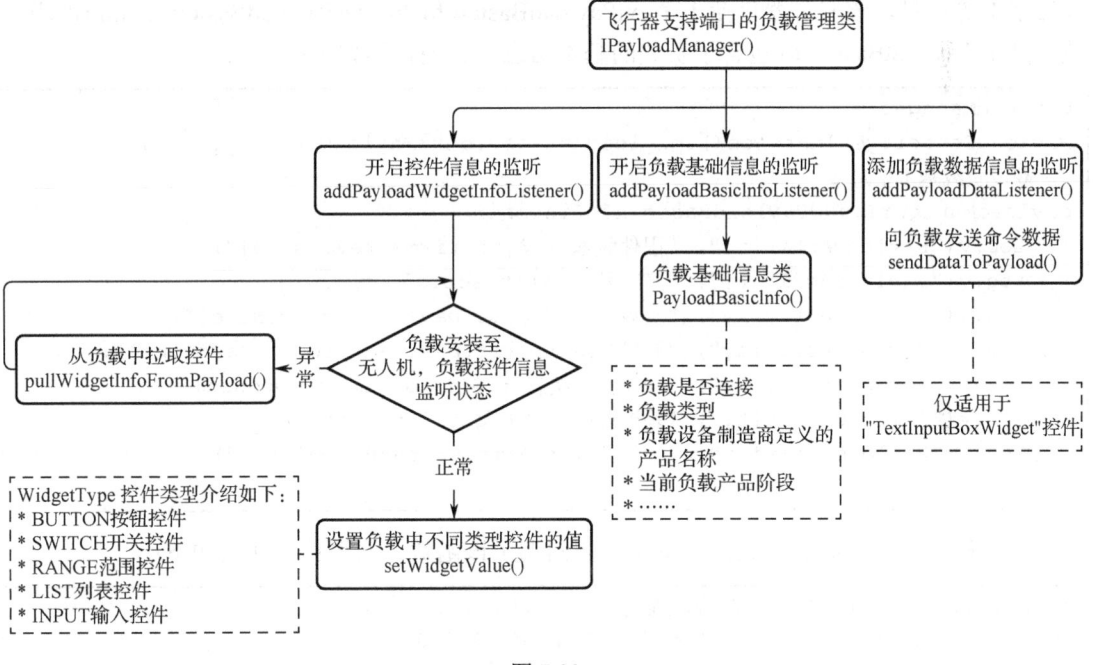

图 7-23

负载管理器（PayloadManager）的主要函数如表 7-6 所示。

表 7-6 负载管理器（PayloadManager）的主要函数

函 数	描 述
addPayloadBasicInfoListener	添加负载基本信息监听器
removePayloadBasicInfoListener	移除负载基本信息监听器
clearAllPayloadBasicInfoListener	清除所有负载基本信息监听器
addPayloadWidgetInfoListener	添加负载控件信息监听器

函 数	描 述
removePayloadWidgetInfoListener	移除负载控件信息监听器
clearAllPayloadWidgetInfoListener	清除所有负载控件信息监听器
addPayloadDataListener	添加负载数据监听器
removePayloadDataListener	移除负载数据监听器
clearAllPayloadDataListener	清除所有负载数据监听器
pullWidgetInfoFromPayload	拉取负载控件信息
setWidgetValue	设置负载控件值
sendDataToPayload	向负载发送数据

3）获取负载的基本信息

通过负载基本信息监听器（PayloadBasicInfoListener）即可获得负载的命令、开发状态、连接状态等信息，该监听器包括 1 个 onPayloadBasicInfoUpdate(PayloadBasicInfo info)回调函数，其中 PayloadBasicInfo 包含了负载的基本信息。典型代码如下：

```
payloadManager =
PayloadCenter.getInstance().payloadManager.get(PayloadIndexType.UP)
// 获取负载基本信息
payloadManager?.addPayloadBasicInfoListener {
    Log.v("PayloadActivity", "固件版本：${it.firmwareVersion}")
    Log.v("PayloadActivity", "序列号：${it.serialNumber}")
    Log.v("PayloadActivity", "负载名称：${it.payloadProductName}")
    Log.v("PayloadActivity", "开发状态：${it.payloadProductPhaseType}")
    Log.v("PayloadActivity", "功能打开状态：${it.isFeatureOpened}")
    Log.v("PayloadActivity", "是否连接：${it.isConnected}")
    Log.v("PayloadActivity", "上传带宽：${it.uploadBandwidth}")
}
```

运行程序，当负载的基础信息变化时即回调至该函数，回调信息输出如下：

```
16:17:10.762  5101-5101 V  固件版本：01.00.00.00
16:17:10.762  5101-5101 V  序列号：DONGYU19911009
16:17:10.762  5101-5101 V  负载名称：空中气象测量
16:17:10.762  5101-5101 V  开发状态：PHASE_RELEASE
16:17:10.762  5101-5101 V  功能打开状态：false
16:17:10.762  5101-5101 V  是否连接：true
16:17:10.762  5101-5101 V  上传带宽：5000
```

固件版本、序列号、负载名称、开发状态等信息可以在 PSDK 代码中进行设置。其中，开发状态由 PayloadProductPhaseType 枚举类型定义，包括开发阶段（PHASE_DEVELOPMENT）和发布阶段（PHASE_RELEASE）两个枚举值。

功能打开状态属性 isFeatureOpened 用于获取负载的功能状态，如未正常打开负载功能，可能由以下原因造成。

- PSDK 未绑定。
- 负载状态异常，检查负载的应用程序日志。
- 加密芯片异常。
- 负载不被无人机支持。

4）获取负载的控件信息

开发者可以为负载设置自定义控件（Widget）。自定义控件是指负载运行时，在用户界面中显示的自定义 UI 控件，以帮助用户快速查看负载独特的设备状态，或者对负载设备进行设置。自定义控件不仅可以直接显示在 Pilot 2 和大疆司空 2 中，而且还可以显示在 MSDK 应用程序中。

通过负载控件信息监听器 PayloadWidgetInfoListener 即可获得负载的自定义控件信息，该监听器包括 1 个 onPayloadWidgetInfoUpdate(PayloadWidgetInfo info) 回调函数，其中 PayloadWidgetInfo 包含了负载的控件信息，包括主界面控件列表、配置界面控件列表、文本输入框控件、悬浮窗口控件和喊话器控件，如图 7-24 所示。上述这些负载控件均可以在 PSDK 中进行定义。

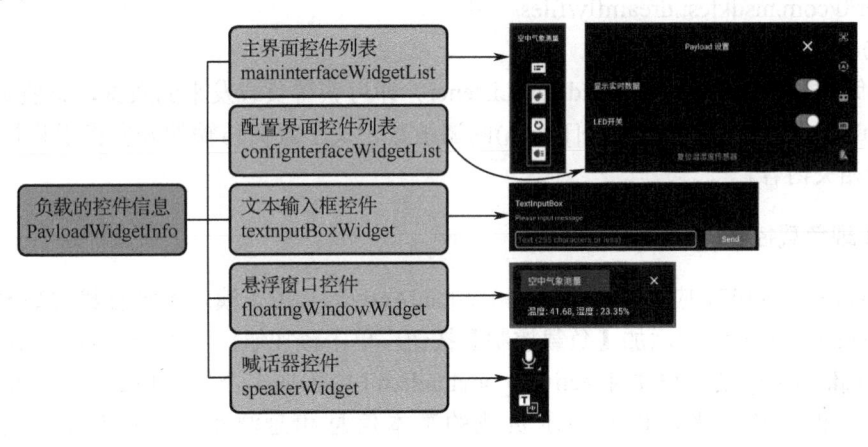

图 7-24

通常，当负载的控件信息发生变化时均可回调到上述函数中，开发者也可以通过 pullWidgetInfoFromPayload 函数单次获取控件信息。

主界面控件列表、配置界面控件列表均为 List<PayloadWidget>，其中 PayloadWidget 为负载控件类。主界面控件也称为动作栏控件，可以显示按钮、开关、拖动条和选择列表 4 种类型，最多 8 个控件，用于对负载功能进行操作。在 DJI Pilot 2 等软件的主界面中，单击屏幕右侧的 PSDK 负载图标，即可弹出动作栏控件。

配置界面控件为在负载和配置选项界面中显示的控件，可以显示按钮、开关、拖动条、选择列表、整型数值输入框和文本输入框。

文本输入框控件、悬浮窗口控件和喊话器控件比较特殊，分别由 TextInputBoxWidget、FloatingWindowWidget 和 SpeakerWidget 来定义。

负载自定义控件类（PayloadWidget）的常用函数如表 7-7 所示。

表 7-7 负载自定义控件类（PayloadWidget）的常用函数

函　数	描　述
getWidgetName	获取控件名称
getWidgetType	获取控件类型
getWidgetIndex	获取控件索引
getWidgetValue	获取控件值
getIconFilePath	获取控件图标位置
getHintMessage	获取控件提示信息
getSubItemsList	获取控件子项（如选择项等）

控件类型（WidgetType）包括按钮、开关、拖动条、选择列表、输入控件等。控制值包括 type（类型）、index（索引）和 value（值），其中 value 为控件的状态，如按钮是否被单击、拖动条的当前值、列表当前的选中项等。控件图标（一般为按钮图标）的位置一般存在于"'/data/user/0/com.msdktest.dreamfly/files/'"中。

5）与负载的数据交互

通过负载数据监听器（PayloadDataListener）即可获得负载发来的数据，该监听器包括 1 个 onDataFromPayloadUpdate(byte[] data)回调函数。关于数据传输的开发指引详情，可参见 7.3.2 节的相关内容。

2．实现负载控制

下文将在 DreamFly 应用程序中添加 PayloadActivity，用于演示控制负载的基本方法。在主界面（MainActivity）中添加【负载控制】按钮，单击该按钮，进入 PayloadActivity 中。然后在 PayloadActivity 的布局文件 activity_payload.xml 中添加 1 个按钮和 2 个文本框，分别用于控制开发板上的灯光，以及显示负载的基本信息和悬浮窗口中的信息；添加 1 个 RecyclerView 控件，用于显示主界面中的自定义控件，关键代码如下：

```xml
<!-- 打开/关闭 LED 开关 -->
<Button
    android:id="@+id/btn_change_light"
    android:layout_width="wrap_content"
    android:layout_height="wrap_content"
    android:text="LED 开关" />

<!-- 显示主界面自定义控件 -->
<androidx.recyclerview.widget.RecyclerView
    android:id="@+id/recyclerview"
    android:layout_width="match_parent"
    android:layout_height="0dp"/>

<!-- 显示负载基本信息 -->
<TextView
```

```xml
    android:id="@+id/tv_payload_info"
    android:layout_width="wrap_content"
    android:layout_height="wrap_content"
    android:text="Payload Info"/>

<!-- 显示负载悬浮框信息 -->
<TextView
    android:id="@+id/tv_payload_data"
    android:layout_width="wrap_content"
    android:layout_height="wrap_content"/>
```

上述代码的最终显示效果如图 7-25 所示。

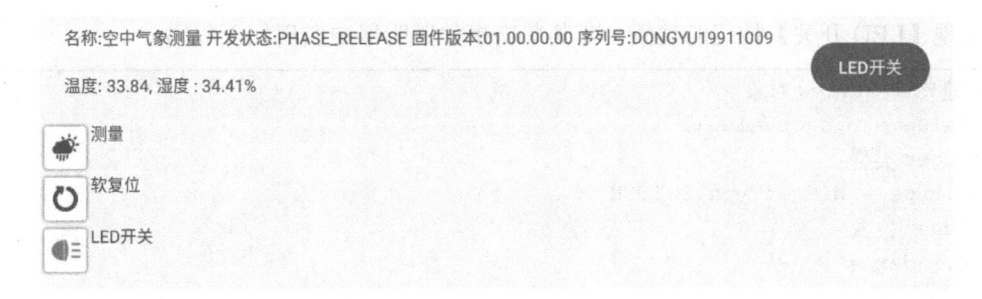

图 7-25

显示负载基本信息的方法非常简单，开发者可以参考上文的内容实现。下面将主要介绍如何在 PayloadActivity 中实现悬浮窗口中信息的显示、改变控件的值、自定义控件的显示和操作。

1）悬浮窗口中信息的显示

悬浮窗口中显示的信息由负载控件信息 PayloadWidgetInfo 中的悬浮窗口控件 floatingWindowWidget 的 hintMessage 传递，因此直接将其字符串赋值到文本框的文本属性即可，代码如下：

```
// Widget 信息监听器
payloadManager?.addPayloadWidgetInfoListener { info ->

    // 输出温湿度信息
    findViewById<TextView>(R.id.tv_payload_data).text
        = "${info?.floatingWindowWidget?.hintMessage}"
}
```

2）改变控件的值

通过负载管理器的 setWidgetValue 函数可以改变控件的值。运行样例程序时，Payload 开发板上索引为 3 的按钮用于控制开发板中 LED 灯的开关，当值为 0 时，LED 灯关闭，当值为 1 时，LED 灯打开，如图 7-26 所示。

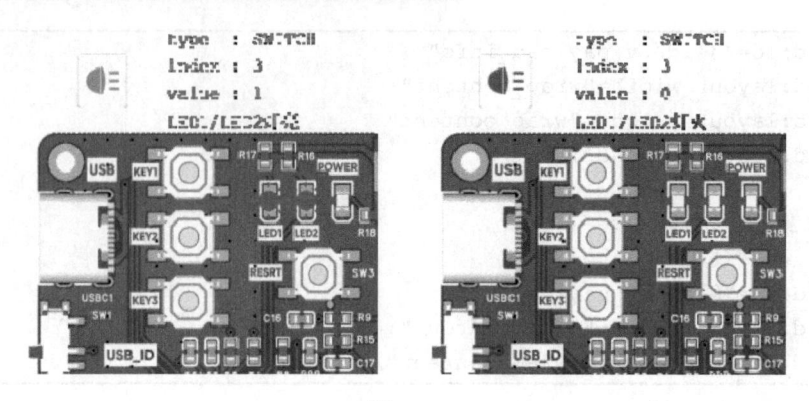

图 7-26

实现【LED 开关】按钮的功能，在其单击事件监听器中实现如下代码：

```kotlin
// 创建 WidgetView 对象
val value = WidgetValue()
// Widget 类型
value.type = WidgetType.SWITCH
// Widget 位置
value.index = 3
// Widget 值
value.value = lightValue
if (lightValue == 0) {
    lightValue = 1
} else {
    lightValue = 0
}
// 改变 WidgetValue
payloadManager?.setWidgetValue(value, object : CompletionCallback {
    override fun onSuccess() {
        Log.v("PayloadActivity", "setWidgetValue onSuccess")
    }

    override fun onFailure(djiError: IDJIError) {
        Log.v("PayloadActivity", "setWidgetValue onFailure : $djiError")
    }
})
```

其中，lightValue 为 PayloadActivity 的成员变量，用于标识当前 LED 灯的状态，代码如下：

```kotlin
// LED 灯的状态
private var lightValue = 0
```

编译并运行程序，单击【LED 开关】按钮，即可实现如图 7-26 所示的效果。

3）自定义控件的显示和操作

本部分采用 RecyclerView 控件实现自定义控件列表，该列表需要引用 ListAdapter 类和 ListViewHolder 类。这两个类的实现可参考 6.4 节相关内容。不过，由于该列表需要实现自定

义控件,因此 ListAdapter 构造函数中需要传入控件列表 widgets,代码如下:

```
inner class ListAdapter(var widgets : List<PayloadWidget>)
```

ListAdapter 的列表项数量需要设置为 widgets 中控件的数量,代码如下:

```
// 列表项数量
override fun getItemCount(): Int {
    return widgets.size
}
```

需要在 ListAdapter 的 onCreateViewHolder 函数中设置新的布局文件 widget_item.xml,代码如下:

```
<?xml version="1.0" encoding="utf-8"?>
<LinearLayout xmlns:android="http://schemas.android.com/apk/res/android"
    xmlns:app="http://schemas.android.com/apk/res-auto"
    android:layout_width="match_parent"
    android:layout_height="wrap_content"
    android:orientation="horizontal">
    <!-- 控件图标 -->
    <ImageView
        android:id="@+id/item_imageview"
        android:layout_width="@dimen/uxsdk_42_dp"
        android:layout_height="@dimen/uxsdk_42_dp"
        android:scaleType="fitCenter"/>

    <!-- 控件文本 -->
    <TextView
        android:id="@+id/item_textview"
        android:layout_width="match_parent"
        android:layout_height="match_parent"/>

</LinearLayout>
```

由于 PSDK 开发板的样例程序中仅包括 3 个按钮(BUTTON 类型和 SWITCH 类型),因此该布局中包含 1 个控件图标和 1 个控件文本,分别用于显示按钮的图标和名称。

在 PayloadActivity 中,初始化 RecyclerView 控件,代码如下:

```
// 列表控件
private lateinit var recyclerView : RecyclerView

override fun onCreate(savedInstanceState: Bundle?) {
    super.onCreate(savedInstanceState)
    setContentView(R.layout.activity_payload)

    // 获取 RecyclerView 对象
    recyclerView = findViewById(R.id.recyclerview)
```

```
// 设置线性布局
recyclerView.layoutManager = LinearLayoutManager(this)
// 设置 adapter
recyclerView.adapter = ListAdapter(ArrayList())
...
```

随后,即可在负载控件信息监听器中为 recyclerView 的 adapter 设置 widget 列表,代码如下:

```
// Widget 信息监听器
payloadManager?.addPayloadWidgetInfoListener { info ->

    // 输出温湿度信息
    findViewById<TextView>(R.id.tv_payload_data).text
        = "${info?.floatingWindowWidget?.hintMessage}"
    // 获取主界面 Widget 列表
    if (info?.mainInterfaceWidgetList != null) {
        (recyclerView.adapter as ListAdapter).widgets
            = info?.mainInterfaceWidgetList!!
        recyclerView.adapter?.notifyDataSetChanged()
    }

}
```

在 ListAdapter 的 onBindViewHolder 函数中设置控件的图标,代码如下:

```
// 设置 Widget 文字内容
holder.textView.text = widgets[position].widgetName
val path = if (widgets[position].widgetValue == 0)
    {
        // 未选中状态
        widgets[position].iconFilePath.unSelectedIconPath
    } else {
        // 选中状态
        widgets[position].iconFilePath.selectedIconPath
    }
// 加载按钮 Bitmap
val bm = BitmapFactory.decodeFile(path)
// 设置按钮图标
holder.imageView.setImageBitmap(bm)
```

参考【LED 开关】按钮的功能实现,为 holder 设置单击监听器,实现按钮的基本功能,代码如下:

```
// 设置单击监听器
holder.view.setOnClickListener {
    // 单击 Widget 实现相应的功能
```

```kotlin
val value = WidgetValue()
value.type = widgets[position].widgetType
value.index = widgets[position].widgetIndex
value.value = if (widgets[position].widgetValue == 0) 1 else 0
// 设置WidgetView
payloadManager?.setWidgetValue(value, object : CompletionCallback {
    override fun onSuccess() {
        Log.v("PayloadActivity", "setWidgetValue onSuccess")
    }

    override fun onFailure(djiError: IDJIError) {
        Log.v("PayloadActivity", "setWidgetValue onFailure : $djiError")
    }
})
}
```

编译并运行程序，即可实现如图 7-25 所示的效果了。

3. MSDK 官方样例

在 MSDK 官方样例中，通过单击【数据获取】→【PSDK】菜单即可打开 PSDK 负载控制的官方样例。将 PSDK 开发板正确连接后，单击【OPEN PAYLOAD WIDGET PEGE】按钮，选择负载位置（一般为 UP），即可进入如图 7-27 所示的界面。

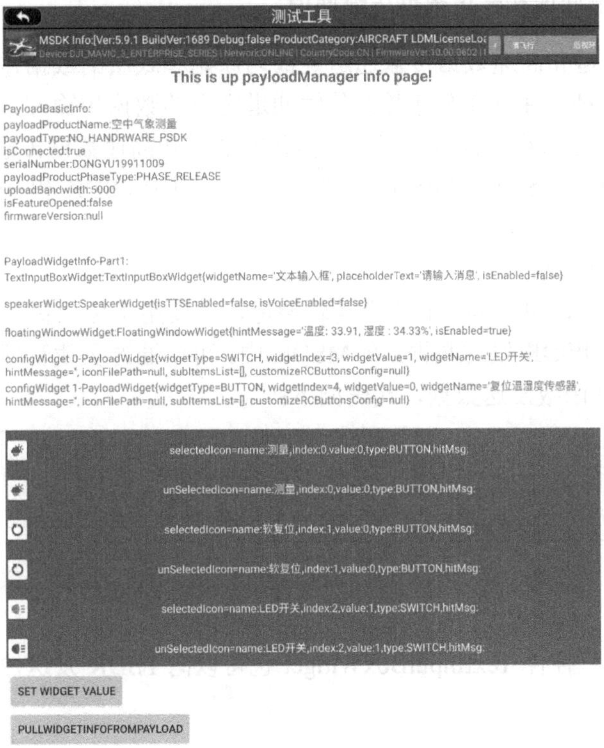

图 7-27

在该界面中可以找到各个控件的详细信息，供开发者参考调试。

7.3.2 数据传输

MSDK（或 Pilot 2 等应用程序）与 PSDK 负载之间需要进行数据的传输，无论是状态信息、命令还是视频流等。本小节将简述 MSDK 和 PSDK 之间数据的传输方法，主要包括以下几种类型：

- 视频流传输（H.264）；
- 低速数据传输通道；
- 高速数据传输通道；
- 管道传输。

1. 视频流传输

开发者可以借助 PSDK 开发相机类负载，实现视频流传输，分别通过 PSDK 的 DjiPayloadCamera_RegCommonHandler 和 DjiPayloadCamera_SendVideoStream 函数实现相机的通用功能，以及发送视频流。此时，在 MSDK 中即可通过相机码流管理器（CameraStreamManager）获取负载发来的数据，读者可以参考 6.1 节的相关内容。

不过，视频流传输的方式是固定的，仅用于视频流的传递，限制也较多。当使用 PSDK 开发相机类负载时，通常使用 DGC 2.0 接口，而不是 E-Port 接口，许多功能也将会受到限制。

2. 低速数据传输通道和高速数据传输通道

低速数据传输通道和高速数据传输通道是最为原始和底层的数据传输方式。视频流传输和 MOP 数据传输也都是建立在高速数据传输通道之上的数据传输方案。对于任何的 PSDK 负载和 MSDK 应用程序来说，都具有低速数据传输通道和高速数据传输通道。因此，这两个通道的数据传输不限于 MSDK 和 PSDK 之间，还可以用于 PSDK 和 PSDK 负载之间的数据传输。

1）低速数据传输通道

低速数据传输通道，也称为控制命令传输通道，主要用于传输状态信息和控制指令。

（1）从 MSDK 向 PSDK 发送数据。在 MSDK 中，可以通过负载管理器（PayloadManager）的 sendDataToPayload 函数发送数据，代码如下：

```
sendDataToPayload(
        byte[] data,
        @NonNull final CommonCallbacks.CompletionCallback callback)
```

发送数据时，应当注意 byte[]的长度，M300 RTK 单次最多只能发送 100 个字节。其他支持机型单次最多发送 255 个字节。

另外，通过文本框控件 TextInputBoxWidget 也可以向 PSDK 发送控制指令（编码格式默认为 UTF-8）。

由于上述方案均使用低速数据传输通道传输数据，因此在 PSDK 中需要使用 DjiLowSpeedDataChannel_RegRecvDataCallback 函数接收数据。需要注意的是，在 PSDK 中无论发送数据还是接收数据，需要指定 E_DjiChannelAddress 通道地址。开发者可以通过该地址判断数据是否由 MSDK 发送。

（2）从 PSDK 向 MSDK 发送数据。在 PSDK 中，通过 DjiLowSpeedDataChannel_SendData 函数发送数据；在 MSDK 中，通过 PayloadDataListener 接收数据。

2）高速数据传输通道

高速数据传输通道主要由数据流（Data Stream）、视频流（Video Stream）和下载流（Download Stream）3 部分组成。在 MSDK 中，无法主动调配这 3 部分的带宽比例，也没有直接使用高速数据传输通道的 API。开发者可以使用 SDK 互联互通（管道）方案，即通过 SDK 互联互通管理器（PipelineManager）与负载之间传递数据。

3．管道传输

管道（Pipeline）传输通常用于较大数据量的传输，如点云数据、雷达扫描数据、AI 分析数据等。管道传输对高速数据传输通道进行了封装，实现了 MSDK 和 PSDK 之间，以及 PSDK 和 PSDK 之间的可靠传输与不可靠传输，如图 7-28 所示。

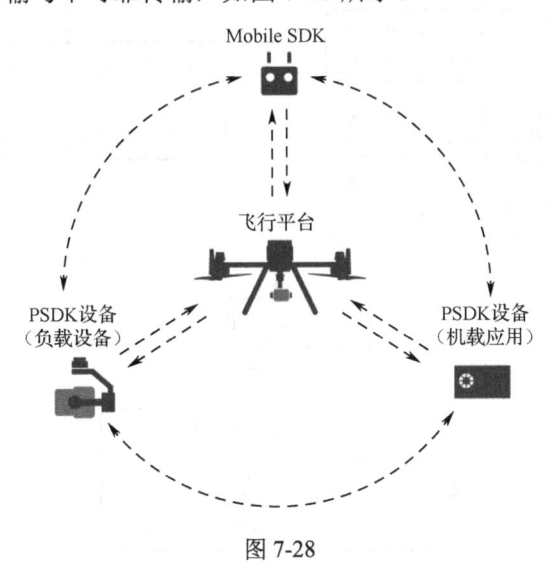

图 7-28

管道传输的传输速度存在限制，具体如下所示。

- ❑ 从 MSDK 向 PSDK 发送数据，可靠/非可靠传输最大速率一般为 24～48kbps。
- ❑ 从 PSDK 向 MSDK 发送数据，可靠传输最大速率为 16Mbps，非可靠传输最大速率为 20Mbps。
- ❑ 从 PSDK 向 PSDK 发送数据，可靠传输最大速率为 24Mbps，非可靠传输最大速率为 30Mbps。

注意：由于 MSDK 和 PSDK 之间的无线链路容易受到环境影响，因此实际带宽会有所减少。

MSDK 和 PSDK 的管道传输主要分为建立管道连接、使用管道传输数据两部分。

1）建立管道连接

每个管道都有特定的管道 ID。在 PSDK 中，可以设置特定的管道 ID，以便于 MSDK 与其进行连接，常用的函数如下所示。

- addPipelineConnectionListener：添加管道连接监听器。
- removePipelineConnectionListener：移除管道连接监听器。
- clearAllPipelineConnectionListener：清除所有管道连接监听器。
- getPipelines：获取当前已经连接的管道。
- connectPipeline：连接管道。
- disconnectPipeline：断开管道连接。

建立管道连接的基本流程如图 7-29 所示。

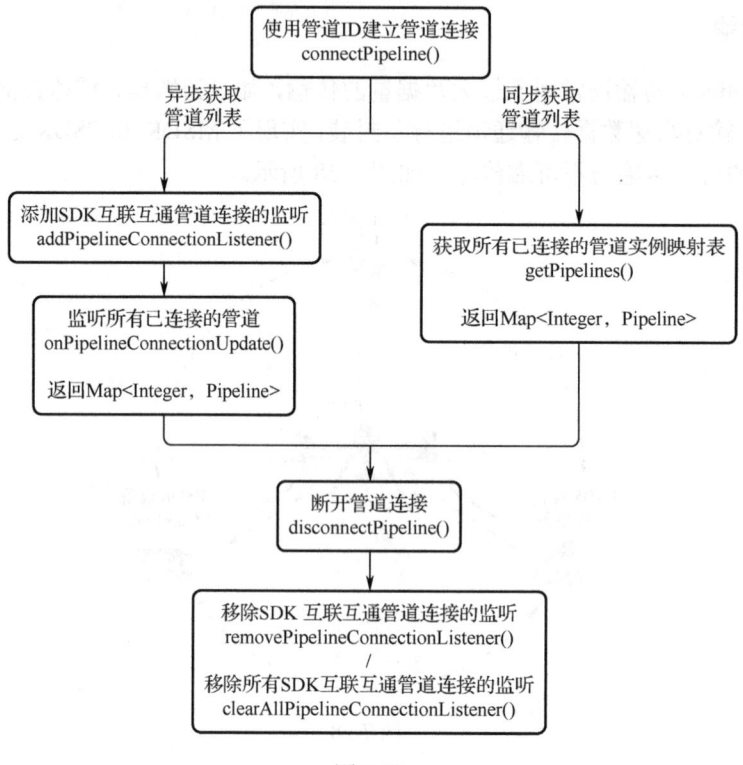

图 7-29

连接管道后，即可使用管道传输数据。

2）使用管道传输数据

管道类 Pipeline 用于发送和接收数据，常用的函数及其功能如图 7-30 所示。

其中，管道读写结果类 DataResult 主要包括 2 个函数，分别是数据读写长度函数 getLength 和读写结果错误函数 getError。

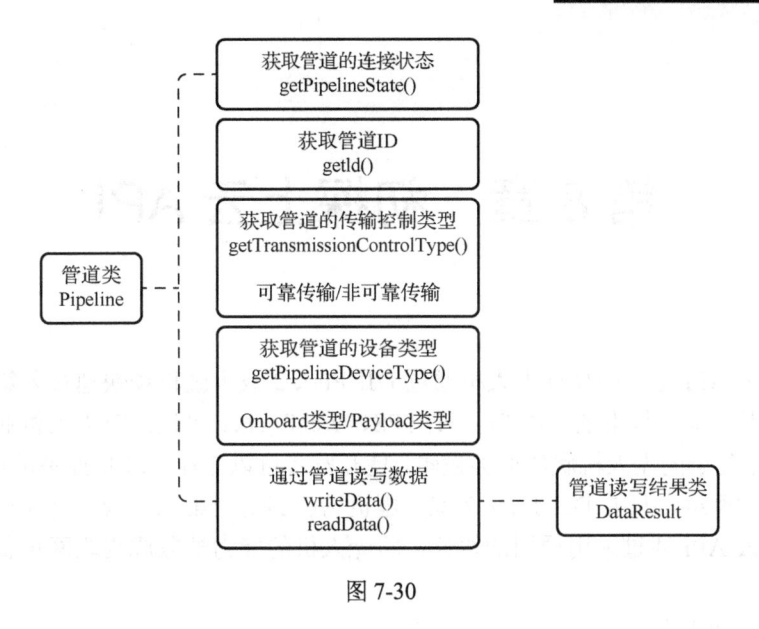

```
┌─ 获取管道的连接状态
│   getPipelineState()
│
├─ 获取管道ID
│   getId()
│
├─ 获取管道的传输控制类型
管道类 │   getTransmissionControlType()
Pipeline │   可靠传输/非可靠传输
│
├─ 获取管道的设备类型
│   getPipelineDeviceType()
│   Onboard类型/Payload类型
│
└─ 通过管道读写数据 ──── 管道读写结果类
    writeData()              DataResult
    readData()
```

图 7-30

7.4 本章小结

本章介绍了航点任务和负载控制的基本概念,以及 MSDK 的具体实现。航点任务可以在诸如线路巡检和地图航测等应用中发挥作用,比如设定无人机沿输电线路巡航,或设计"蛇行"航线覆盖大范围区域。负载控制功能也可以与航点任务结合使用,如将负载操作作为航点动作来执行。

无人机在行业应用中不仅能实现自动化飞行,还能根据开发者的需求通过 MSDK 功能高效、灵活地执行任务。希望开发者能根据应用需求选择合适的智能飞行任务进行开发。

7.5 习题

1. 通过 Pilot 2 和大疆司空 2 创建航点任务。
2. 设计、实现并执行航点任务。
3. 实现负载的控制,并将负载功能添加到航点任务中。

第 8 章 初探上云 API

大疆的上云 API 是一种允许无人机通过 DJI Pilot 2 或大疆机场快速接入第三方云平台的技术接口。它基于业界标准的 MQTT、HTTPS、WebSocket 协议，对无人机业务功能进行充分抽象，隔离了复杂的无人机底层业务逻辑，使开发者可以专注于场景业务的实现。上云 API 可以连接到任意网络，只要 DJI Pilot 2 或大疆机场能够访问第三方云平台即可工作。对于开发者来说，上云 API 通过采用通用的协议，将无人机的能力抽象成物联网设备的模型，从而简化了开发过程。

本章的核心知识点如下：
- 开发环境的搭建
- 无人机的云上控制
- 直播

8.1 认识上云 API

本节将介绍上云 API 的基本概念，以及上云 API 应用程序开发环境搭建的基本方法。

8.1.1 上云 API 的基本概念

近年来，无人机在远程化和自动化控制方面的需求持续增长，特别是在电力巡检、河流巡检和日常巡逻等应用中。传统上，这些任务由操作员通过遥控器完成，不仅费时费力，而且容易出错，管理也相对困难。为了提升效率和准确性，开发者在上云 API 推出之前，已经通过 MSDK（移动软件开发工具包）将无人机的操作权限扩展到云平台，从而实现了无人机的远程控制和自动化控制，如图 8-1 所示。

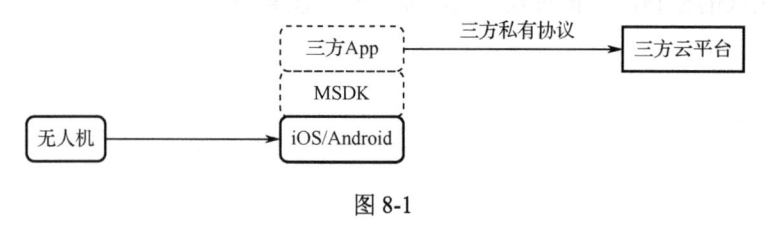

图 8-1

大疆感知到这一需求，于 2022 年 3 月 21 日推出了 1.0 版本的上云 API。该版本的上云 API 允许无人机通过 Pilot 2 软件直接连接第三方云平台，免去了 MSDK 开发定制的复杂过程，减轻了开发者的负担，实现了更精准、稳定的无人机控制链路。上云 API 使开发者无须花费精力在无人机功能接口的适配上，解决了重复造轮子的难题。对于不需要深度定制 App 的开发者，可以直接使用 DJI Pilot 2 与云平台进行通信，使他们能够更专注于上云业务接口的开发与实现上，如图 8-2 所示。

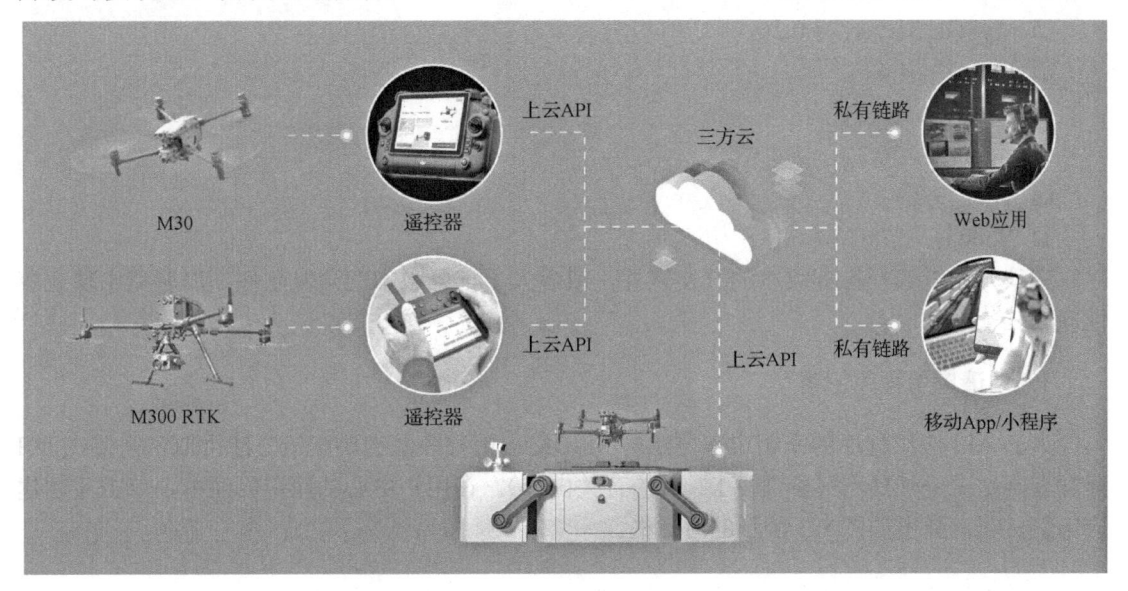

图 8-2

上云 API 支持的无人机涵盖了主流的无人机，包括 M3D/M3TD、M350 RTK、M300 RTK、M30/M30T、M3E/M3T/M3M 等，不支持 M200、M2E 等机型，也不支持 Mini 3 等消费级机型。上云 API 包括 Pilot 上云和机场上云。对于 M3D/M3TD 和 M30/M30T 来说，可以直接将大疆机场作为网关设备，除 M3D/M3TD 外，均可采用遥控器作为网关设备，如表 8-1 所示。

表 8-1 上云 API 支持的设备及其网关

设　　备	网　　关	负　　载
M3D/M3TD	大疆机场 2	集成负载
M350 RTK	RC Plus	H20/H20T/H20N H30/H30T
M300 RTK	RC Plus 带屏遥控器行业版	H20/H20T/H20N H30/H30T
M30/M30T	大疆机场 RC Plus	集成负载
M3E/M3T/M3M	RC Pro	集成负载

使用 RC Plus、RC Pro 或带屏遥控器行业版作为网关时，需要使用 DJI Pilot 2 作为软件使用。通常 DJI Pilot 2 集成在行业无人机遥控器中，不需要单独安装。

8.1.2 开发环境的搭建（常规）

本小节将介绍如何搭建上云 API 的开发环境，主要包括申请应用程序密钥、后端开发环境和前端开发环境的搭建三部分。在配置开发环境时，需要注意各个软件的版本要求。大疆官方网站中已明确推荐了所需的软件版本，如下所示。
- Java：OpenJDK≥11。
- MySQL Server：8.0.26。
- EMQX：4.4.0。
- Redis：6.2。
- Nginx：1.20.2。
- Vue：3.0.5。
- Node.js：17.8。

建议开发者选择推荐版本的开发软件，或者大于推荐版本的开发软件，以避免出现兼容性问题。

1. 申请应用程序密钥

上云 API 应用程序的密钥申请方法与 MSDK 应用程序的密钥申请方法类似，需要在 DJI 开发者网站中进行操作（参考 2.1.1 节的有关内容）。在用户中心的应用界面中，单击【创建应用】按钮，弹出如图 8-3 所示的对话框。

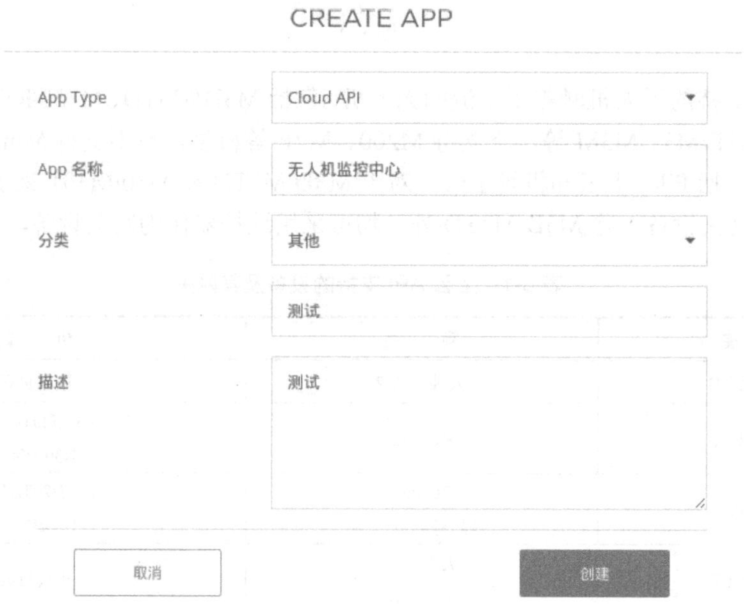

图 8-3

在"App Type"中选择"Cloud API"（上云 API），在"App 名称""分类""描述"中输入应用程序的对应信息后，单击【创建】按钮。经过邮箱验证后，即可在应用界面中找到上云 API 应用的 App ID、App Key 和 App License 等信息，如图 8-4 所示。

请开发者记录好 App ID、App Key 和 App License 等信息，在开发环境的配置过程中需要使用到这些密钥信息。

图 8-4

2. 后端开发环境的搭建

后端开发环境的搭建主要包括 Java、EMQX、MySQL Server、Redis 和 IDEA 的安装，以及配置后端样例程序。后端样例程序可以在 https://github.com/dji-sdk/DJI-Cloud-API-Demo 下载。建议开发者在 Windows 环境下进行开发和调试，但由于 Redis 官方不支持 Windows 系统，所以建议在生产环境中使用 Ubuntu 等操作系统。

1）安装 Java

上云 API 后端采用 Java 代码编写，采用经典的 Spring 和 Spring Boot 框架支撑。因此，后端需要 JDK 的支持。建议开发者使用 OpenJDK。开发者直接下载对应版本的压缩包，解压缩压缩包后将其 bin 目录添加到 PATH 环境变量。在 Ubuntu 等 Linux 操作系统中，也可以使用以下命令安装 Java：

```
sudo apt install default-jdk
```

安装完成后，通过 java --version 命令即可查询当前版本：

```
PS C:\Users\dongy> java --version
openjdk 22 2024-03-19
OpenJDK Runtime Environment (build 22+36-2370)
OpenJDK 64-Bit Server VM (build 22+36-2370, mixed mode, sharing)
```

2）安装 EMQX

EMQX 是一个高性能、可扩展的开源 MQTT 消息服务器。作为消息中间件，EMQX 负责处理无人机与云平台之间的消息传递。它允许无人机通过 MQTT 协议发布状态信息和接收控制指令。

官方样例使用 4.4 版本的 EMQX，开发者可以在 EMQX 官方网站中找到下载地址和安装说明。对于 Windows 操作系统来说，只需要下载并解压 emqx-4.4.10-otp24.2.1-windows-amd64.zip 文件，将 emqx/bin 目录添加到 PATH 环境变量中即可。

运行 EMQX 的命令如下：

```
# 启动 EMQX
C:\emqx>emqx start

# 查询 EMQX 运行状态
C:\emqx>emqx_ctl status
Node 'emqx@127.0.0.1' 4.4.9 is started

# 停止 EMQX
C:\emqx>emqx stop
ok
```

3）安装 MySQL Server

MySQL 是经典的关系型数据库，用于存储无人机设备、地图标记、航点航线、运行日志等信息。MySQL Server 的安装较为复杂，开发者可以在 MySQL 官方网站中找到安装程序。不过，我们可以使用 PHPStudy 软件（可以在 xp.cn 中下载）简单启动 MySQL Server，如图 8-5 所示。

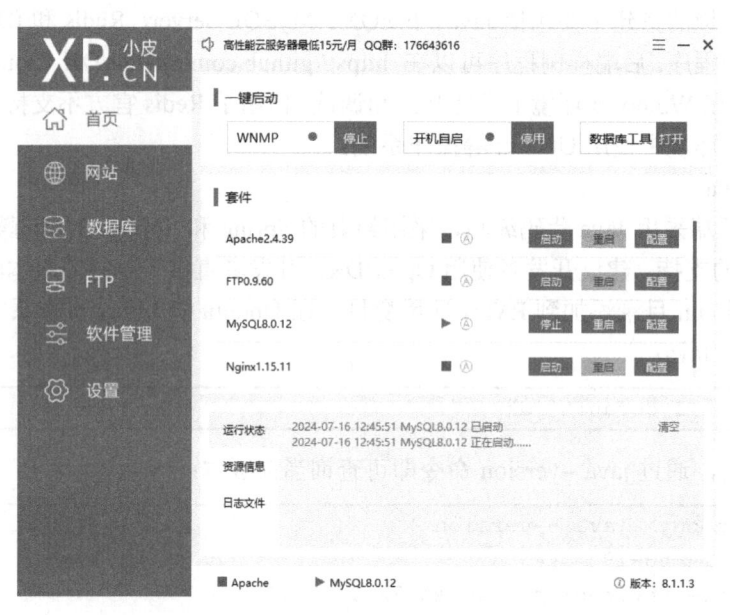

图 8-5

在软件管理中可以切换 MySQL 的版本，在首页中单击【启动】按钮即可启动 MySQL Server。随后，导入样例程序所需要的默认数据库和数据表。

此时，我们可以借助 Navicat for MySQL 等数据库管理工具，将 cloud_sample.sql 导入数据库。在 Navicat for MySQL 界面中，连接数据库 mysql，在其右键菜单中选择"运行 SQL 文件…"，选择 cloud_sample.sql 文件，即可生成 cloud_sample 数据库以及 device_flight_area、 flight_area_file 等数据表,如图 8-6 所示。

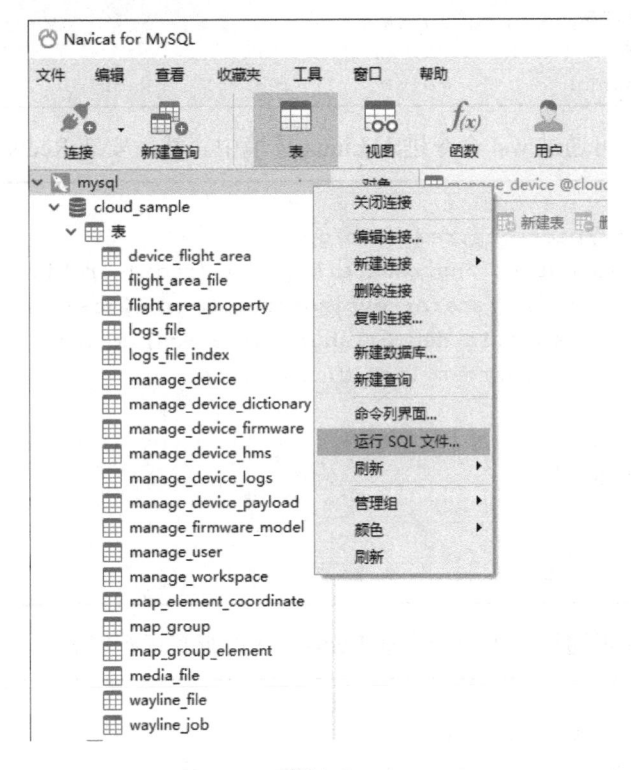

图 8-6

4)安装 Redis

Redis(Remote Dictionary Server)是一个开源的高性能键值对(key-value)数据库,它以出色的性能、可靠性和丰富的特性而闻名。

在 Windows 10 和 Windows 11 中,开发者可以使用 WSL(Windows Subsystem for Linux)2 安装和配置 Redis。WSL 是微软官方提供的 Linux 二进制可执行文件(ELF 格式)的兼容层,方便在 Windows 环境下使用 Linux 软件。

首先,我们需要通过 wsl 命令安装 WSL 和 Ubuntu 子系统,命令如下:

```
C:\emqx>wsl --install
正在安装: 虚拟机平台
已安装 虚拟机平台。
正在安装: 适用于 Linux 的 Windows 子系统
已安装 适用于 Linux 的 Windows 子系统。
正在安装: 适用于 Linux 的 Windows 子系统
已安装 适用于 Linux 的 Windows 子系统。
正在安装: Ubuntu
已安装 Ubuntu。
请求的操作成功。直到重新启动系统前更改将不会生效。
```

重启计算机后,即可通过以下命令安装 Ubuntu 子系统:

```
# 列出可安装的操作系统
wsl --list --online
# 安装 Ubuntu 子系统
wsl --install Ubuntu
```

安装完成后，即可通过 wsl 命令进入 Linux 环境中。然后安装 Redis，代码如下：

```
# 配置安装源和密钥
curl -fsSL https://packages.redis.io/gpg
  | sudo gpg --dearmor -o /usr/share/keyrings/redis-archive-keyring.gpg
echo "deb [signed-by=/usr/share/keyrings/redis-archive-keyring.gpg]
   https://packages.redis.io/deb $(lsb_release -cs) main"
  | sudo tee /etc/apt/sources.list.d/redis.list

# 更新源
sudo apt-get update

# 安装 Redis
sudo apt-get install redis
```

安装完成后，即可通过以下命令启动 Redis，并检查其运行状态：

```
# 启动 Redis
sudo service redis-server start
# 检查 Redis 是否正常启动
systemctl status redis-server
```

如图 8-7 所示，如果界面中以绿色文字提示"active (running)"，即说明运行成功。

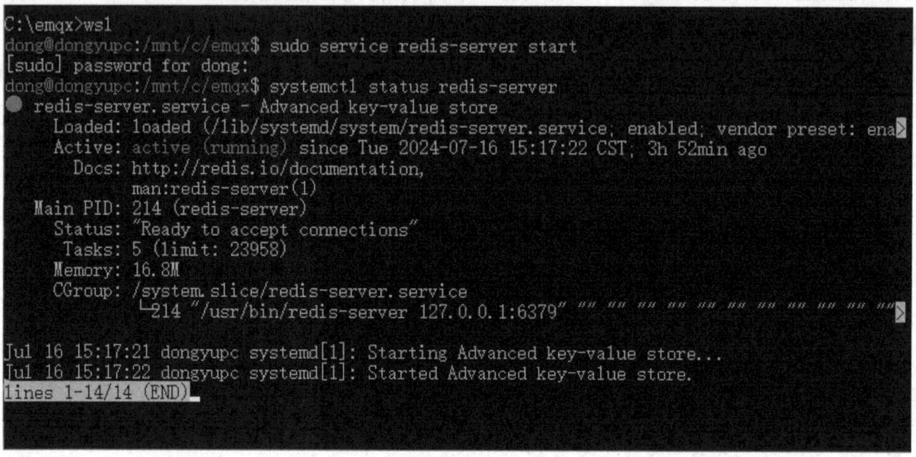

图 8-7

5）安装 IntelliJ IDEA 社区版并运行后端样例程序

在 Jetbrains 官方网站中可找到 IDEA 社区版软件，下载压缩文件后直接运行 idea64.exe 即可，如图 8-8 所示。

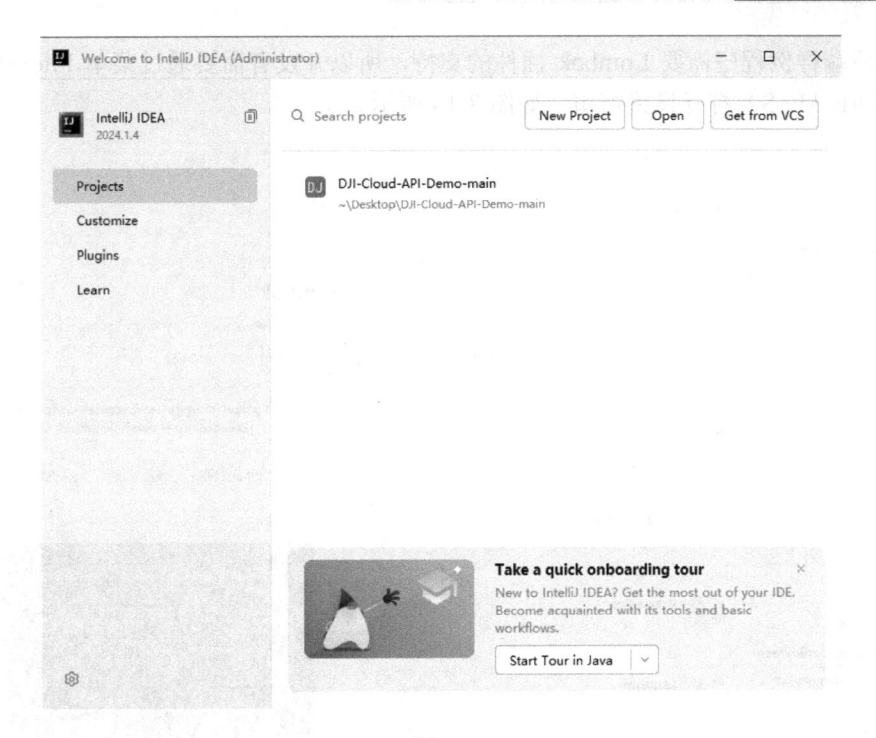

图 8-8

单击【Open】按钮，选择解压后的后端样例程序 DJI-Cloud-API-Demo-main，如图 8-9 所示。

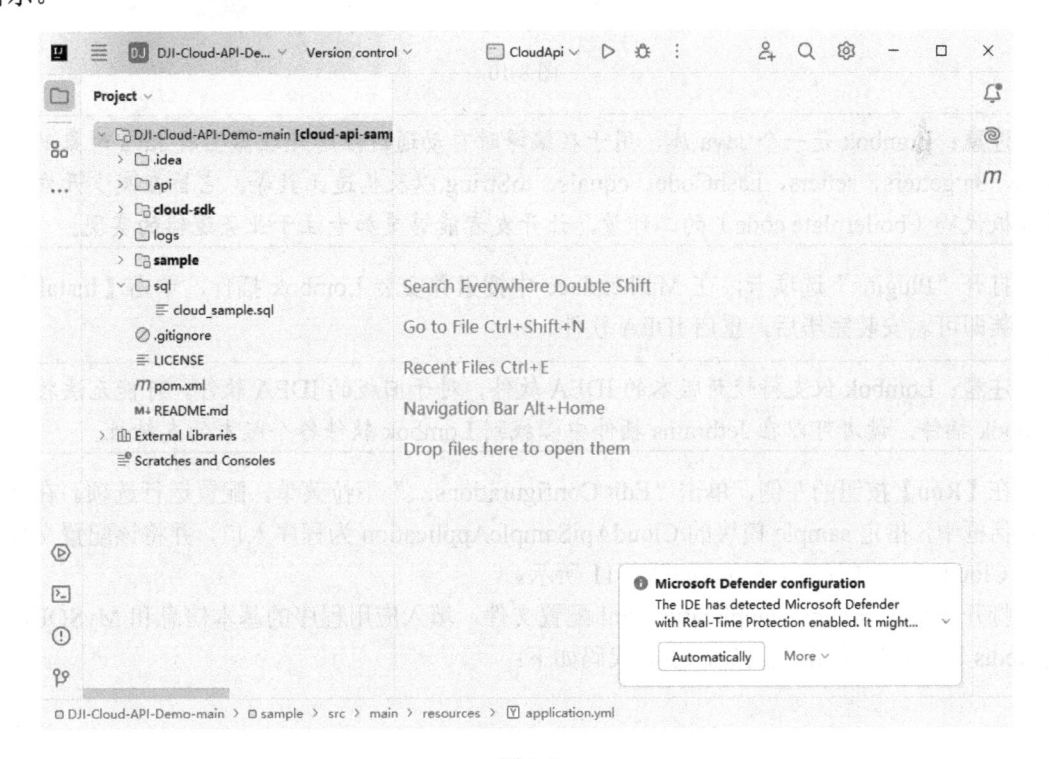

图 8-9

由于后端样例程序需要 Lombok 插件的支持，所以开发者需要通过菜单 File→Settings…（快捷键 Ctrl+Alt+S）打开设置窗口，如图 8-10 所示。

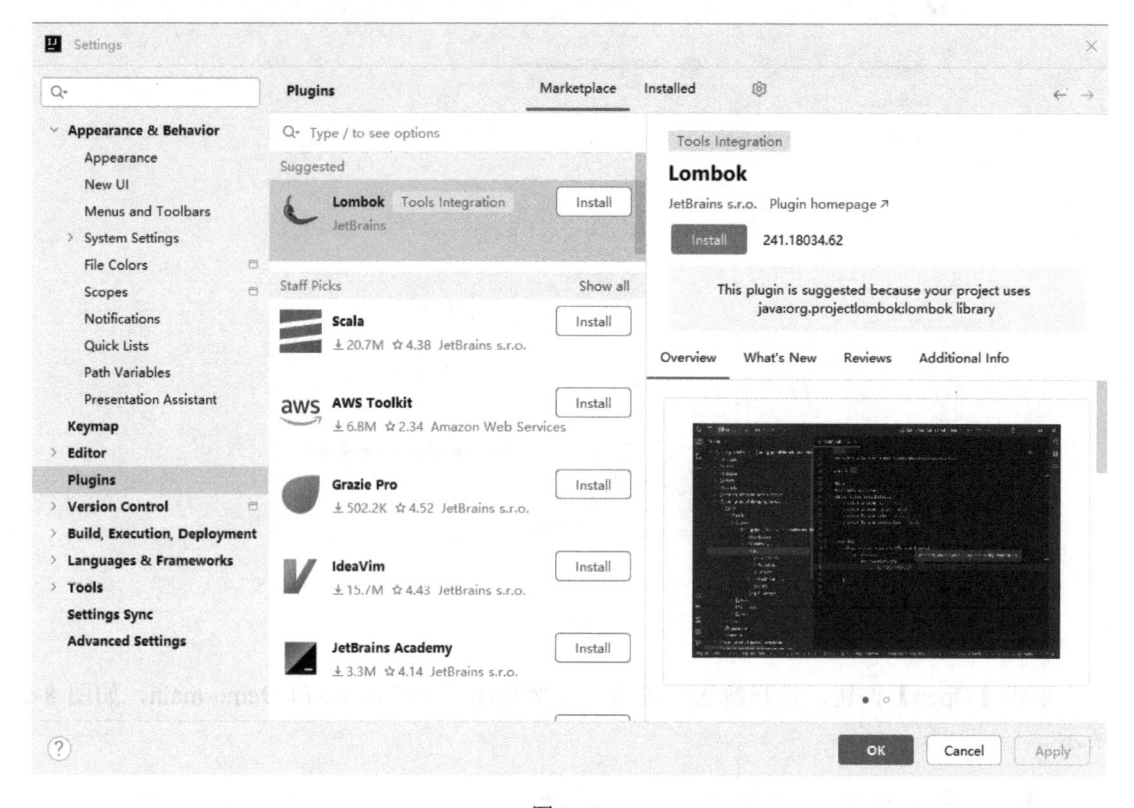

图 8-10

注意：Lombok 是一个 Java 库，用于在编译时自动通过注解处理器生成 Java 对象的常见代码，如 getters、setters、hashCode、equals、toString 以及构造函数等。它旨在减少开发者编写样板代码（boilerplate code）的工作量，让开发者能够更加专注于业务逻辑的实现。

打开"Plugins"选项卡，在 Marketplace 中搜索并安装 Lombok 插件，单击【Install】按钮安装即可。安装完毕后，重启 IDEA 软件。

注意：Lombok 仅支持较新版本的 IDEA 软件，对于旧版的 IDEA 软件，可能无法搜索到 Lombok 插件。读者可以在 Jetbrains 插件中心找到 Lombok 软件各个版本的支持性。

在【Run】按钮的左侧，单击"Edit Configurations…"下拉菜单，配置运行选项。在弹出的对话框中，指定 sample 模块的 CloudApiSampleApplication 为程序入口，并将该配置文件命名为 CloudApi（或任意名称），如图 8-11 所示。

打开 sample/src/main/application.yml 配置文件，填入应用程序的基本信息和 MySQL，以及 Redis 和 MQTT 的配置选项，核心代码如下：

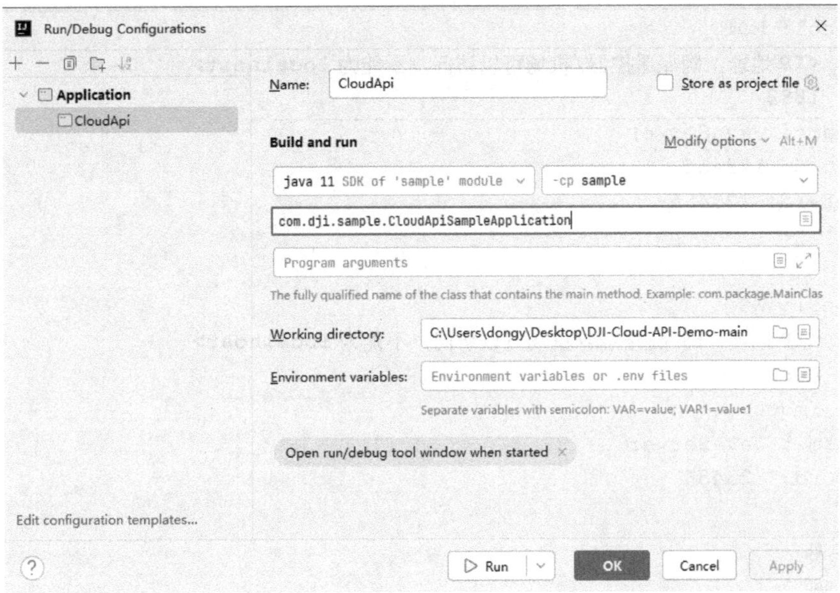

图 8-11

```
server:
  port: 6789
spring:
  main:
    allow-bean-definition-overriding: true
  application:
    name: cloud-api-sample
  datasource:
    druid:
      type: com.alibaba.druid.pool.DruidDataSource
      driver-class-name: com.mysql.cj.jdbc.Driver
      url: jdbc:mysql://localhost:3306/cloud_sample?useSSL=false…
      username: root
      password: root
      ...

  redis:
    host: localhost
    port: 6379
    database: 0
    username: # if you enable
    password:
    ...

mqtt:
  BASIC:
```

```
      protocol: MQTT
      host: <IP 地址，确保遥控器/机场可以访问，不能为 localhost>
      port: 1883
      username: JavaServer
      password: 123456
      client-id: 123456
      path:
    DRC:
      protocol: WS
      host: <IP 地址，确保遥控器/机场可以访问，不能为 localhost>
      port: 8083
      path: /mqtt
      username: JavaServer
      password: 123456
cloud-api:
  app:
    id: <填入 App ID>
    key: <填入 App Key>
    license: <填入 App License>
```

完成以上配置后，确保 MySQL Server、EMQX 和 Redis 启动后，选中 CloudApi 应用，单击 IDEA 右上角的绿色运行按钮，运行后端样例程序，如图 8-12 所示。

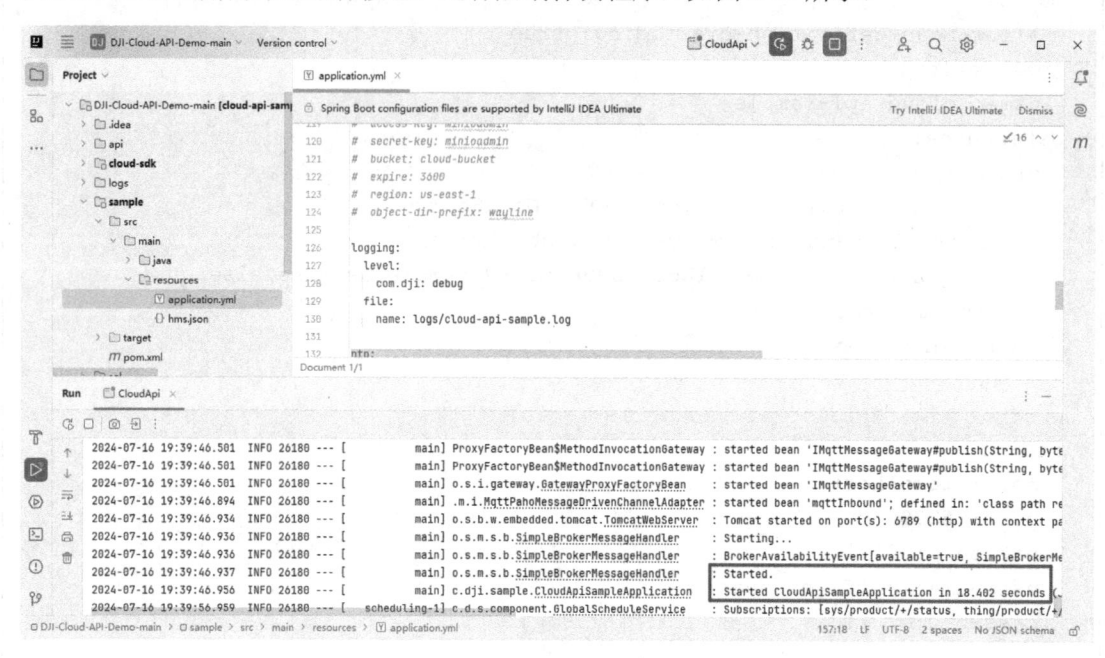

图 8-12

当运行窗格中提示 "Started." 和 "Started CloudApiSampleApplication in 18.402 seconds…"，即说明运行成功。

后端样例程序主要包括 cloud-sdk 和 sample 这 2 个模块，其中 cloud-sdk 为上云 API 的主要接口，sample 为样例程序，主要存在于 sample/src/main/java/com.dji.sample 中，其子包和主要功能如下。

- common：通用工具类。
- component：依赖组件，包括 Redis、WebSocket 等配置。
- configuration：Spring 框架配置。
- control：设备控制。
- manage：设备管理功能实现。
- map：地图功能实现。
- media：媒体文件管理功能实现。
- storage：存储功能实现。
- wayline：航线功能实现。

3. 前端开发环境的搭建

前端开发环境的搭建包括 Node 和 NPM 的下载安装，以及前端代码的运行。

1）Node 和 NPM 的下载安装

上云 API 的前端样例程序在 Node.js 环境中运行，所用到的前端技术包括 Vue、Vite 等。Node.js 是一个开源、跨平台的 JavaScript 运行环境，允许开发者在服务器端运行 JavaScript 代码。Node.js 基于 Chrome V8 JavaScript 引擎构建，其设计目标是提供一种在非阻塞方式下构建可扩展网络应用程序的方法。

NPM（Node Package Manager）是 Node.js 的默认包管理器，它允许开发者安装第三方库，这些库可以是其他开发者编写的代码，用于帮助完成特定的功能。

在安装之前，可以检查计算机中是否已经安装了 Node.js 和 NPM，命令如下：

```
user@user-PC:~$ node -v
bash: node：未找到命令
user@user-PC:~$ npm -v
bash: npm：未找到命令
```

如果已经安装了 Node.js 和 NPM，会出现类似如下的提示：

```
user@user-PC:~$ node -v
v10.24.0
user@user-PC:~$ npm -v
5.8.0
```

如果 Node.js 的版本低于 17.8 或者没有安装 Node.js，那么可以通过以下方法尝试安装 Node.js。

（1）在 Ubuntu / Debian / UOS 等 Liunx 环境中，可直接通过 APT 命令下载 Node.js 和 NPM，命令如下：

```
sudo apt install -y nodejs npm
```

（2）通过 Node 版本管理器（NVM）安装 Node.js 和 NPM。开发者可以在以下地址浏览并下载 NVM：

```
// Linux 版本 NVM
https://github.com/nvm-sh/nvm
// Windows 版本 NVM
https://github.com/coreybutler/nvm-windows
```

例如，在 Linux 环境中，开发者可使用安装脚本安装 NVM，代码如下：

```
curl -o- https://raw.githubusercontent.com/nvm-sh/nvm/v0.39.7/install.sh | bash
```

下载并安装完成后，重启终端，即可通过以下命令安装、切换、使用指定版本的 Node.js：

```
// 查看 NVM 是否正确安装，查看 NVM 的版本号
nvm -v
// 查看已经安装的 Node.js 版本
nvm ls
// 查看可以安装的 Node.js 版本
nvm list available
// 安装指定版本的 Node.js
nvm install <version>
// 安装最新稳定版 Node.js
nvm install stable
// 卸载指定版本的 Node.js
nvm uninstall <version>
// 使用指定版本的 Node.js
nvm use <version>
```

如果通过 NVM 安装 Node.js 较慢，可以使用国内的阿里云镜像，命令如下：

```
nvm npm_mirror https://npmmirror.com/mirrors/npm/
nvm node_mirror https://npmmirror.com/mirrors/node/
```

也可以将以下代码添加到 NVM 的配置文件（NVM 安装目录的 setting.txt 文件）中：

```
node_mirror: http://npmmirror.com/mirrors/node/
npm_mirror: http://registry.npmmirror.com/mirrors/npm/
```

（3）通过快速 Node 管理器（Fast Node Manager，FNM）安装 Node.js 和 NPM。FNM 是由 Rust 编写的管理器，比 NVM 更加快速。

在 Windows 环境中，开发者可以通过以下命令安装 Node.js：

```
# 安装 FNM（winget 是 Windows 包管理器）
winget install Schniz.fnm

# 下载并安装 Node.js
fnm use --install-if-missing 20
```

如果安装过程中出现"We can't find the necessary environment variables to replace the Node version. You should setup your shell profile to evaluate `fnm env`"错误，则可以使用以下命令尝试安装：

```
# 安装 Node.js
fnm install 20.15.1

# 使用 Node.js
fnm use 20.15.1
```

如果执行"fnm use"命令时仍然出现上述错误，则可以直接将 Node 的安装目录（例如 C:\Users\dongy\AppData\Roaming\fnm\node-versions\v20.15.1\installation）加入 PATH 环境变量中。

以上 3 种安装方法任选其一即可，只需要保证系统环境中存在大于 17.8 版本的 Node.js 和 NPM 运行环境即可。

2）前端代码的运行

上云 API 的前端样例程序由 TypeScript 和 Vue 编写，目前由 Github 托管。

下载完成后，需要打开 src/api/http/config.ts 配置文件，配置前文在 DJI 开发者网站中申请的 App ID、App Key 和 App License，以及后端服务的地址，代码如下：

```
export const CURRENT_CONFIG = {

  appId: 'Please enter the app id.',            // App ID
  appKey: 'Please enter the app key.',          // App Key
  appLicense: 'Please enter the app license.',  // App License

  // http
  baseURL: 'http://<后端IP地址>:6789/',
  websocketURL: 'ws://<后端IP地址>:6789/api/v1/ws',

  // 高德地图密钥
  amapKey: '<高德地图密钥>',

}
```

建议开发者一并填入高德地图的密钥，以便在上云 API 应用中正常显示地图。

注意：baseURL 中最后的斜杠"/"需要保留，否则无法正常访问后端服务。

打开终端，进入前端样例程序的根目录（确保存在 package.json 文件），执行 NPM 依赖包安装命令，如下所示：

```
npm install
```

如果安装报错，可以尝试使用国内的 NPM 镜像，代码如下：

```
npm config set registry https://registry.npmmirror.com
```

或者在安装依赖包时指定 NPM 镜像：

```
npm install --registry=https://registry.npmmirror.com
```

注意：如果在安装过程中发现长期卡住等问题，可以使用 --verbose 参数查看当前依赖包的安装情况。开发者可以通过检查或者更换所依赖的下载镜像配置来提高访问速度和安装效率。

安装完成后，即可在根目录中找到 node_modules 目录。随后，执行以下命令运行前端样例程序：

```
npm run serve
```

出现类似"ready in ****ms"的提示说明程序运行成功，如图 8-13 所示。

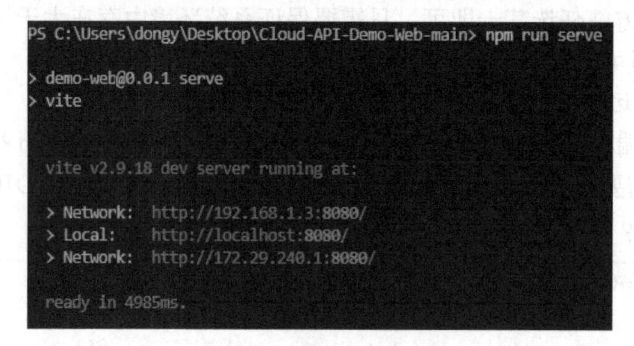

图 8-13

此时，软件会自动弹出如图 8-14 所示的界面。

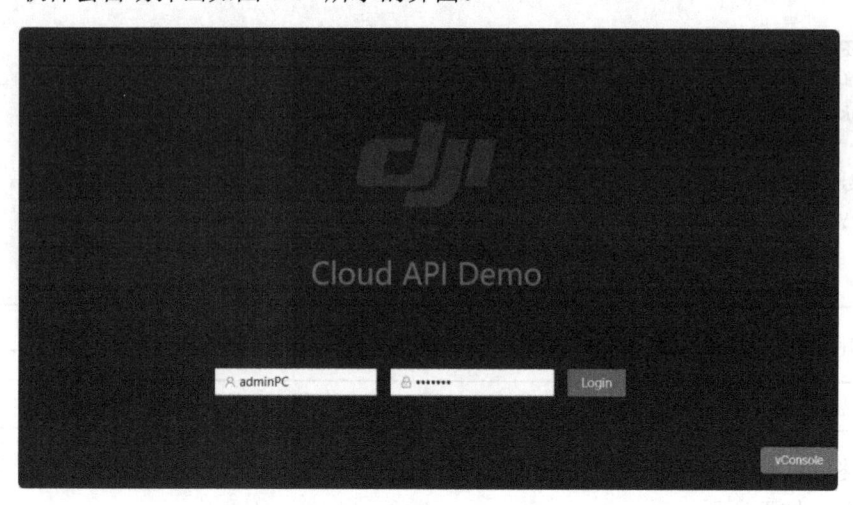

图 8-14

如果开发者希望更改端口号，可以在根目录的 vite.config.ts 中找到并修改 server 配置项的 port 值，代码如下：

```
export default ({ command, mode }: ConfigEnv): UserConfigExport => defineConfig({
  ...
  server: {
```

```
    open: true,
    host: '0.0.0.0',
    port: 8080
  },
  ...
})
```

开发者可以通过默认账号（adminPC）和默认密码（adminPC）登录到系统中，如图 8-15 所示。

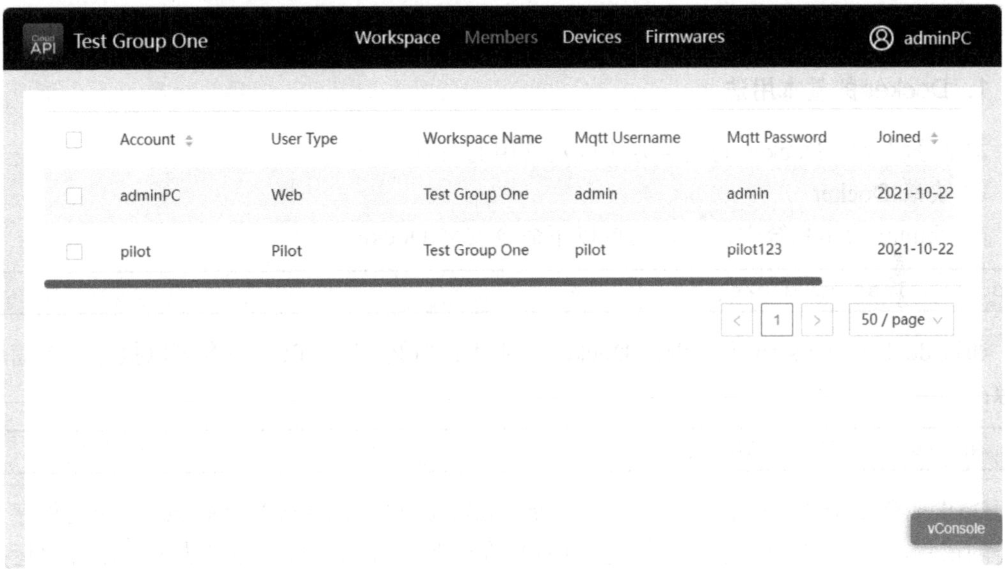

图 8-15

如果系统提示 "The network is abnormal, please check the backend service and try again." 错误，则说明后端环境的配置中出现问题，开发者可以检查后重试。

上云 API 样例程序应用的默认名称为 "Test Group One"，该名称将在后文多次出现。该样例程序包括工作空间、成员管理、设备管理和固件管理。

- ❏ 工作空间（Workspace）：实现设备直播、飞行控制等。
- ❏ 成员管理（Members）：实现用户管理功能，包括 Web 用户（登录 Web 界面）和 Pilot 用户（绑定遥控器或者机场）两种类型。
- ❏ 设备管理（Devices）：实现设备的添加、删除、备注管理等。
- ❏ 固件管理（Firmwares）：实现机场设备的固件在线升级等操作。

8.1.3 开发环境的搭建（基于 Docker）

Docker 是一个开源的应用容器引擎，它允许开发者将应用及其运行环境（或开发环境）打包到一个可移植的容器中。Docker 是一个用于打包、分发和部署应用的工具，可以在任何支持 Docker 的机器上运行，从而确保应用在不同环境中的一致性。以下是 Docker 的一些关键特点。

- 容器化：Docker 使用 Linux 容器（LXC）技术或容器的运行时（如 containerd），将应用和依赖打包在一起，实现应用的隔离和可移植性。
- 轻量级：Docker 容器共享宿主机的内核，而不像虚拟机那样需要模拟整个操作系统，更加轻量和高效。
- 可移植性：Docker 容器可以在任何安装了 Docker Engine 的机器上运行，无论是开发、测试还是生产环境。

Docker 和虚拟机的作用非常类似，但是轻量很多。通过 Docker 可以很轻松地配置上云 API 的开发环境，其 Docker 镜像可以在 DJI 开发者网站的官方文档中找到。

本小节将介绍 Docker 的基本用法，以及如何通过 Docker 搭建上云 API 的开发环境。

1. Docker 的基本用法

本部分将介绍 Docker 的安装方法以及常用的命令。

1）安装 Docker

在 Ubuntu 操作系统中，可以通过以下命令安装 Docker：

```
sudo apt install docker.io -y
```

通过 docker --version 可以查询 Docker 的版本；当然，通过以下命令可以执行一个简单的镜像：

```
docker run hello-world
```

Docker 有 2 个核心概念：镜像（Images）和容器（Containers）。Docker 将应用程序及其所需的依赖、函数库、环境、配置等文件打包在一起，称为镜像。镜像中的应用程序运行后形成的进程就是容器，容器之间是彼此隔离的。在 Windows 系统中，可以在 WSL 2 中安装 Docker，并且通过 Docker Desktop 软件对 Docker 镜像和容器进行管理。

2）镜像的基本操作。

Docker 镜像的常用操作如下：

```
# 查看所有镜像
docker images
# 下载镜像
docker pull <镜像名称>
# 删除镜像
docker rmi <镜像 ID>
```

例如，下载 MySQL 8.4.1 版本的镜像，命令如下：

```
docker pull mysql:8.4.1
```

当然，可以通过 latest 下载 MySQL 最新版的镜像，命令如下：

```
docker pull mysql:latest
```

通过 docker images 查询下载镜像，输出如下所示：

```
dong@dongyupc:~$ docker images
REPOSITORY     TAG         IMAGE ID          CREATED        SIZE
mysql          latest      5cde95de907d      2 weeks ago    586MB
mysql          8.4.1       da8f2a99cf39      2 weeks ago    583MB
```

3）容器的基本操作。

Docker 容器的常用操作如下：

```
# 查看当前运行的容器
docker ps
# 查看当前的容器
docker container ls
# 删除容器
docker rm <容器ID>
# 启动容器
docker start <容器ID>
# 停止容器
docker stop <容器ID>
```

例如，在容器内运行 MySQL 8.4.1，命令如下：

```
docker run --name mysql_app -e MYSQL_ROOT_PASSWORD=djitest -d mysql:8.4.1
```

其中，--name 参数后的 mysql_app 为容器名称，MYSQL_ROOT_PASSWORD 为指定的 MySQL Root 账号密码，-d 参数后的 mysql:8.4.1 为镜像名称。运行结果如下：

```
0792fcc3929bf41a31ed8946e95dcc700f0690a47ec9758d3f5372ae101a4b82
```

这里的字符串输出为容器的 ID。通过容器 ID 前面的几个字符（只要不与其他容器冲突即可）可以启动或者停止容器。例如：

```
# 启动容器
docker start 0792
# 停止容器
docker stop 0792
```

不过，经过测试可以发现，目前在主机中仍然无法连接 MySQL 数据库，这是因为当前没有将 3306 端口号暴露到主机中。删除上述容器，通过-p 参数指定 3306 端口号映射，命令如下：

```
docker run --name mysql_app -p 3306:3306 \
-e MYSQL_ROOT_PASSWORD=djitest -d mysql:8.4.1
```

此时，即可在主机中访问 MySQL 数据库了。

另外，docker run 命令会在当前主机不存在镜像时自动下载镜像，因此可以免去使用 docker pull 命令下载镜像的操作。例如，当主机不存在 redis 镜像时，可以通过以下命令下载并运行 redis，代码如下：

```
docker run -p 6379:6379 --name redis redis:latest
```

上述命令的输出结果如下：

```
Unable to find image 'redis:latest' locally
latest: Pulling from library/redis
…
Digest:
sha256:fb534a36ac2034a6374933467d971fbcbfa5d213805507f560d564851a720355
Status: Downloaded newer image for redis:latest
1:C 18 Jul 2024 06:37:32.341 * oO0OoO0OoO0Oo Redis is starting oO0OoO0OoO0Oo
1:C 18 Jul 2024 06:37:32.341 * Redis version=7.2.5, bits=64, commit=00000000,
modified=0, pid=1, just started
1:C 18 Jul 2024 06:37:32.341 # Warning: no config file specified, using the default
config. In order to specify a config file use redis-server /path/to/redis.conf
1:M 18 Jul 2024 06:37:32.341 * monotonic clock: POSIX clock_gettime
1:M 18 Jul 2024 06:37:32.342 * Running mode=standalone, port=6379.
1:M 18 Jul 2024 06:37:32.343 * Server initialized
1:M 18 Jul 2024 06:37:32.343 * Ready to accept connections tcp
```

为了取消命令回显，可以在 docker run 后添加-d 命令使其在后台运行，命令如下：

```
docker run -d -p 6379:6379 --name redis redis:latest
```

通过 docker exec 可以进入容器终端，命令如下：

```
docker exec -it <container_id> /bin/bash
```

通过 docker inspect 可以检查容器配置，命令如下：

```
docker inspect <container_id>
```

4）Dockerfile 文件

通过 Dockerfile 文件可以自定义 Docker 镜像。例如，在上云 API 样例程序的 cloud_api_sample\source\mysql 目录中存放的就是基于 MySQL 镜像的自定义镜像，其 Dockerfile 的内容如下：

```
# 本镜像基于mysql:8.0.26镜像
FROM mysql:8.0.26

# 制作人
MAINTAINER developer.dji.com

# 将本地文件赋值到镜像中的指定位置
ADD mysqld.cnf /etc/mysql/mysql.conf.d/mysqld.cnf
ADD init.sql /docker-entrypoint-initdb.d/
ADD privileges.sql /docker-entrypoint-initdb.d/

# 暴露 3306 接口
```

```
EXPOSE 3306

# 配置容器运行后需要执行的入口程序
ENTRYPOINT ["docker-entrypoint.sh"]

# 容器运行后执行的命令
CMD ["mysqld"]
```

Dockerfile 中的常用命令如下。
- FROM：用于指定基础镜像，是 Dockerfile 的核心组成部分，它告诉 Docker 使用哪个镜像作为新镜像的基础。
- RUN：在构建过程中执行命令，可以用于安装软件包、设置环境变量等。
- COPY 和 ADD：用于将文件或目录从构建上下文复制到镜像中。ADD 指令比 COPY 更强大，支持 URL 和解压缩操作。
- WORKDIR：设置工作目录，为后续的指令提供工作路径。
- ENV：设置环境变量，可以在运行时影响环境变量。
- EXPOSE：声明容器运行时要监听的端口。
- CMD：指定启动容器时要运行的默认命令。如果 Dockerfile 中有多个 CMD 命令，只有最后一个会生效。
- ENTRYPOINT：配置启动容器时执行的命令，与 CMD 类似，但 ENTRYPOINT 指定的指令不会被 docker run 中的命令覆盖，而是追加执行。
- LABEL：添加元数据，用于标记镜像。

完成 Dockerfile 编辑后，即可通过 docker build 指令将 Dockerfile 编译为镜像，命令如下：

```
docker build -t djimysql:v1 .
```

在 cloud_api_sample\source\mysql 目录中执行上述命令，稍等片刻即可完成镜像的编译。

Docker 镜像和容器默认的存储路径通常是/var/lib/docker/，但是通常普通用户没有权限访问。如果需要将镜像导出，可以尝试使用 docker save 命令。通过以下命令即可将 djimysql:v1 打包为 tar 文件：

```
docker save -o djimysql.tar djimysql:v1
```

5）共享文件系统和网络

不同容器之间可能需要传递信息，需要共同的网络或者文件系统，那么需要网络（Network）和卷（Volume）的支持。例如，将 D:\dji 目录挂载到容器的/app 目录中，代码如下：

```
docker run --name djimysql -v D:/dji:/app -d djimysql:v1
```

当然，更加推荐的方式则是使用卷（Volume）。例如，将 db-djitest 卷挂载到/app 目录中，代码如下：

```
docker run --name djimysql -v db-djitest:/app -d djimysql:v1
```

不同容器之间如果需要相互通信,则需要这些容器处于同一网络下。首先,需要创建网络 net-dji,命令如下:

```
docker network create net-dji
```

运行 djimysql:v1,使用网络 net-dji 并设置其别名为 dji,代码如下:

```
docker run --name djimysql -network net-dji --network-alias dji \
    -d djimysql:v1
```

查看当前的卷和网络的 Docker 命令如下:

```
# 查看所有的卷
docker volume ls
# 查看所有的网络
docker network ls
```

6) Docker Compose

Docker Compose 是一个用于定义和运行多容器 Docker 应用程序的工具。它使用一个 YAML 文件(通常命名为 docker-compose.yml)来配置应用程序的服务,这些服务可以是多个容器,每个容器运行不同的应用,它们可以相互通信并共享卷。在上云 API 应用程序中,docker-compose.yml 文件中的内容类似如下:

```
# 版本号 3
version: "3"
# 容器服务
services:
  nginx:
    image: dji/nginx:latest
    networks:
      - cloud_service_bridge
    ports:
      - "8080:8080"
    volumes:
      - /etc/localtime:/etc/localtime
  cloud_api_sample:
    image: dji/cloud_api_sample:latest
    depends_on:
      - mysql
      - emqx
      - redis
    ports:
      - "6789:6789"
    volumes:
      - /etc/localtime:/etc/localtime
    hostname: cloud_api_sample
    restart: "always"
```

```yaml
    networks:
      - cloud_service_bridge
  emqx:
    image: emqx:4.4
    ports:
      - "18083:18083"
      - "1883:1883"
      - "8083:8083"
      - "8883:8883"
      - "8084:8084"
    environment:
      - EMQX_ALLOW_ANONYMOUS=true
    hostname: emqx-broker
    networks:
      - cloud_service_bridge
  mysql:
    image: dji/mysql:latest
    networks:
      - cloud_service_bridge
    ports:
      - "3306:3306"
    volumes:
      - /etc/localtime:/etc/localtime
      - ./data/mysql:/var/lib/mysql
    environment:
      - MYSQL_ROOT_PASSWORD=root
    hostname: cloud_api_sample_mysql
  redis:
    image: redis:6.2
    restart: "always"
    hostname: cloud_api_sample_redis
    ports:
      - "6379:6379"
    networks:
      - cloud_service_bridge
    command:
      redis-server

networks:
  cloud_service_bridge:
    driver: bridge
    ipam:
      config:
        - subnet: 192.168.6.0/24
```

从以上内容可以发现，上云 API 中所包含的服务包括 nginx、cloud_api_sample、amqx、

mysql 和 redis 共 5 个容器，并且这 5 个容器公用 cloud_service_bridge 网络，方便相互通信。

在 Ubuntu 操作系统中，可以通过以下命令安装 Docker Compose：

```
sudo apt install docker-compose -y
```

常用的 Docker Compose 命令如下：

```
# 运行 docker-compose.yml 定义的服务
docker-compose up
# 后台运行 docker-compose.yml 定义的服务
docker-compose up -d
# 查看 Docker Compose 运行状态
docker-compose ps
# 停止 Docker Compose
docker-compose stop
# 重启 Docker Compose
docker-compose restart
```

2. 通过 Docker 搭建开发环境

安装 Docker 和 Docker Compose 之后，执行以下操作。

1）下载 Docker 镜像

下载并解压 cloud_api_sample_docker.zip 文件，命令如下：

```
unzip cloud_api_sample_docker.zip
```

进入 cloud_api_sample 目录，加载所需的 Docker 镜像，命令如下：

```
# 进入到 cloud_api_sample 目录
cd cloud_api_sample
# 载入 cloud_api_sample_docker_v1.10.0.tar 镜像
sudo docker load < cloud_api_sample_docker_v1.10.0.tar
```

命令 docker load 用于加载所需的镜像，这些镜像主要包括 OpenJDK、MySQL、EMQX、REDIS、Node.js 和 Nginx 等。如果镜像安装成功，则输出信息类似如下：

```
Loaded image: openjdk:11.0.14.1-jdk-buster
Loaded image: dji/mysql:latest
Loaded image: emqx:4.4
Loaded image: redis:6.2
Loaded image: node:17.8-buster
Loaded image: nginx:stable
```

此时，可以通过 sudo docker images 查看下载的镜像。

2）修改前后端配置文件

前端配置文件 config.ts 可以在 source\nginx\front_page\src\api\http 位置找到，后端配置文件 application.yml 可在 source\backend_service\sample\src\main\resources 位置找到。开发者可以参考 8.1.2 节的相关内容进行配置。

第 8 章 初探上云 API

3）执行前后端配置脚本

在 cloud_api_sample 根目录下，分别执行 update_front.sh 前端配置脚本和 update_backend.sh 后端配置脚本。前端配置脚本通过 nginx 和 node 镜像创建 dji/nginx:latest 镜像，用于执行前端程序。后端配置脚本通过 openjdk 镜像创建 dji/cloud_api_sample:latest 镜像，用于执行后端程序，执行完毕后输出的信息类似图 8-16 中所示的信息。

图 8-16

注意：如果在执行前端配置脚本时出现 https://registry.nlark.com/ 下的依赖文件下载错误等情况，可以将 source/nginx/front_page 目录中的 package-lock.json 和 yarn.lock 中的 https://registry.nlark.com/ 地址替换为 https://registry.npmmirror.com/。

4）启动上云 API 应用程序

在 cloud_api_sample 根目录下，启动上云 API 应用程序，命令如下：

```
sudo docker-compose up -d
```

若应用运行成功，则出现类似如下所示的提示：

```
Creating network "cloud_api_sample_cloud_service_bridge" with driver "bridge"
Creating cloud_api_sample_mysql_1 ... done
Creating cloud_api_sample_emqx_1  ... done
Creating cloud_api_sample_redis_1 ... done
Creating cloud_api_sample_nginx_1 ... done
Creating cloud_api_sample_cloud_api_sample_1 ... done
```

此时，通过 Docker Desktop 即可查询到各个容器的运行状态，如图 8-17 所示。

停止运行上云 API 应用程序，命令如下：

```
sudo docker-compose down
```

若应用停止成功，则出现类似如下所示的提示：

```
Removing cloud_api_sample_cloud_api_sample_1 ... done
Removing cloud_api_sample_redis_1             ... done
```

```
Removing cloud_api_sample_emqx_1           ... done
Removing cloud_api_sample_mysql_1          ... done
Removing cloud_api_sample_nginx_1          ... done
Removing network cloud_api_sample_cloud_service_bridge
```

图 8-17

8.2 上云 API 的基本操作

本节将介绍上云 API 的基本操作，包括设备绑定的基本方法，以及实现无人机相机和 FPV 摄像头的在线直播。通过本节的学习，开发者可以获取无人机的基本参数以及图传信息。经过界面美化和业务逻辑的设计，可以实现如图 8-18 所示的效果（ufo.sharemagic.cn）。

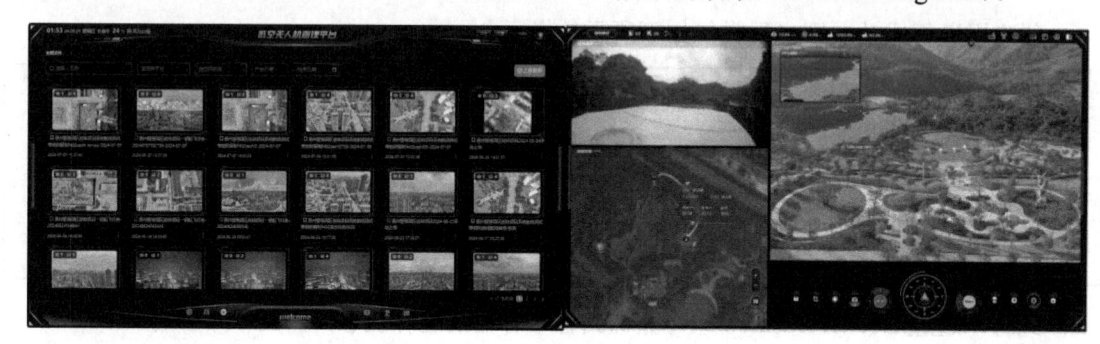

图 8-18

8.2.1 设备绑定

本小节以 DJI RC Plus 遥控器为例，将介绍无人机上云 API 的基本方法。启动上云 API 样例程序后，分别打开无人机的遥控器和机身的电源。进入 DJI Pilot 2 应用程序后，单击云服务【未登录】按钮，进入云服务配置界面，如图 8-19 所示。

图 8-19

> **注意**：先启动上云 API 服务器，再打开遥控器和无人机，避免出现无人机长期 Offline，无法连接服务器的情况。

在云服务配置界面中，用户可以选择绑定大疆司空 2，也可以选择绑定上云 API 应用程序（开放平台），当然也可以直接配置视频直播，如图 8-20 所示。

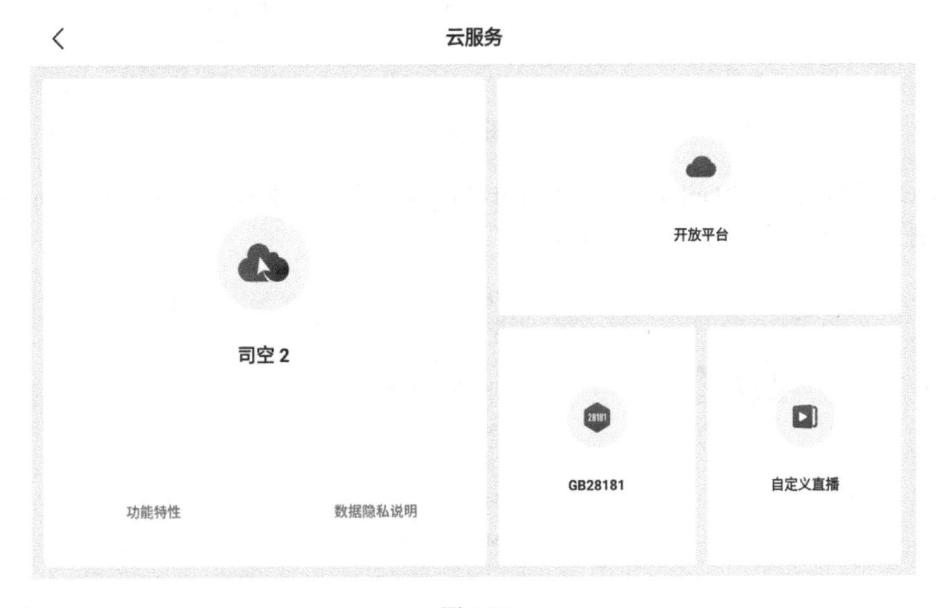

图 8-20

单击【开放平台】按钮，输入上云 API 的前端链接地址，如图 8-21 所示。

前端链接地址通常为"**错误!超链接引用无效。**"，其中 IP 地址和端口需要按照实际情况填写。随后，单击【连接】按钮，即可进入如图 8-22 所示的界面。

图 8-21

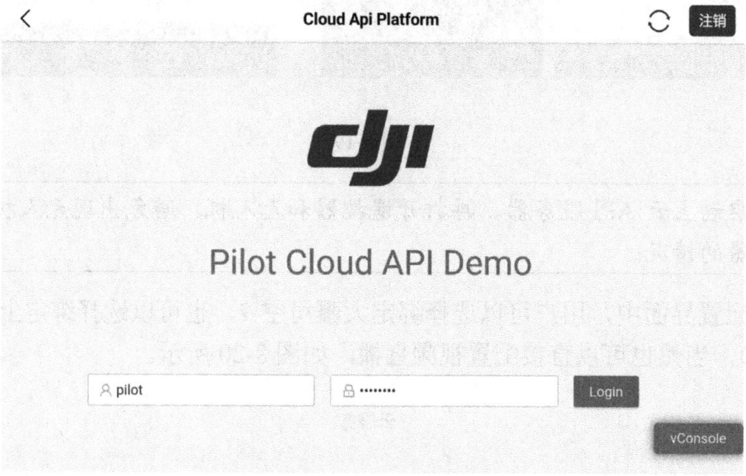

图 8-22

Pilot 端的默认账号为 pilot、密码为 pilot123。输入账号和密码后，单击【Login】按钮即可登录到上云 API 应用，如图 8-23 所示。

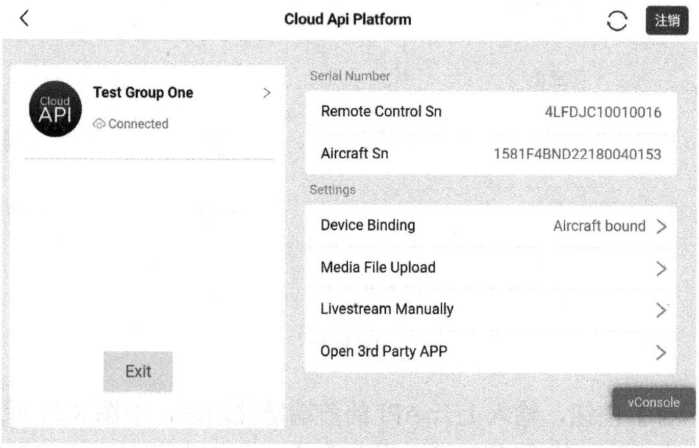

图 8-23

稍等片刻后，无人机会自动绑定到上云 API 应用程序，界面中的 Remote Control Sn 和 Aircraft Sn 分别显示当前遥控器和无人机的序列号（Serial Number）。在 Device Binding 选项中显示 Aircraft bound（无人机已绑定）提示。如果无人机未自动绑定成功（显示为 Aircraft not bound），可以尝试单击 Device Binding 选项尝试重新绑定。

注意：在 Web 端解绑无人机后会出现这个提示。再次绑定无人机后需要重启遥控器和无人机才可以正常使用。

正常情况下，在 Test Group One 应用名称下会显示 Connected 连接成功提示，单击此提示可以显示上云 API 各个模块的连接情况，如图 8-24 所示。

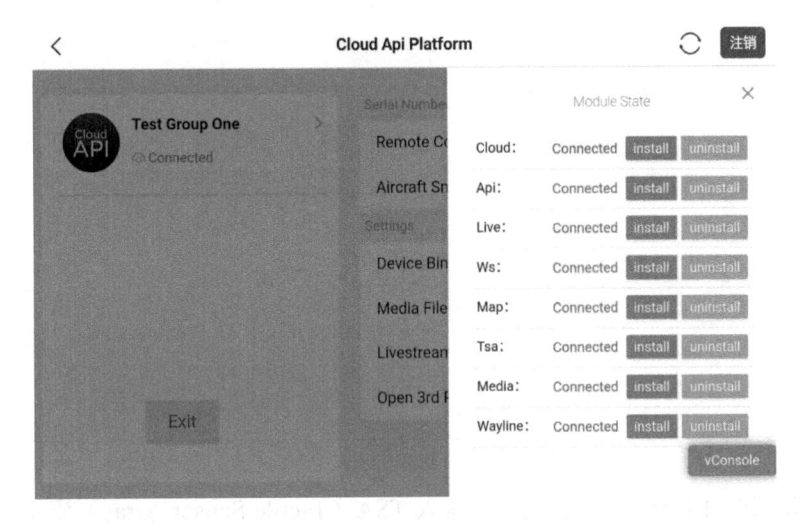

图 8-24

如果某些模块连接失败，可以尝试单击【install】按钮进行安装连接。此时，返回 Pilot 2 的主界面，可以发现【云服务】按钮变成了【Test Group One】按钮，如图 8-25 所示。

图 8-25

当 Test Group One 显示为黑色字体时，则说明无人机连接上云 API 成功；如果为灰色字体，则说明未连接成功。当无人机被绑定到上云 API 应用后，每次启动 DJI Pilot 2 时都会尝试与其进行连接，以便于实现自动化控制。只有当用户进入云服务模块，单击了【注销】按钮，无人机才会与上云 API 应用解绑。

在上云 API 的 Web 端中，单击 Devices 模块，也可以实现查看无人机的基本信息、设置名称以及删除无人机设备（解除绑定），如图 8-26 所示。

图 8-26

单击 Web 端的【Workspace】按钮，进入 TSA（Tactile Sensor Array）姿态感知模块，单击设备右侧的眼睛■按钮，即可显示无人机的姿态、电量、GPS、位置、高度等信息。

此时，开发者即可参考上云 API，在 TSA 模块下方的 Flight Route Library、Task Plan Library 和 Flight Area 等模块中对无人机进行各项操作了。

8.2.2 视频直播

本小节将介绍如何在上云 API 中实现无人机图传的实时显示，本例中选择常见的 2 种方案，分别是声网（Agora）方案和 RTMP 方案。前者由声网服务器视频转发服务，该方案适合互联网应用；后者可以自己搭建服务器，更加复杂，但私有化程度更高。

1. 声网（Agora）

为了实现无人机的视频直播，首先需要进入 Agora.io 网站注册声网账号，并创建一个通用项目，如图 8-27 所示。

随后，上传"APP ID"以及"APP 证书"，如图 8-28 所示。

为了测试方便，还需要单击【临时 Token 生成器】按钮创建 Token，如图 8-29 所示。需要注意的是，创建 Token 时需要输入频道名，频道名和 Token 是一一对应的。

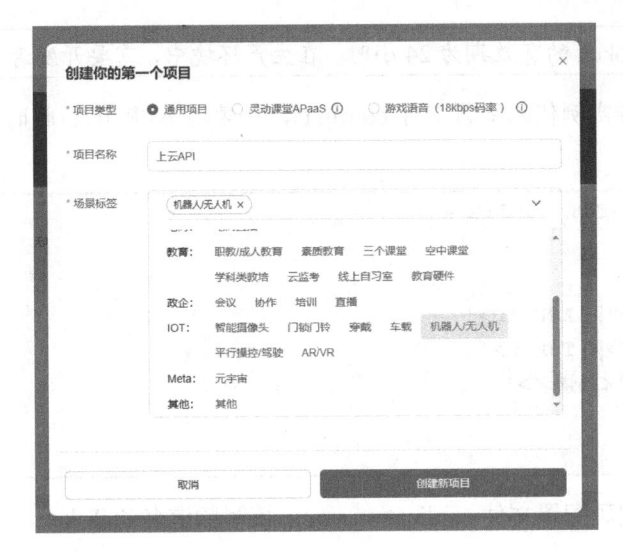

图 8-27

图 8-28

图 8-29

注意：临时的 Token 的有效期为 24 小时。在生产环境中，需要开发者在代码中签发 Token。

随后，打开前端实例代码配置文件 config.ts，并填写 APP ID、临时的频道名和 Token，代码如下：

```
export const CURRENT_CONFIG = {
  ...
  // Agora
  agoraAPPID: '<声网 APP ID>',
  agoraToken: '<声网 Token>',
  agoraChannel: '<频道名>',
}
```

打开后端实例代码配置文件 application.yml，填写频道名和 Token，以及任意的 UID，代码如下：

```
livestream:
  url:
    agora:
      channel: <频道名>
      token: <声网 Token>
      uid: 123456
```

重新运行前后端实例代码，打开上云 API 应用 Web 端的 TSA 模块，进入 Livestream（直播）模块，如图 8-30 所示。

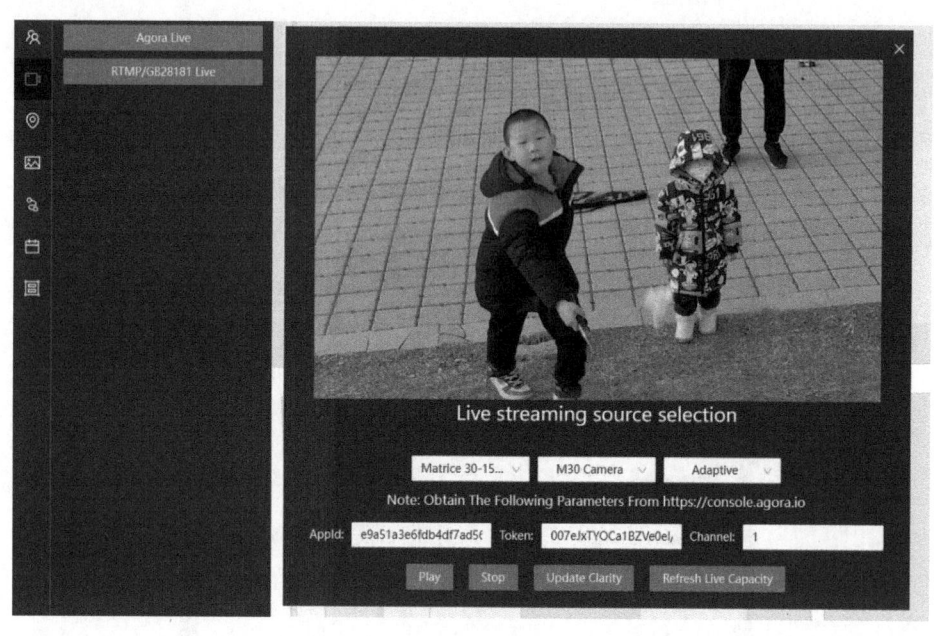

图 8-30

单击【Agora Live】按钮，选择无人机的相机和清晰度后，单击【Play】按钮即可开始直播，将无人机相机（或 FPV 摄像头）的图传实时显示在 Web 界面中。

注意：清晰度选项包括自适应（Adaptive）、流畅（Smooth）、标准（Standard）、高清（HD）、超清（Super Clear）等级。

经过测试，声网的图传视频流畅、延迟较小且可控。

2. RTMP 直播

除声网直播方案外，上云 API 还提供了 RTMP、RTSP、GB28181 和 WebRTC 直播方案。其中，RTMP 配置简单，延迟低，浏览器支持性强；RTSP 适用于安防监控，支持多协议，但浏览器支持差；GB28181 多用于公安监控，符合国家标准，但仅限国内使用；WebRTC 支持实时通信，跨平台，但服务器搭建复杂。下文将详细介绍 RTMP 直播的配置方法。

1）配置并启动 RTMP 服务器

RTMP 服务器可以通过 Nginx 配置。首先下载 Nginx 服务器，本例下载并使用 nginx 1.7.12.1 Lizard.zip。然后下载 Nginx 的 RTMP 插件，本例下载并使用 nginx-rtmp-module-1.2.2.zip。最后，将两个压缩包解压缩后，将 Nginx 的 RTMP 插件放入 Nginx 服务器的根目录中，如图 8-31 所示。

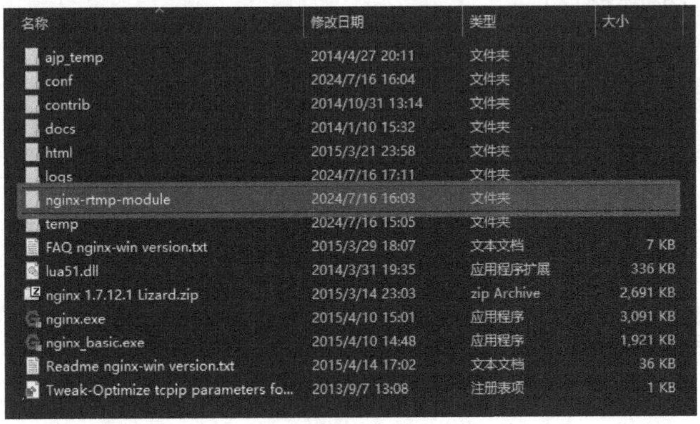

名称	修改日期	类型	大小
ajp_temp	2014/4/27 20:11	文件夹	
conf	2024/7/16 16:04	文件夹	
contrib	2014/10/31 13:14	文件夹	
docs	2014/1/10 15:32	文件夹	
html	2015/3/21 23:58	文件夹	
logs	2024/7/16 17:11	文件夹	
nginx-rtmp-module	2024/7/16 16:03	文件夹	
temp	2024/7/16 15:05	文件夹	
FAQ nginx-win version.txt	2015/3/29 18:07	文本文档	7 KB
lua51.dll	2014/3/31 19:35	应用程序扩展	336 KB
nginx 1.7.12.1 Lizard.zip	2015/3/14 23:03	zip Archive	2,691 KB
nginx.exe	2015/4/10 15:01	应用程序	3,091 KB
nginx_basic.exe	2015/4/10 14:48	应用程序	1,921 KB
Readme nginx-win version.txt	2015/4/14 17:02	文本文档	36 KB
Tweak-Optimize tcpip parameters fo...	2013/9/7 13:08	注册表项	1 KB

图 8-31

最后，修改 Nginx 的 conf/nginx.conf 配置文件（若不存在，则可以创建一个），修改配置代码如下：

```
worker_processes  2;

error_log  logs/error.log debug;

events {
   worker_connections  1024;
}

rtmp {
   server {
      # RTMP 端口， 注意端口占用
```

```
        listen 1935;
        chunk_size 4096;
        application myapp {    # RTMP 命令
            live on;
        }
    }
}
http {
    server {
        # HTTP 状态检测界面配置，注意端口占用
        listen       8045;
        location /stat {
            rtmp_stat all;
            rtmp_stat_stylesheet stat.xsl;
        }
        location /stat.xsl {
            #注意目录位置
            root ./nginx-rtmp-module/;
        }
        location /control {
            rtmp_control all;
        }
        location /rtmp-publisher {
            #注意目录位置
            root ./nginx-rtmp-module/test;
        }

        location / {
            #注意目录位置
            root ./nginx-rtmp-module/test/www;
        }
    }
}
```

在 Nginx 根目录中执行命令 nginx.exe（以管理员模式运行），启动 RTMP 服务器。打开 http://localhost:8045/stat 地址查看 RTMP 的状态，如图 8-32 所示。

RTMP	#clients	Video			Audio			In bytes	Out bytes	In bits/s	Out bits/s	State	Time
Accepted: 14		codec	bits/s	size fps	codec	bits/s	freq chan	87.61 MB	35.25 MB	0 Kb/s	0 Kb/s		4h 20m 6s
myapp													
live streams	0												

Generated by nginx-rtmp-module 1.1.4, nginx 1.7.12.1 Lizard, pid 26064, built Apr 10 2015 15:00:23

图 8-32

注意：可通过 nginx.exe -s stop 关闭 Nginx 服务器。

此时，无人机没有进行推流，在 live streams 项下无任何数据。

2）实现无人机推流

打开前端实例代码配置文件 config.ts，填写 RTMP 服务器地址，代码如下：

```
export const CURRENT_CONFIG = {
  ...
  rtmpURL: 'rtmp://<RTMP 服务器地址>:1935/myapp/'
  ...
}
```

打开后端实例代码配置文件 application.yml，填写 RTMP 服务器地址，代码如下：

```
livestream:
  url:
    rtmp:
      url: rtmp://<RTMP 服务器地址>:1935/myapp/
```

重新运行前后端实例代码，进入上云 API 应用 Web 端的 Livestream（直播）模块。单击【RTMP/GB28181】按钮，选择 RTMP 协议，以及无人机的相机和清晰度后，单击【Play】按钮开始直播，将无人机相机（或 FPV 摄像头）的图传实时显示在 Web 界面中，如图 8-33 所示。

图 8-33

推流时，即可在 http://localhost:8045/stat 地址中显示当前的推流信息，如图 8-34 所示。推流名称为无人机的序列号+相机号+镜头序号+流畅度编号。

RTMP	#clients	Video				Audio				In bytes	Out bytes	In bits/s	Out bits/s	State	Time
		codec	bits/s	size	fps	codec	bits/s	freq	chan						
Accepted: 14										54.78 MB	35.25 MB	862 Kb/s	0 Kb/s		15m 52s
myapp															
live streams	1														
1581F4BND22180040153-39-0-7	1	H264 High 4.0	0 Kb/s	1920x1088	0		0 Kb/s			1.26 MB	0 KB	0 Kb/s	0 Kb/s	active	3s

图 8-34

也可以在 VLC 等其他软件中打开该推流。例如，在 VLC 播放器中，选择媒体→打开网络串流…菜单，弹出"打开媒体"对话框，如图 8-35 所示。

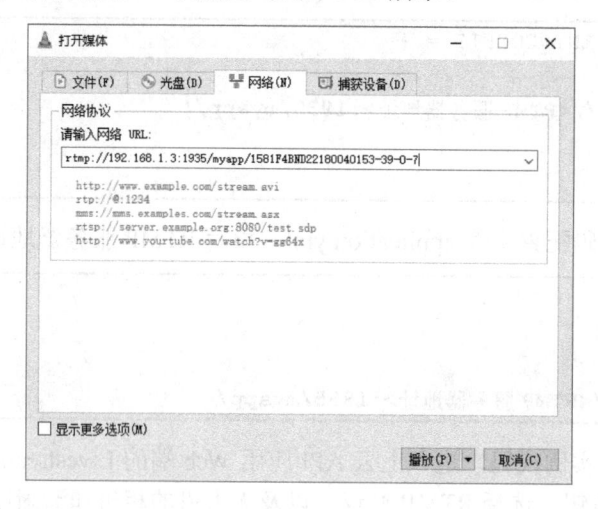

图 8-35

在网络 URL 中输入 RTMP 推流地址。例如，对于上述推流来说，其地址为"rtmp://192.168.1.3:1935/myapp/1581F4BND22180040153-39-0-7"。单击【播放】按钮即可开始播放 RTMP 视频。

3）手动推流

在上云 API 的 Pilot 端，还可以手动推流。在 Pilot 端中单击【Livestream Manually】（手动推流）按钮，进入如图 8-36 所示的推流界面。分别在 Select Video Publish Mode 和 Select Livestream Type 中选择推流模式和推流类型，单击【Play】按钮开始推流。

图 8-36

推流成功后，其地址将会显示在 Param 选项中。此时，进入 Pilot 飞行界面，在该界面中也可以显示直播类型和直播参数，如图 8-37 所示。

图 8-37

当♣图标右侧显示红点提示，则说明正在直播，单击♣按钮即可显示直播的分辨率、帧率和最大码率等信息。在直播参数选项卡中，还可以显示直播的网络、丢包率、RTT、jitter 等信息。

8.3 本章小结

本章详细介绍了大疆上云 API 的基本概念、开发环境的搭建、基本操作及视频直播的实现方法。上云 API 通过 MQTT、HTTPS、WebSocket 等协议，将无人机能力抽象为物联网设备的模型，简化了开发过程。开发者可以通过 DJI Pilot 2 或大疆机场快速接入第三方云平台，实现无人机的远程控制和自动化任务。在开发环境搭建方面，本章介绍了如何申请应用程序密钥、安装 Java、EMQX、MySQL Server、Redis 等后端开发工具，并介绍了如何配置后端样例程序。同时，本章还介绍了如何搭建前端开发环境，包括 Node.js 和 NPM 的安装，以及前端代码的运行。基本操作部分展示了如何通过 DJI Pilot 2 绑定无人机到上云 API，并介绍了无人机的设备管理操作。视频直播方面，提供了声网（Agora）和 RTMP 两种方案，详细说明了如何配置和实现无人机图传的实时显示。通过本章学习，开发者将掌握上云 API 的使用，推进无人机在更多行业应用中的自动化和智能化应用。

作者认为，上云 API 是 MSDK 在应用方向上的延伸，其界面设计和控制思路可参考 MSDK 应用设计思路，但应用更广泛，突出无人机的远程控制和自动化任务执行，减少对现场操作人员的依赖，提高作业效率和安全性。

8.4 习题

1. 搭建上云 API 应用开发环境。
2. 实现无人机的视频直播功能。